工程材料及机械制造基础精品课程系列教材

普通高等教育"十二五"规划教材

中国石油和化学工业优秀教材

工程材料及成型基础

李镇江 主编 张 淼 副主编

化学工业出版社

·北京·

本书是根据高等教育"十二五"规划材料类、冶金类和机械类等相关专业人才培养目标制定的基本教学要求，结合作者多年来从事中外合作办学相关专业的教学经验编写而成。本书系统介绍了材料科学的基本知识、常用工程材料及材料成型工艺。全书共分十一章，主要内容有：金属材料结构、纯金属的结晶、二元合金与铁碳合金相图、金属的塑性变形与再结晶、材料中的扩散、钢的热处理、金属工程材料、非金属工程材料、铸造、锻压、焊接。根据教学需要，在附录中安排了相应实验内容，以利于学生掌握相关基本概念和理论。

本书可作为材料成型、金属材料、冶金类、机械类等相关专业本科生的教学用书，也可供相关领域的工程技术人员参考。

图书在版编目（CIP）数据

工程材料及成型基础/李镇江主编. —北京：化学工业出版社，2013.7（2025.2重印）
工程材料及机械制造基础精品课程系列教材
普通高等教育"十二五"规划教材
中国石油和化学工业优秀教材
ISBN 978-7-122-17550-2

Ⅰ.①工… Ⅱ.①李… Ⅲ.①工程材料-高等学校-教材 Ⅳ.①TB3

中国版本图书馆 CIP 数据核字（2013）第 120466 号

责任编辑：刘俊之　　　　　　　　　　　　　文字编辑：孙凤英
责任校对：吴　静　　　　　　　　　　　　　装帧设计：韩　飞

出版发行：化学工业出版社（北京市东城区青年湖南街 13 号　邮政编码 100011）
印　　装：北京科印技术咨询服务有限公司数码印刷分部
787mm×1092mm　1/16　印张 15¾　字数 406 千字　2025 年 2 月北京第 1 版第 5 次印刷

购书咨询：010-64518888　　　　　　　　　　售后服务：010-64518899
网　　址：http://www.cip.com.cn
凡购买本书，如有缺损质量问题，本社销售中心负责调换。

定　　价：46.00 元

→ 前　言

　　本书是根据高等教育"十二五"规划材料类、冶金类和机械类等相关专业人才培养目标制定的基本教学要求，结合作者多年来中外合作办学的教学经验编写而成。 本书可作为材料成型、金属材料、冶金类、机械类等相关专业的本科生教学用书，也可供相关领域的工程技术人员参考。

　　本书结合目前教学改革的基本指导思想和原则，以培养新世纪创新型人才为目标，系统介绍了材料科学的基本知识、常用工程材料及材料成型工艺。 全书共分十一章，主要内容有：金属材料结构、纯金属的结晶、二元合金与铁碳合金相图、金属的塑性变形与再结晶、材料中的扩散、钢的热处理、金属工程材料、非金属工程材料、铸造、锻压、焊接，建议理论教学 72 学时，实验教学 8 学时。

　　本书在编写过程中，从教学实际出发，注重做到"清晰基本概念、突出基本理论、强化实际应用"， 根据教学需要，在附录中安排了相应实验内容，以利于学生掌握相关基本概念和理论。 每章通过"动脑筋"的提问形式引出该章的教学内容，并明确提出学习目标，以利于在授课过程中对学生进行启发式教学，让学生"在思考中学习，在学习中思考"；同时，每章都配以一定的思考与练习，以便于学生课后复习思考，让学生通过习题练习能够对所学知识点得以良好的巩固。 通过《工程材料及成型基础》课程的学习，让学生既有一定的理论知识，又有较强的实践能力，培养其系统分析问题、解决问题的能力。

　　本书由青岛科技大学机电工程学院李镇江任主编，负责全书的统稿及编撰并完成第2章的编写；绪论、第 1 章、第 4 章、第 6 章、第 10 章及附录实验部分由张淼编写；第 3 章、第 9 章由孙士斌编写；第 5 章、第 11 章由王为波编写；第 7 章、第 8 章由侯俊英编写。

　　本书在编写过程中参考了相关文献，在此向其作者表示深切的感谢。

　　由于编者水平有限，在编写中难免存在错误和不足之处，敬请广大读者批评指正，以求改进。 如读者在使用本书过程中有其他意见或建议，恳请向编者（zjli126@126.com）提出并交流，不胜感激。

编者

2013 年 3 月

➔ 目 录

第6章　钢的热处理　　　84

第7章　金属工程材料　　　115

第8章　非金属工程材料　　147

第9章　铸造　　168

第 10 章　锻压　　184

第 11 章　焊接　　201

绪 论

动脑筋

找一个生活中您熟悉的某种制品或零件，根据常识您认为它是用什么材料制作的，为什么用这种材料？是用什么方法做出来的，为什么采用这种成型方法？

学习目标

- 了解材料的发展史。
- 了解工程材料与成型工艺的概念与分类及其在机械制造过程中的地位和作用。

0.1 材料与人类文明史

纵观人类利用材料的历史，可以清楚地看到每一类重要新材料的发现和应用，都会引起生产技术的革命，并大大加速社会文明发展的进程。材料是人类生活和从事生产的物质基础，是衡量人类社会文明程度及生产力发展水平的标志。

中华民族在材料生产及其成型加工工艺技术方面取得了辉煌的成就。我国原始社会后期开始有陶器，早在仰韶文化和龙山文化时期，制陶技术已经很成熟。我国的青铜冶炼开始于夏代，到了距现在 3000 多年前的殷商、西周时期，技术已达当时世界高峰，用青铜制造的工具、食具、兵器和车马饰，得到普遍应用。湖北江陵楚墓中发现的埋藏 2000 多年仍金光闪闪的越王勾践宝剑，陕西临潼秦皇陵陪葬坑发现的工艺复杂、制作精美的铜车马等，都显示了当时制作工艺的精细。春秋战国时期，我国开始大量使用铁器，白口铸铁、可锻铸铁相继出现。1953 年从河北兴隆地区发掘出来的战国铁器遗址中，就有浇铸农具用的铁模子，说明当时已掌握铁模铸造技术，随后出现了炼钢、锻造、钎焊和退火、淬火、正火、渗碳等热处理技术。用现代技术对古代宝剑进行检验，揭开了宝剑在阴暗潮湿的地下埋藏2000多年仍保持通体光亮锋利异常的奥妙，越王剑经过了硫化处理，秦皇陶俑剑采用了钝化处理技术，这些表面处理技术在现代仍是重要的防护方法。明朝宋应星所著《天工开物》，是举世公认的世界上有关金属加工的最早的科学技术著作之一，书中记载了冶铁、铸造、锻造、淬火等各种金属加工的方法，其中记述关于锉刀的制造、翻修和热处理工艺与今日相差无几。上述史实，生动地说明了中华民族在材料及其成型加工方面对世界文明和人类进步作出的卓越贡献。

进入20世纪后半叶，新材料研制日新月异，出现了高分子材料时代、半导体材料时代、先进陶瓷材料时代、复合材料时代、人工合成材料时代和纳米材料时代。材料发展进入了丰富多彩的新时期。

今天人类正处在人工合成材料、机敏智能材料的时代。目前，材料的品种、数量和质量已是衡量一个国家科学技术和国民经济发展水平及国防力量的重要标志之一。

人类从钻木取火、油灯照明至核能发电，从人力车、马车到宇宙飞船，从弓箭、火炮到巡航导弹……充分反映了制造生产工具的材料所发挥的重要作用。近代科学技术的发展足迹时刻记录着材料所做出的卓越贡献。18世纪60年代蒸汽机的出现引发了以蒸汽为动力的工具自动化。19世纪70年代由于电磁场理论的发展而导致发电机、电动机的大量采用，从而出现了以电为动力的工业电气化。20世纪四项重大发现，即原子能、半导体、计算机、激光器的发展及应用，带动了高度信息的工业自动化。如果没有钢铁材料，没有有色金属材料以及非晶、微晶、纳米材料、陶瓷、高分子材料及人工合成材料提供物质保证，这一切均是不可能的。材料、能源、信息已被誉为现代科学技术发展的三大支柱。可以预见，随着科学技术及国民经济的发展，材料将起着愈来愈大的作用，21世纪，材料科学必将在当代科学技术迅猛发展的基础上，朝着精细化（加工技术手段精、组织越来越细化）、高功能化、超高性能化、复杂化（复合化和杂化）、智能化、生态环境化的方向发展，从而为人类社会的物质文明建设作出更大贡献。与此相应，关于材料科学方面的研究已成为国际、国内科学研究中最重要的领域之一。

0.2 材料学、工程材料学与工程材料

材料学是研究所有固体材料的成分、组织和性能之间关系的一门科学，而"工程材料学"则是材料科学的一部分，它是以工程材料为研究对象，阐述工程材料的成分、组织和性能之间关系的学科。工程材料是指与工程制造有关的材料，主要应用于机械、车辆、船舶、建筑、化工、能源、仪器仪表、航空航天等工程领域。

工程材料种类繁多，有许多不同的分类方法。

0.2.1 按材料的化学组成分类

（1）金属材料　金属材料可分为黑色金属材料（钢和铸铁）及有色金属材料（除钢铁之外的金属材料）。有色金属材料种类很多，按照它们的特性不同，又可分为轻金属、重金属、贵金属、稀有金属和放射性金属等多种。目前金属材料仍然是应用最广泛的工程材料。

（2）无机非金属材料　无机非金属材料包括水泥、玻璃、耐火材料和陶瓷等。它们的主要原料是硅酸盐矿物，又称硅酸盐材料，因不具备金属性质亦称无机非金属材料。

（3）高分子材料　高分子材料按材料来源可分为天然高分子材料（蛋白、淀粉、纤维素等）和人工合成高分子材料（合成塑料、合成橡胶、合成纤维）。按性能及用途可分为塑料、橡胶、纤维、胶黏剂、涂料。

（4）复合材料　由于多数金属材料不耐腐蚀、无机非金属材料脆性大、高分子材料不耐高温，人们把上述两种或两种以上的不同材料组合起来，使之取长补短、相得益彰就构成了复合材料。复合材料由基体材料和增强材料复合而成。基体材料有金属、塑料、陶瓷等，增强材料有各种纤维和无机化合物颗粒等。

0.2.2　按材料的使用性能分类

（1）结构材料　结构材料是以强度、刚度、塑性、韧性、硬度、疲劳强度、耐磨性等力学性能为性能指标，用来制造承受载荷、传递动力的零件和构件的材料。其可以是金属材料、高分子材料、陶瓷材料或复合材料。

（2）功能材料　功能材料是以声、光、电、磁、热等物理性能为性能指标，用来制造具有特殊性能的元件的材料，如大规模集成电路材料、信息记录材料、光学材料、充电材料、激光材料、超导材料、传感器材料、储氢材料等都属于功能材料。目前功能材料在通信、计算机、电子、激光和空间科学等领域中扮演着极重要的角色。

第 1 章·

金属材料结构

动脑筋

为什么我们常见的材料各自有不同的性能呢？其取决于什么？

学习目标

- 通过对金属晶体结构和晶体缺陷的学习，了解晶体中原子结合键的特点。
- 理解金属晶体结构和晶体缺陷对其性能的影响。
- 掌握晶体与非晶体、晶体结构以及单晶体与多晶体和晶体缺陷的相关概念。

1.1 金属的晶体结构

1.1.1 晶体的基本概念

1.1.1.1 晶体和非晶体

固态物质按其内部粒子的聚集状态可分为晶体和非晶体两大类。

原子或分子在空间呈周期性规则排列的物质称为晶体，如金刚石、石墨和固态金属及其合金等。原子或分子呈无规则排列或短程有序排列的物质称为非晶体，如松香、塑料、普通玻璃、沥青、石蜡等。

因为晶体与非晶体的原子排列方式不同，所以两者在性能上的表现有所不同。晶体一般具有规则的外形，有固定的熔点，且单晶体性能上表现出各向异性；非晶体没有固定的熔点，热导率和热膨胀系数均小，组成的变化范围大，在各个方向上原子的聚集密度大致相同，性能上表现出各向同性。

晶体与非晶体在一定条件下是可以转化的。有些金属液体极快速冷却可以凝固成非晶态金属，而普通玻璃高温加热后长时间保温可以形成晶态玻璃。

1.1.1.2　晶格、晶胞和晶格常数

为了便于分析晶体中的原子排列情况，把晶体中的原子（离子、分子或原子团）抽象成几何质点，称之为阵点。这些阵点可以是原子的中心，也可以是彼此等同的原子群的中心，所有阵点的物理环境和几何环境都相同。由这些阵点有规则地周期性重复排列所形成的三维空间阵列称为空间点阵（如图 1-1 所示）。用假想的直线将阵点在空间的三个方向上连接起来而形成的空间格架，称为晶格（如图 1-2 所示），晶格能够形象地表示晶体中原子的排列规律。

从晶格中提取能够完全反映空间晶体结构特征的最基本的几何单元，称之为晶胞（如图1-3 所示），晶胞在三维空间的重复排列就构成晶格并形成晶体。晶胞各棱边长度分别用 a、b、c 表示，通常称为晶格常数或点阵常数；棱边之间夹角分别用 α、β、γ 表示，又成为棱间夹角或轴间夹角。晶胞的几何形状和大小常以晶胞的棱边长度 a、b、c 和棱间夹角 α、β、γ 表示。

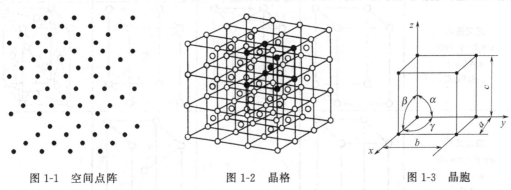

图 1-1　空间点阵　　　　　图 1-2　晶格　　　　　图 1-3　晶胞

根据晶胞的晶格常数和棱间夹角的相互关系分析所有的晶体，发现它们的空间点阵可分为 14 种类型，称为布拉菲点阵；进一步根据空间点阵的基本特点进行归纳整理，可将 14 种空间点阵归属于 7 个晶系，如表 1-1 所示。

1.1.1.3　晶面和晶向及其标定

晶体中由一系列原子组成的平面称为晶面，任意两个原子之间连线所指的方向称为晶向。由于金属的许多性能和金属中发生的许多现象都与晶体中的特定晶面和晶向有关，所以晶面和晶向的表达就具有特别的重要性，用数字符号定量地表示晶面或晶向，这种数字符号称为晶面指数 (hkl) 或晶向指数 $[uvw]$。

现以立方晶格为例，说明晶面指数和晶向指数的标定步骤。

（1）晶面指数的标定

① 设坐标　以晶胞的某一顶点作为空间坐标系的原点 O（坐标原点应位于待定晶面之外），以互相垂直的三个棱边为坐标轴 x、y、z，如图 1-4 所示。

② 求截距　以晶胞的棱边长度（晶格常数）

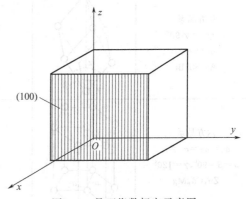

图 1-4　晶面指数标定示意图

表 1-1　7 个晶系和 14 种点阵

晶系和实例	点阵类型			
	简单	底心	体心	面心
三斜晶系 $\alpha \neq \beta \neq \gamma \neq 90°$ $a \neq b \neq c$ $K_2Cr_2O_7$				
单斜晶系 $\alpha = \gamma = 90° \neq \beta$ $a \neq b \neq c$ β-S				
正交晶系 $\alpha = \beta = \gamma = 90°$ $a \neq b \neq c$ α-S，Fe_3C				
四方晶系 $\alpha = \beta = \gamma = 90°$ $a = b \neq c$ β-Sn				
立方晶系 $\alpha = \beta = \gamma = 90°$ $a = b = c$ Fe，Cr，Ag				
菱方晶系 $\alpha = \beta = \gamma \neq 90°$ $a = b = c$ As，Sb，Bi				
六方晶系 $a_1 = a_2 = a_3 \neq c$ $\alpha = \beta = 90°，\gamma = 120°$ Zn，Cd，Mg				

为度量单位，量取某一晶面在三个坐标轴上的截距，图1-4阴影所示晶面在三个坐标轴上的截距分别为1、∞、∞。

③ 取倒数　求出截距的倒数，图1-4阴影所示晶面截距取倒数为1/1、1/∞、1/∞，即1、0、0。

④ 化整数、加括号　将三个倒数化成等比例的简单整数，并将所得数依次连写后列入圆括号内，即得到晶面指数，图1-4阴影所示晶面的晶面指数为（100）。

晶面指数的一般表示形式为(hkl)，如果所求晶面在坐标轴上的截距为负值，则在相应的指数上方加上负号，如$(\bar{h}kl)$。图1-5所示为立方晶格中的一些常见晶面的晶面指数。

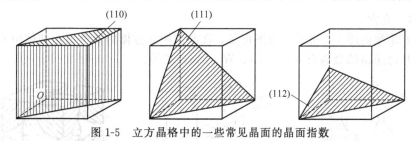

图1-5　立方晶格中的一些常见晶面的晶面指数

（2）晶向指数的标定　以图1-6中晶向OA为例介绍立方晶格中晶向指数的标定步骤。

① 设坐标　把坐标原点放在待标定晶向的任一原子中心处，如图1-6所示放在O点。

② 求坐标值　以晶格常数为度量单位，找出待标定晶向的另一原子中心在三个坐标轴上的坐标值。图1-6中A点的坐标值分别为：$x=1$，$y=1$，$z=1$。

③ 化整数、加括号　把坐标值化为最小的简单整数，并列在方括号中，即为该晶向的晶向指数，图1-6中OA的晶向指数为$[111]$。

晶向指数的一般表示形式为$[uvw]$，如果所求晶向中某一原子点在坐标轴上的

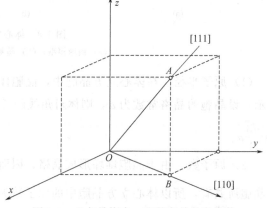

图1-6　立方晶格中一些晶向的晶向指数

坐标值为负值，则在相应的指数上方加上负号，如$[\bar{u}vw]$。图1-7所示为立方晶格中的一些常见晶向的晶向指数。

在立方晶系中，由于原子排列具有高度的对称性，故存在着许多原子排列完全相同但不平行的对称晶面（或晶向），通常把这些晶面（或晶向）归结为同一晶面族（或晶向族），表

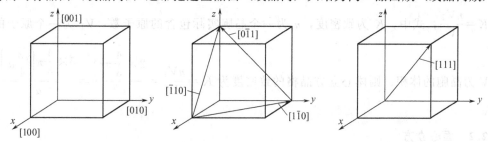

图1-7　立方晶格中的一些常见晶向的晶向指数

示为 $\{hkl\}$（或 $<uvw>$）。在同一晶面族（或晶向族）中的各晶面（或晶向）的指数数值相同，但符号和次序不同，如 $\{100\}$ 晶面族的各晶面指数为 (100)、(010)、(001)、$(\bar{1}00)$、$(0\bar{1}0)$、$(00\bar{1})$；$<100>$ 晶向族的各晶向指数为 $[100]$、$[010]$、$[001]$、$[\bar{1}00]$、$[0\bar{1}0]$、$[00\bar{1}]$。

1.1.2 金属中三种典型的晶体结构

金属元素中约有 90％以上的金属晶体具有比较简单的晶体结构，其中最常见的金属晶体结构有三种类型：体心立方、面心立方和密排六方。

1.1.2.1 体心立方

体心立方晶胞如图 1-8 所示，由图可见，在晶胞中立方体的八个顶角和体中心各排列一个原子，具有此晶格的金属有 α-Fe、Cr、W、Mn、V 等。

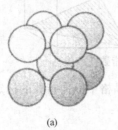 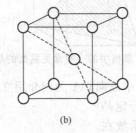 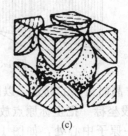

(a)   (b)   (c)

图 1-8 体心立方晶胞

(a) 钢球模型；(b) 晶胞；(c) 单胞原子数

（1）原子半径 在体心立方晶胞中，晶胞体对角线的原子是紧密接触的，如图 1-8（c）所示，设晶胞的晶格常数为 a，则体对角线的长度为 $\sqrt{3}a$，所以体心立方晶胞中的原子半径 $r=\dfrac{\sqrt{3}}{4}a$。

（2）原子数 由于晶胞堆垛形成晶格，因而晶胞每个角上的原子是同属于与其相邻的八个晶胞所共有，所以体心立方晶胞中的原子数为 $8\times\dfrac{1}{8}+1=2$。

（3）配位数和致密度 晶胞中原子排列的紧密程度通常用两个参数来表征：配位数和致密度。

① 配位数 是指晶体结构中与任一个原子最近邻、等距离的原子数目。在体心立方晶格中，以立方体中心的原子来看，与其最近邻、等距离的原子数有 8 个，所以体心立方晶格的配位数为 8。显然，配位数越大，晶体中的原子排列便越紧密。

② 致密度 原子排列的紧密程度可用原子所占体积与晶胞体积之比表示，称为致密度，即：$K=\dfrac{nV_1}{V}$，式中，K 为致密度，n 为一个晶胞实际包含的原子数，V_1 为一个原子的体积，V 为晶胞的体积；则体心立方晶格的致密度为 $K=\dfrac{nV_1}{V}=\dfrac{2\times\dfrac{4}{3}\pi r^3}{a^3}=\dfrac{2\times\dfrac{4}{3}\pi\left(\dfrac{\sqrt{3}}{4}a\right)^3}{a^3}\approx 0.68$。

1.1.2.2 面心立方

面心立方晶胞如图 1-9 所示，由图可见，在晶胞中立方体的八个顶角和六个面的中心各排列一个原子，具有此晶格的金属有 γ-Fe、Cu、Al、Au、Ag、Pd 等。

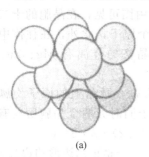 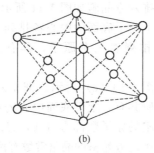 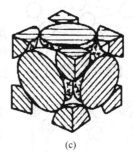

(a)　　　　　　　　　　(b)　　　　　　　　　　(c)

图 1-9　面心立方晶胞

(a) 钢球模型；(b) 晶胞；(c) 单胞原子数

（1）原子半径　在面心立方晶胞中，晶胞面对角线的原子是紧密接触的，如图 1-9（c）所示，设晶胞的晶格常数为 a，则面对角线的长度为 $\sqrt{2}a$，所以面心立方晶胞中的原子半径 $r=\dfrac{\sqrt{2}}{4}a$。

（2）原子数　由于晶胞堆垛形成晶格，因而晶胞每个角上的原子是同属于与其相邻的八个晶胞所共有，六个面心的原子同时属于相邻的两个晶胞共有，所以面心立方晶胞中的原子数为 $8\times\dfrac{1}{8}+6\times\dfrac{1}{2}=4$。而每个晶胞的原子数都为 $(1/8)\times8+(1/2)\times6=4$。

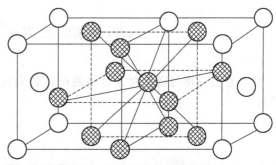

图 1-10　面心立方晶格的配位数

（3）配位数和致密度　晶胞中原子排列的紧密程度通常用两个参数来表征：配位数和致密度。

① 配位数　如图 1-10 所示，以面心原子为例，与之最邻近的是它周围顶角上的四个原子，这五个原子构成了一个平面，这样的平面共有三个，三个面彼此相互垂直，结构形式相同，所以与面心最近邻、等距离的原子共有 $4\times3=12$ 个。因此面心立方晶格的配位数为 12。

② 致密度　面心立方晶格的致密度为

$$K=\frac{nV_1}{V}=\frac{4\times\frac{4}{3}\pi r^3}{a^3}=\frac{4\times\frac{4}{3}\pi\left(\frac{\sqrt{2}}{4}a\right)^3}{a^3}\approx0.74$$

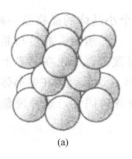 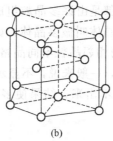 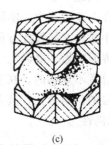

(a)　　　　　　　　　　(b)　　　　　　　　　　(c)

图 1-11　密排六方晶胞

(a) 钢球模型；(b) 晶胞；(c) 单胞原子数

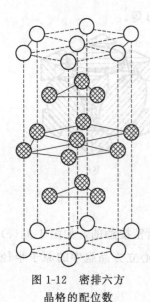

图 1-12　密排六方晶格的配位数

1.1.2.3　密排六方

密排六方晶胞如图 1-11 所示，由图可见，在晶胞的十二个顶角和上下两个底面的中心各排列一个原子，此外，在柱体中心还等距离排列着三个原子，具有此晶格的金属有 Mg、Zn、Cd、Be 等。

如图 1-10（c）所示，密排六方每个顶角上的原子均属于六个晶胞所共有，上下底面中心的原子同时为两个晶胞所共有，故每个晶胞的原子数都为(1/6)×12＋(1/2)×2＋3＝6。

密排六方晶格的晶格常数有两个：一是正六边形的边长 a，另一个是上下两底面之间的距离 c，c 与 a 之比 c/a 称为轴比。如图 1-12 所示，以晶胞上底面中心的原子为例，它不仅与周围六个角上的原子相接触，而且与其下面的三个位于晶胞之内的原子以及与其上面相邻晶胞内的三个原子相接触，故配位数为 12，此时的轴比 $\frac{c}{a}=\sqrt{\frac{8}{3}}=1.633$。此时，原子间的最近距离为 a，原子半径为 $a/2$，致密度为：

$$K=\frac{nV_1}{V}=\frac{6\times\frac{4}{3}\pi r^3}{\frac{3\sqrt{3}}{2}a^2\times\sqrt{\frac{8}{3}}a}=\frac{6\times\frac{4}{3}\pi\left(\frac{a}{2}\right)^3}{3\sqrt{2}a^3}\approx0.74$$

面心立方晶格与密排六方晶格的配位数和致密度相同，说明两者原子排列的紧密程度相同。

1.2　实际金属的晶体结构

1.2.1　单晶体与多晶体

如果一整块金属仅包括一个晶粒，则称作单晶体，在单晶体中，所有晶胞均有相同的位向，如图 1-13（a）所示，故单晶体具有各向异性。此外，它还有较高的强度、抗蚀性、导电性和其他特性，因此日益受到人们的重视。目前在半导体元件、磁性材料、高温合金材料等方面，单晶体材料已得到开发和应用。单晶体金属材料是今后金属材料的发展方向之一。

在工业生产中，实际的金属晶体都是由许多晶粒组成的，每个小晶体的晶格是一样的，而各小晶体之间彼此方位不同，这种晶体叫做多晶体，如图 1-13（b）所示。晶粒与晶粒之间的界面叫做"晶界"。由于晶界是两相邻晶粒不同晶格方位的过渡区，所以在晶界上原子排列总是不规则的。在多晶体金属中，一般来说，不显示各向异性，这是因为在多晶体中各个晶粒的位向紊乱，其各向异性显示不出来，结果使多晶体呈现各向同性，这种现象也称"伪无向性"。

1.2.2　实际金属的晶体缺陷

在实际应用的金属材料中，除了具有多晶体结构以外，总是不可避免地存在着一些原子

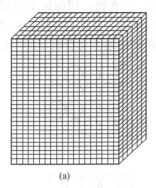 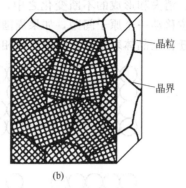

图 1-13　单晶体与多晶体

(a) 单晶体；(b) 多晶体

规则排列的不完整的区域，这就是晶体缺陷。一般说来，金属中这些偏离其规定位置的原子数目很少，即使在最严重的情况下，金属晶体位置偏离很大的原子数目至多占原子总数的千分之一，因此，总体来看，其结构还是接近完整的。尽管如此，晶体缺陷的产生、发展、运动、合并与消失，对金属及合金的性能，特别是那些对晶体结构较为敏感的性能，如强度、塑性、电阻等将产生重大的影响，并且还在扩散、相变、塑性变形和再结晶等过程中具有重要意义。

根据晶体缺陷的几何形状的特点，晶体缺陷可分为以下三类：点缺陷、线缺陷和面缺陷。

1.2.2.1　点缺陷

点缺陷是一种在三维空间各个方向上尺寸都很小，尺寸范围约为一个或几个原子间距的缺陷，包括空位、间隙原子、置换原子，如图 1-14 所示。点缺陷的形成，主要是由于原子在各自平衡位置上做不停的热运动的结果。

(1) 空位　空位是指未被原子所占据的晶格结点，如图 1-14 中 2、4、5 所示。在任何温度下，金属晶体中的原子都是以其平衡位置为中心，不间断地进行着热振动。原子的振幅大小与温度有关，温度越高，振幅越大。在一定的温度下，每个原子的振动能量并不完全相同，在某一瞬间，某些原子的能量可能高些，其振幅就要大些；而另一些原子的能量可能低些，振幅就要小些。对一个原子来说，这一瞬间能量可能高些，另一瞬间可能反而低些，在某一温度下的某一瞬间，总有一些具有足够高的能量，以克服周围原子对它的约束，脱离开原来的平衡位置迁移到别处的原子，其结果即在原位置上出现了空结点，这就形成了空位。

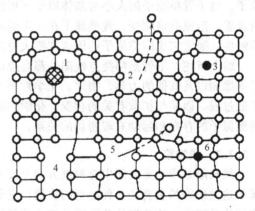

图 1-14　晶体中的各种点缺陷

1—大的置换原子；2—肖脱基空位；3—异类间隙原子；4—复合空位；5—弗兰克空位；6—小的置换原子

空位是一种热平衡缺陷，即在一定温度下，空位有一定的平衡浓度。温度升高，则原子的振动能量提高，振幅增大，从而使脱离其平衡位置往别处迁移的原子数增多，空位浓度提高。温度降低，则空位的浓度随之减小。但是，空位在晶体中的位置不是固定不变的，而是处于运动、消失和形成的不断变化之中，如图 1-15 所示。一方面，周围原子可以与空位换位，使空位移动一个原子间距，如果周围原子不断与空位换位，就造成空位的运动，另一方面，空位迁移至晶体表面或与间隙原子相遇而消失，但在其他地方又会有新的空位形成。

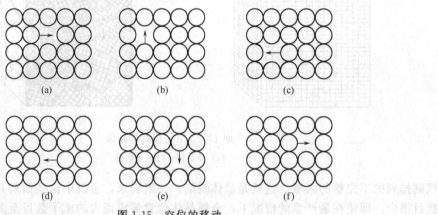

图 1-15　空位的移动

由于空位的存在，其周围原子失去了一个近邻原子而使相互间的作用失去平衡，因而它们朝空位方向稍有移动，偏离其平衡位置，这就在空位的周围出现一个涉及几个原子间距范围的弹性畸变区，这种现象称为晶格畸变。

(2) 间隙原子　如图 1-14 所示，处于晶格间隙中的原子即为间隙原子。在形成空位的同时，也形成一个间隙原子。异类间隙原子大多是原子半径很小的原子，如钢中的氢、氮、碳、硼等，尽管原子半径很小，但仍比晶格中的间隙大得多，所以，间隙原子造成的晶格畸变较空位严重。间隙原子也是一种热平衡缺陷，在一定温度下有一平衡浓度，对于异类间隙原子来说，常将这一平衡浓度称为固溶度或溶解度。

(3) 置换原子　如图 1-14 所示，占据在原来基体原子平衡位置上的异类原子称为置换原子。由于置换原子的大小与基体原子不可能完全相同，因此其周围邻近原子也将偏离其平衡位置，造成晶格畸变。置换原子在一定温度下也有一个平衡浓度值，一般称之为固溶度或溶解度，通常它比间隙原子的固溶度要大得多。

综上所述，不管是哪类点缺陷，都会造成晶格畸变，晶格畸变使材料的强度、硬度和电阻率增加以及其他的力学、物理、化学性能的改变；此外，点缺陷的存在将会加速金属中的扩散过程，因而与扩散有关的相变、化学热处理、高温下的塑性变形和断裂等，都与空位和间隙原子的存在和运动有着密切的关系。

1.2.2.2 线缺陷

线缺陷是指三维空间中有两维方向上尺寸较小，在另一维方向上尺寸相对较大的缺陷。属于这类缺陷的主要是各种类型的位错，它是在晶体中某处有一列或若干列原子发生了有规律的错排现象，使长度达几百至几万个原子间距、宽约几个原子间距范围内的原子离开其平衡位置，发生了有规律的错动。位错是一种极为重要的晶体缺陷，它对于金属的强度、断裂和塑性变形等起着决定性的作用。晶体中最简单、最基本的位错类型有刃型位错、螺型位错和混合型位错。

(1) 刃型位错　刃型位错的模型如图 1-16 所示。设有一简单立方晶体，某一原子面在晶体内部中断，这个原子平面中断处的边缘就是一个刃型位错，犹如用一把锋利的钢刀将晶体上半部分切开，沿切口硬插入一额外半原子面一样，将刃口处的原子列称之为刃型位

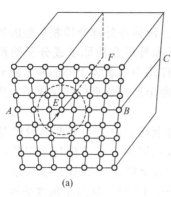
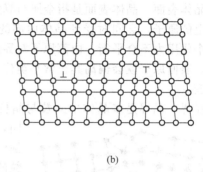

图 1-16 刃型位错示意图

（a）立体示意图；（b）垂直于位错线的原子平面

错线。

刃型位错有正负之分，若额外半原子面位于晶体的上半部，则此处的位错线称为正刃型位错，以符号"⊥"表示。反之，若额外半原子面位于晶体的下半部，则称为负刃型位错，以符号"⊤"表示，实际上，这种正负之分并无本质上的区别。

（2）螺型位错 如图 1-17（a）所示，设想在立方晶体右端施加一切应力，使右端上下两部分沿滑移面 ABCD 发生了一个原子间距的相对切变，于是就出现了已滑移区和未滑移区的边界 BC，BC 就是螺型位错线。如图 1-17（b）所示，在 aa′的右侧，晶体的上下两部分相对错动了一个原子间距，但在 aa′和 BC 之间，则发现上下两层相邻原子发生了错排的现象，这一地带称为过渡地带，此过渡地带的原子被扭曲成了螺旋形。如图 1-17（c）所示，如果从 a 开始，按顺时针方向依次连接此过渡地带的各原子，每旋转一周，原子面就沿滑移方向前进一个原子间距，犹如一个右旋螺纹一样。由于位错线附近的原子是螺旋形排列的，所以这种位错叫做螺型位错。

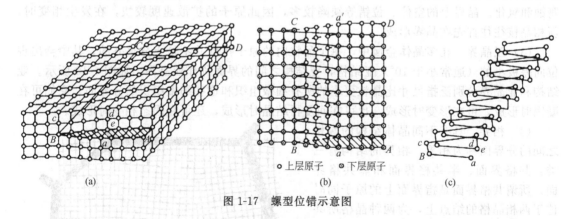

图 1-17 螺型位错示意图

根据位错线附近呈螺旋形排列的原子的旋转方向的不同，螺型位错可分为左螺型位错和右螺型位错两种。通常用拇指代表螺旋的前进方向，而以其余四指代表螺旋的旋转方向，凡符合右手法则的称为右螺型位错，符合左手法则的称为左螺型位错。

1.2.2.3 面缺陷

面缺陷是指三维空间中在一维方向上尺寸很小，另外两维方向上尺寸很大的缺陷。晶体的面缺陷包括晶体的外表面（表面或自由界面）和内界面两大类，其中内界面包括晶界、亚晶界和相界。

(1) 晶体表面　晶体表面是指金属与真空或气体、液体等外部介质相接触的界面。处于这种界面上的原子，会同时受到晶体内部的自身原子和外部介质原子或分子的作用力。显然，这两个作用力不会平衡，内部原子对界面原子的作用力显著大于外部原子或分子的作用力。这样，表面原子就会偏离其正常平衡位置，并因而牵连到邻近的几层原子，造成表面层的晶格畸变。

(2) 晶界　晶界是多晶体中晶粒与晶粒之间的过渡区，由于相邻两晶粒的晶格位向不同，致使该过渡区内的原子排列不规整，偏离其平衡位置，产生晶格畸变，如图 1-18 所示。当相邻晶粒的位向差小于 10°时，称为小角度晶界；位向差大于 10°时，称为大角度晶界。晶粒的位向差不同，则其晶界的结构和性质也不同。现已查明，小角度晶界基本上由位错构成，大角度晶界的结构却十分复杂，目前尚不十分清楚，而多晶体金属材料中的晶界大都属于大角度晶界。

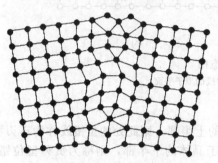

图 1-18　晶界示意图

由于晶界的结构与晶粒内部有所不同，因此晶界具有一系列不同于晶粒内部的特性。首先，由于晶界上的原子偏离了其平衡位置，所以晶界的能量总是高于晶粒内部。晶界能越高，晶界就越不稳定。因此，第一，晶界总是具有自发运动的趋势，企图使晶界能降低而使晶界处于一种稳定状态。第二，由于晶界能的存在，当金属中存在有能降低界面能的异类原子时，就会向晶界偏聚而产生吸附现象。第三，由于晶界上存在着晶格畸变，因而在室温下对金属材料的塑性变形起着阻碍作用，在宏观上表现为使金属材料具有更高的强度和硬度。显然，晶粒越细小，金属材料的强度和硬度就越高。因此，对于在较低温度下使用的金属材料，一般总是希望得到较细小的晶粒。第四，由于晶界能的存在，使晶界的熔点低于晶粒内部，且易于腐蚀和氧化。晶界上的空位、位错等缺陷较多，因此原子的扩散速度较快，在发生相变时，新相晶核往往首先在晶界形成。

(3) 亚晶界　在多晶体金属中，每个晶粒内的原子排列并不是十分整齐的，其中会出现位向差极小的（通常小于 10°）亚结构，亚结构之间的界面称作亚晶界，如图 1-19 所示。亚结构和亚晶界分别泛指尺寸比晶粒更小的所有细微组织和这些细微组织的分界面。它们可在凝固时形成，可在形变时形成，也可在回复再结晶时形成，还可在固态相变时形成。

(4) 相界　具有不同晶体结构的两相之间的分界面称为相界。相界的结构有三类：共格界面、半共格界面和非共格界面。所谓共格界面是指界面上的原子同时位于两相晶格的结点上，为两种晶格所共有。界面上原子的排列规律既符合这个相晶粒内的原子排列规律，又符合另一个相晶粒内原子排列的规律。图 1-20 (a) 所示是一种具有完善共格关系的相界，在相界上，两相原子匹配得很好，几乎没有畸变，虽然，这种相界的能量最低，但这种相界很少。一般两相的晶体结构或多或少

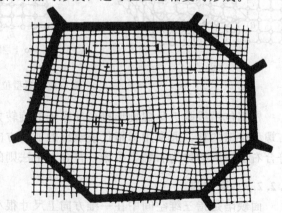

图 1-19　金属晶粒内亚结构示意图

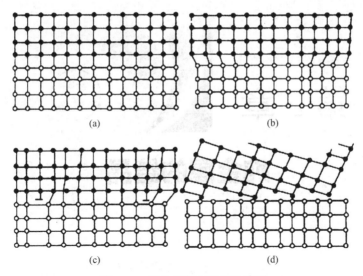

图 1-20 各种相界面结构示意图

(a) 具有完善共格关系的相界；(b) 具有弹性畸变的共格相界；

(c) 半共格相界；(d) 非共格相界

地会有所差异，因此在共格界面上，两相晶体的原子间距存在着差异，从而必然或多或少地存在着弹性畸变，即使相界一侧的晶体（原子间距大的）受到压应力，而另一侧（原子间距小的）受到拉应力，如图 1-20（b）所示。界面两边原子排列相差越大，则弹性畸变越大，这时相界的能量提高，当相界的畸变能高至不能维持共格关系时，则共格关系破坏，变成一种非共格相界，如图1-20（d）所示。

思考与练习

1. 名词解释：晶体、晶格、晶胞、晶格常数、配位数、致密度、空位、间隙原子、位错。

2. 绘图说明体心立方和面心立方晶体结构的不同，并求出两种结构的原子半径、致密度。

3. 实际金属晶体有哪几种缺陷？对晶体性能有何影响？

4. {111} 和 <110> 晶面族和晶向族分别包含多少个晶面和晶向？

工程材料及成型基础
GONGCHENG CAILIAO JI
CHENGXING JICHU

第2章

纯金属的结晶

动脑筋

我们生活中常见的金属材料都是固态的，它们是通过什么方法得到的呢？这其中有什么奥秘和规律吗？

学习目标

- 通过纯金属结晶过程的学习，了解金属从液相到固相的转变特点。
- 掌握纯金属结晶的条件。
- 掌握纯金属形核和长大的规律。

现代工程材料中绝大多数都是先形成液态或者半液态物质，后经过铸造、挤压、吹塑、切削等成型加工方法才能得到具有一定形状、尺寸和使用性能的工程制品。由液态向固态的转变是材料成型的第一阶段，所以研究由液态向固态转变的过程，可以掌握相变规律，不仅可以指导材料成型的生产过程，而且可以通过分析工程材料在凝固过程中产生的缺陷及其原因，找出改善工程材料性能的途径和方法。

一切物质从液态到固态的转变过程统称为凝固，如果通过凝固能够形成晶态物质，则可称之为结晶。对于工程材料中的三大固体材料——金属材料、高分子材料和陶瓷材料而言，纯金属在固态下呈现明显的晶体形态，所以纯金属由液态向固态转变属于典型的结晶过程。

2.1 纯金属的结晶现象

2.1.1 纯金属结晶的宏观现象

图 2-1 是利用热分析法研究金属结晶的装置示意图。将欲测定的金属首先放入图 2-1 所

示的坩埚内加热熔化，而后以缓慢的速度进行冷却，每隔一定时间，测定一次温度，并把测得数据绘在"温度-时间"坐标中，即可得到图 2-2 所示的金属结晶冷却曲线。由图 2-2 可以看出：在金属冷却时，随时间的延长，液态金属的温度不断地下降。当冷却到某温度时，液态金属出现等温阶段，即冷却曲线上出现一个"平台"。经过一段时间后，金属温度才开始又随时间延长而下降。"平台"的出现，是由于金属结晶过程中，结晶潜热的释放补偿了冷却时体系向外界散失的热量。因此"平台"所对应的温度，即是金属的结晶温度；"平台"延续的时间，即为结晶时需要的时间。冷速越慢，测得的实际结晶温度越接近平衡结晶温度，即理论结晶温度。

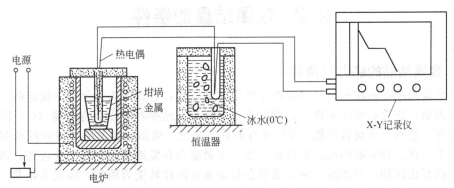

图 2-1　热分析装置示意图

由图 2-2 可以看出：金属在实际的结晶过程中，其结晶温度 T_n 一定低于理论结晶温度 T_m。这种实际结晶温度低于理论结晶温度的现象，称为金属结晶时的过冷现象。实际结晶温度与理论结晶温度之间的温度差，称为过冷度，用 ΔT 表示，$\Delta T = T_m - T_n$。

过冷度 ΔT 的大小，主要取决于金属的本性、纯度和冷却速度。金属不同，过冷度的大小也不同。金属的纯度越高，则过冷度越大。如果金属的种类和纯度都确定，则过冷度主要取决于冷却速度，冷却速度越大，则过冷度越大，即实际结晶温度越低；反之，冷却速度越慢，则过冷度越小，即实际结晶温度越高。

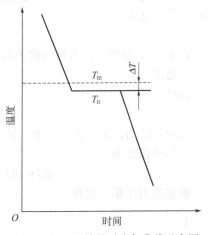

图 2-2　纯金属结晶时冷却曲线示意图

综上所述，过冷是结晶的必要条件，液态金属必须具有一定过冷度才能够开始结晶，但过冷并不是结晶的充分条件，除了热力学条件之外，还要求具有动力学条件。

2.1.2　纯金属结晶的微观现象

在液态金属中，存在着大量尺寸不同的短程有序的原子集团，它们是不稳定的。当液态金属过冷到一定温度时，一些尺寸较大的原子集团开始变得稳定，而成为结晶核心，又称为晶核。形成的晶核按各自方向吸附周围原子向液体中自由长大，在长大的同时金属液体中还会有新晶核形成、长大，当相邻晶体彼此接触时，被迫停止长大，而只能向尚未凝固的液体部分伸展，直至全部结晶完毕。因此，金属结晶的微观过程是通过不断形核和晶核长大两个过程完成的。图 2-3 为纯金属结晶微观过程示意图。

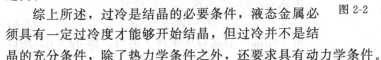

17

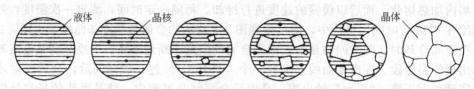

图 2-3　纯金属结晶微观过程示意图

2.2　金属结晶的条件

2.2.1　金属结晶的热力学条件

液态金属结晶必须在一定的过冷度条件下才能进行，这是由热力学条件决定的。热力学第二定律指出，在等温等压条件下，物质系统总是自发地朝着吉布斯自由能（G）降低的方向进行转变，直到吉布斯自由能（G）具有最低值为止。结晶能否发生，就看液相和固相的自由能哪个更低。如果液相比固相自由能低，金属就会自发地从固相转变为液相，即发生熔化；如果液相比固相自由能高，则金属就会自发地从液相转变为固相，即发生结晶。而液相金属和固相金属的自由能差就是结晶的驱动力。

根据热力学可知，吉布斯自由能 G 是物质中能够向外界释放或能对外做功的那一部分能量，其定义为：

$$G = H - TS \tag{2-1}$$

式中，H 为焓；S 为熵（熵的物理意义是表征系统中原子排列混乱程度的参数）；T 为热力学温度。

同时，

$$G = U + pV - TS \tag{2-2}$$

式中，U 为内能；p 为压力；V 为体积。

G 的全微分为：

$$dG = dU + pdV + Vdp - TdS - SdT \tag{2-3}$$

根据热力学第一定律

$$dU = TdS - pdV \tag{2-4}$$

将式（2-4）代入式（2-3）得到

$$dG = Vdp - SdT \tag{2-5}$$

由于结晶一般在等压条件下进行，即 $dp = 0$，所以上式可以写为：

$$dG = -SdT \tag{2-6}$$

由式（2-6）可知，金属在液、固两种状态下体系的自由能 G 随温度 T 的升高而降低，由于液态金属原子排列的混乱程度比固态金属的大，即 $S_L > S_S$，也就是液相自由能曲线的斜率较固相的大，所以液相自由能曲线较固态金属的自由能曲线变化快，如图 2-4 所示。液固两相自由能曲线的斜率不同，因此两条曲线

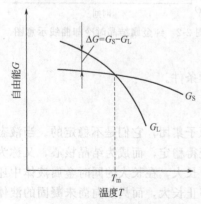

图 2-4　液相和固相吉布斯自由能
（G）随温度变化的关系曲线

必然相交，交点所对应的温度就是理论结晶温度 T_m。当温度低于 T_m 时，$G_S < G_L$，金属的稳定状态是固态，液体将结晶；当温度高于 T_m 时，$G_S > G_L$，金属的稳定状态是液态，晶体将熔化。因此，液态物质要结晶，就必须冷却到 T_m 以下的某一温度 T_n，即金属结晶必须要有过冷度。此时，固态金属的自由能低于液态金属的自由能，两相自由能之差构成了金属结晶的驱动力。

由于 $\Delta G_V = G_S - G_L$，将式（2-1）代入可得：

$$\Delta G_V = H_S - TS_S - (H_L - TS_L) = H_S - H_L - T(S_S - S_L) = -(H_L - H_S) - T\Delta S$$

式中，$H_L - H_S = \Delta H_f$ 为熔化潜热，且 $\Delta H_f > 0$，因此

$$\Delta G_V = -\Delta H_f - T\Delta S \tag{2-7}$$

当结晶温度 $T = T_m$ 时，$\Delta G_V = 0$，即 $\Delta H_f = T_m \Delta S$，此时

$$\Delta S = -\frac{\Delta H_f}{T_m} \tag{2-8}$$

当结晶温度 $T < T_m$ 时，由于 ΔS 的变化很小，可视为常数。

将式（2-8）代入式（2-7）得：

$$\Delta G_V = -\Delta H_f + T\frac{\Delta H_f}{T_m} = -\Delta H_f \frac{\Delta T}{T_m} \tag{2-9}$$

由式（2-9）可知，过冷度越大，液相和固相间的自由能差越大，结晶驱动力越大，结晶越容易进行。

2.2.2 金属结晶的结构条件

金属的结晶是晶核的形成和长大过程，而晶核的形成过程与液态金属的结构条件密切相关。大量的实验结果表明：在液体中的微小范围内，存在着紧密接触规则排列的原子集团，称为近程有序，但这种原子集团并不是固定不动、一成不变的，而是处于不断的变化之中；由于液态金属原子的热运动很激烈，而且原子间距较大，结合较弱，所以液态金属原子在其平衡位置停留的时间很短，很容易改变自己的位置；与此同时，在其他地方又会出现新的近程有序原子集团。前一瞬间属于这个近程有序原子集团的原子，下一瞬间可能属于另一个近程有序的原子集团。液态金属的这种近程有序的原子集团就是这样处于瞬间出现，瞬间消失，此起彼伏，变化不定的状态之中，这种不断变化着的近程有序原子集团称为结构起伏或相起伏。在液态金属中，每一瞬间都涌现出大量的尺寸不等的相起伏，在一定温度下，不同尺寸的相起伏出现的概率不同，尺寸大的和尺寸小的相起伏出现的概率都很小，中等尺寸的相起伏出现的概率最大。只有在过冷液体中出现的尺寸较大的相起伏才有可能成为结晶时的晶核，这些相起伏称为晶胚。

2.3 晶核的形成和长大

2.3.1 晶核的形成

在结晶过程中，晶核的形成有两种方式：均匀形核和非均匀形核。

在结晶过程中，当达到一定的过冷度时，液态金属中那些超过一定尺寸的近程有序的原子集团开始变得稳定，不再消失，而成为晶核，这种完全由液体内部瞬时短程有序的原子团形成晶核的方式称为均匀形核，又称自发形核。能够自发长大的最小晶核称为临界晶核。过

冷度越大，能稳定存在的近程有序的原子集团的尺寸越小，生成的自发形核越多。

如果结晶过程中依靠液体中存在的固体杂质或容器壁形核，称为非均匀形核，又称非自发形核，只有当杂质的晶体结构和晶格参数与结晶的金属或合金相似或相当时，它才可能成为非均匀形核的核心。

在实际金属和合金的结晶中，这两种形核方式通常同时存在，但是非均匀形核一般更容易发生。非均匀形核时所需的过冷度大约只是金属理论结晶温度的 0.02 倍，比均匀形核小得多。

2.3.1.1 均匀形核

(1) 临界晶核半径 在过冷的液体中，只有那些尺寸等于或大于某一临界尺寸的晶胚才能稳定存在，并能自发地长大，这种等于或大于临界尺寸的晶胚即是晶核。当过冷液体中出现晶胚时，原子从液态转变为固态将使系统的自由能降低，同时，由于晶胚构成新的表面，形成表面能，使系统的自由能升高，则系统自由能的总变化为：

$$\Delta G = V\Delta G_V + S\sigma \tag{2-10}$$

式中，V 为晶胚的体积；S 为晶胚的表面积，ΔG_V 为液固两相单位体积自由能差（如果是过冷液体，则 ΔG_V 为负值，否则为正值）；σ 为单位面积表面能。

假设晶胚为球状，半径为 r，则自由能变化为：

$$\Delta G = \frac{4}{3}\pi r^3 \Delta G_V + 4\pi r^2 \sigma \tag{2-11}$$

式 (2-11) 表示了晶胚自由能与其半径的变化关系，如图 2-5 所示。由图 2-5 可知，当 $r < r_k$ 时，随晶核半径增大，体积自由能越大，不能自发进行，晶胚不能成为稳定的晶核；当 $r > r_k$ 时，随晶核半径增大，体积自由能越小，是自发过程，晶胚可长大成稳定的晶核；$r = r_k$，晶胚可能稳定，也可能不稳定。r_k 称为临界晶核半径。

对式 (2-11) 进行微分并令其等于零，就可以求出临界晶核半径 r_k：

$$r_k = -\frac{2\sigma}{\Delta G_V} \tag{2-12}$$

由于 $\Delta G_V = -\Delta H_f \dfrac{\Delta T}{T_m}$，代入式 (2-12) 得：

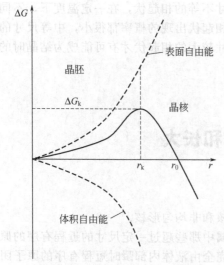

图 2-5 ΔG 与晶胚半径 r 的关系

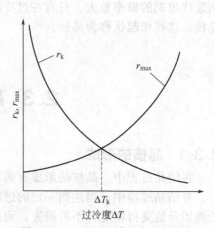

图 2-6 r_{max} 和 r_k 随过冷度的变化

$$r_k = \frac{2\sigma T_m}{\Delta H_f \Delta T} \tag{2-13}$$

式（2-13）表明过冷度 ΔT 越大，临界晶核半径 r_k 就越小，形核就越容易。在某一温度下出现的尺寸最大的相起伏存在一个极限值 r_{max}，r_{max} 和 r_k 与温度的关系如图 2-6 所示，图中两曲线的交点所对应的过冷度 ΔT_k 称为临界过冷度。由图可知：当 $\Delta T < \Delta T_k$，$r_{max} < r_k$，晶胚不能转变成晶核；当 $\Delta T = \Delta T_k$，$r_{max} = r_k$，晶胚可能转变成晶核；当 $\Delta T > \Delta T_k$，$r_{max} > r_k$，晶胚可转变成晶核。

显然可见，液态金属能否发生结晶，取决于晶胚尺寸是否达到临界晶核半径，要达到临界晶核半径就要使过冷度达到临界过冷度。显然，过冷度越大，超过临界晶核半径的晶胚数目就越多，结晶越容易进行。均匀形核的过冷度 $\Delta T_k = 0.2T_m$。

（2）形核功　由图 2-5 可知：当 $r > r_0$ 时，$\Delta G < 0$，晶核能够进行长大；但在 $r_k - r_0$ 之间时，虽然系统自由能随 r 的增加而降低，但系统自由能仍大于 0。此时，晶胚能稳定形成晶核吗？为此，要求出晶核半径在 $r_k - r_0$ 之间的 ΔG 的极大值。显然，当 $r = r_k$ 时 ΔG 的值最大，称为临界形核功 ΔG_k。

将式（2-12）代入式（2-11）得：

$$\Delta G_k = \frac{4}{3}\pi\left(-\frac{2\sigma}{\Delta G_V}\right)^3 \Delta G_V + 4\pi\left(-\frac{2\sigma}{\Delta G_V}\right)^2 \sigma = \frac{1}{3}\left[4\pi\left(\frac{2\sigma}{\Delta G_V}\right)^2\sigma\right] = \frac{1}{3}4\pi r_k{}^2\sigma = \frac{1}{3}S_k\sigma \tag{2-14}$$

式中，S_k 为临界晶核的表面积。

由式（2-14）可知，临界晶核形成时的自由能增高等于其表面能的三分之一，这表明形成临界晶核时，体积自由能的下降只补偿了表面能的三分之二，还有三分之一的表面能没有得到补偿，需要另外供给，即需要对形核作 $\left(\Delta G_k = \frac{1}{3}S_k\sigma\right)$ 的功，故称为临界晶核形核功，简称形核功——形成临界晶核时所需自由能的增加。这一形核功是过冷液体形核时的主要障碍，过冷液体需要一段孕育期才开始结晶的原因正在于此。这部分形核功一般来自"能量起伏"——体系中各个微小体积所具有的能量偏离体系平均能量水平而大小不一的现象。

将式（2-13）代入式（2-14）得：

$$\Delta G_k = \frac{1}{3}\times 4\pi r_k{}^2\sigma = \frac{4}{3}\pi\left(\frac{2\sigma T_m}{\Delta H_f \Delta T}\right)^2\sigma = \frac{16\pi\sigma^3 T_m{}^2}{3\Delta H_f{}^2}\times\frac{1}{\Delta T^2} \tag{2-15}$$

式（2-15）表明 ΔG_k 与 ΔT^2 成反比，所以，过冷度增大，临界形核功显著减小，从而使结晶过程易于进行。

综上所述，液体必须在一定的过冷条件下才能凝固，而液体中客观存在的结构起伏（相起伏）和能量起伏是促成均匀形核的必要因素。

2.3.1.2　非均匀形核

对于非均匀形核，当晶核依附于液体金属中的固相质点表面上形核时，就有可能使表面能降低，从而使形核可以在较小的过冷度下进行。如图 2-7 所示，设非均匀晶核为球冠状，其曲率半径为 r，θ 表示晶核与基底的接触角（也称润湿角），$\sigma_{\alpha L}$ 表示晶核与液相之间的表面能，$\sigma_{\alpha B}$ 表示晶核与基底之间的表面能，σ_{LB} 表示液相与基底之间的表面能。当晶核稳定存在时，三种表面张力在交点处达到平衡，即：

$$\sigma_{LB} = \sigma_{\alpha B} + \sigma_{\alpha L}\cos\theta \tag{2-16}$$

由初等几何可以求得，球冠面积 S_1、球冠覆盖基底面积 S_2 以及球冠体积 V 分别如下：

$$S_1 = 2\pi r^2(1-\cos\theta) \tag{2-17}$$

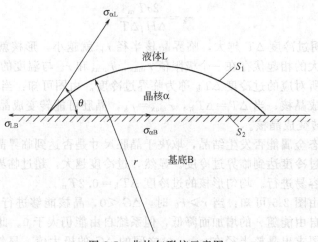

图 2-7 非均匀形核示意图

$$S_2 = \pi r^2 \sin^2\theta \tag{2-18}$$

$$V = \frac{1}{3}\pi r^3(2 - 3\cos\theta + \cos^3\theta) \tag{2-19}$$

在基底 B 上形成晶核时总的自由能变化 $\Delta G'$ 为：

$$\Delta G' = V\Delta G_V + \Delta G_S \tag{2-20}$$

$$\Delta G_S = \sigma_{\alpha L}S_1 + \sigma_{\alpha B}S_2 - \sigma_{LB}S_2 = \sigma_{\alpha L}S_1 + (\sigma_{\alpha B} - \sigma_{LB})S_2 \tag{2-21}$$

将相关各项代入式（2-20）得：

$$\Delta G' = \frac{1}{3}\pi r^3(2 - 3\cos\theta + \cos^3\theta)\Delta G_V + [2\pi r^2(1 - \cos\theta) - \pi r^2\sin^2\theta\cos\theta]\sigma_{\alpha L}$$

$$= \left(\frac{4}{3}\pi r^3 \Delta G_V + 4\pi r^2\sigma_{\alpha L}\right)\left(\frac{2 - 3\cos\theta + \cos^3\theta}{4}\right) \tag{2-22}$$

用与均匀形核类似的方法可求得非均匀形核球冠的临界曲率半径。

令 $\dfrac{\partial \Delta G'}{\partial r'} = 0$，可得 $\dfrac{4}{3}\pi \times 3r^2\Delta G_V + 4\pi \times 2r\sigma_{\alpha L} = 0$，由于 $\Delta G_V = -\Delta H_f\dfrac{\Delta T}{T_m}$，求得：

$$r'_k = -\frac{2\sigma_{\alpha L}}{\Delta G_V} = \frac{2\sigma_{\alpha L}T_m}{\Delta H_f\Delta T} \tag{2-23}$$

$$\Delta G'_k = \frac{4}{3}\pi r'^2_k\sigma_{\alpha L}\left(\frac{2 - 3\cos\theta + \cos^3\theta}{4}\right) \tag{2-24}$$

当 $\theta = 0°$ 时，$\Delta G'_k = 0$，表示完全润湿，则不需要形核功，如图 2-8（a）所示；当 $\theta = 180°$ 时，$\dfrac{2 - 3\cos\theta + \cos^3\theta}{4} = 1$，则 $\Delta G'_k = \Delta G_k$，非均匀形核功等于均匀形核功，如图 2-8（c）所示；当 $0° < \theta < 180°$，$0 < \dfrac{2 - 3\cos\theta + \cos^3\theta}{4} < 1$，$\Delta G'_k < \Delta G_k$，非均匀形核功小于均匀形核功，$\theta$ 越小，$\Delta G'_k$ 越小，非均匀形核越容易，需要的过冷度越小，如图 2-8（b）所示。

2.3.2 晶核的长大

当晶核形成之后，液相中的原子或原子团通过扩散不断依附于晶核表面，使固液界面向液相中移动，晶核半径增大，这个过程称为晶核长大。

晶体长大的条件是：第一要求液相能连续不断地向晶体扩散供应原子，这就要求有足够

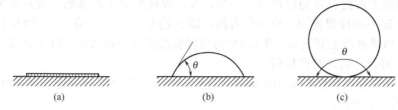

图 2-8　不同润湿角的晶核形状

(a) $\theta=0°$；(b) $0°<\theta<180°$；(c) $\theta=180°$

高的温度，使原子具有足够的扩散能力；第二要求晶体长大时体积自由能的降低应大于晶体表面能的增加，即满足热力学条件。

液相中形成稳定晶核后，晶核长大时需要的过冷度比形核时的过冷度要小得多。一般来说，液态金属原子的扩散迁移并不怎样困难，因而，决定晶体长大方式和长大速度的主要因素是晶核的界面结构和界面附近的温度分布。这两者的结合，就决定了晶体长大后的形态。

2.3.2.1　固液界面的微观结构

晶体界面分为两类：光滑界面、粗糙界面。

（1）光滑界面　从微观看界面基本为完整的原子密排面，表面是光滑的，但从宏观上看往往是由若干小平面组成，故也称其为小平面界面。光滑界面外的两相截然分开，界面以上为液相，以下为固相，如图 2-9（a）所示。

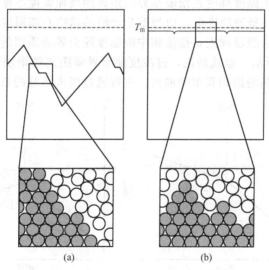

图 2-9　固液界面的微观结构

（a）光滑界面；（b）粗糙界面

（2）粗糙界面　液固相之间的界面从微观来看是高低不平的，存在几个原子层厚度的过渡层。在过渡层中只有大约 50% 的位置被固相原子所占据。但此过渡层很薄，因此从宏观来看，界面反而较为平直，故亦称为非小平面界面，如图 2-9（b）所示。

（3）判断界面性质的依据　当晶体与液体处于平衡状态时，仍存在着液相中的原子不断进入固相晶格上的原子位置，同时固相中的原子也会离开固相进入液相。

如果设界面上可能具有的原子位置数为 N，其中 N_A 个位置为固相原子所占据；那么界面上被固相原子占据位置的比例为 $x=N_A/N$，被液相原子占据的位置比例为 $1-x$，如果界面上有近 50% 的位置被固相原子所占据，即 x 约等于 50%（或 $1-x$ 约等于 50%），则为粗糙界面，如果界面上有近 0% 或 100% 的位置被晶体原子所占据，即 x 约等于 0%（或 $1-x$ 约等于 100%），则为光滑界面。

当界面达到平衡时的结构应为界面能最低的结构，当界面上任意添加原子时，其界面自由能 ΔG_S 的变化如下式：

$$\frac{\Delta G_S}{NkT_m}=\alpha x(1-x)+x\ln x+(1-x)\ln(1-x) \tag{2-25}$$

式中，k 为波尔兹曼常数；T_m 为熔点；α 为杰克逊因子。

α 是一个重要的参数，它取决于材料的种类和晶体在液相中生长系统的热力学性质，如图 2-11 所示，取不同的 α 值可以作出不同的 $\frac{\Delta G_S}{NkT_m}$ 与 x 的关系曲线。由图 2-11 可知：当 α $\leqslant 2.0$ 时，在 $x=0.5$ 处界面能最小（即界面处有 50% 的位置被固相原子所占据），为粗糙界面；当 $\alpha\geqslant 5.0$ 时，$x=0$ 或 1.0 处界面能最小（即界面处有 0% 或 100% 的位置被固相原子所占据），为光滑界面。一般铁、铝、铜等金属和某些有机物 $\alpha\leqslant 2.0$，为粗糙界面；许多有机化合物 $\alpha\geqslant 5.0$，为光滑界面；少数铋、锑、镓、锗和硅等 $\alpha=2.0\sim 5.0$。

2.3.2.2 液固界面前沿液体中的温度梯度

晶体长大除受固液界面微观结构影响外，还受到液固界面前沿液体中的温度梯度影响，它们分为正的温度梯度和负的温度梯度两种。

（1）正温度梯度 正温度梯度是指随至界面距离的增加温度不断提高的分布，如图2-10（a）所示。如在铸造中，型壁温度低，由型壁开始结晶越往心部温度越高即为正温度梯度。

（2）负温度梯度 负温度梯度是指液相中的温度随至界面距离的增加而降低的温度分布状况，如图 2-10（b）所示，也就是说，过冷度随至界面距离的增加而增大。此时所产生的结晶潜热既可通过已结晶的固相和型壁散失，也可通过尚未结晶的液相散失。

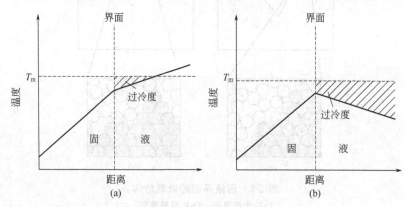

图 2-10 两种温度分布方式
(a) 正温度梯度；(b) 负温度梯度

2.3.2.3 晶体的长大机制

（1）二维晶核长大机制 当固液界面是光滑界面时，单个原子不能稳定存在于界面，只能靠液相中的结构起伏和能量起伏，在界面处形成一个原子厚度并且有一定宽度的平面原子集团，即形成一个二维晶核，如图 2-12 所示。二维晶核形成后，它的四周就出现了台阶，

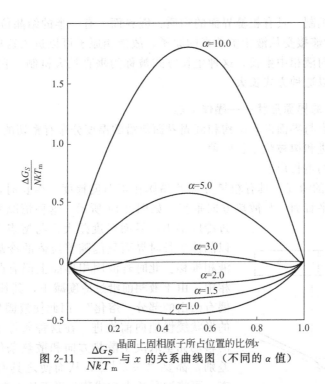

图 2-11　$\dfrac{\Delta G_S}{NkT_\mathrm{m}}$ 与 x 的关系曲线图（不同的 α 值）

液相中原子沿二维晶核侧边所形成的台阶不断地填充上去，使此薄层很快扩展而盖满整个表面，形成新的光滑界面，这时生长中断。而后在新的界面再形成一个二维晶核又很快长满，如此反复进行。这种方式的生长速度很慢（单位时间内晶核长大的线速度被称为长大速度，用 G 表示）。

（2）螺型位错长大机制　由于在晶体长大时，可能形成种种缺陷，这些缺陷所造成的界面台阶使原子容易向上堆砌，因而长大速度大为加快。图 2-13 为在光滑界面出现螺型位错露头时的晶体长大过程。螺型位错露头为晶体生长提供台阶，液相中的原子一个个地堆砌到这些台阶处，每铺一排原子台阶即向前移动一个原子间距。台阶各处沿着晶体表面向前移动的线速度相等，但由于台阶的起始点不同，台阶各处相对于起始点移动的角速度不等，离起始点越近角速度越大。于是随着原子的铺展，台阶先发生弯曲，而后以起始点为中心回旋起来，使界面呈螺旋面而形成不会消失的台阶。台阶每横扫界面一次，晶体就增厚一个原子间距，

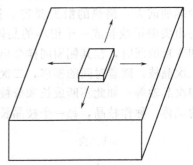

图 2-12　二维晶核长大机制

但由于中心回旋的速度快，中心将凸出，形成螺钉状晶体，螺旋上升的晶面叫做"生长蜷线"。

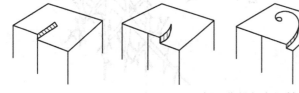

图 2-13　螺型位错长大机制

（3）垂直长大机制　具有粗糙界面的物质，因界面上有一半的结晶位置空着［如图 2-9 （b）所示］，它们能够接受从液相扩散来的原子，故液相原子可以进入这些位置而与晶体连接起来，晶体连续向液相中生长，这种生长方式被称为垂直长大机制。它的长大速度很快，大部分金属晶体均以这种方式长大。

2.3.2.4　晶体生长的界面形状——晶体形态

晶体长大的形态与界面微观结构和液固界面前沿的温度分布有密切的关系。金属结晶时生长形态有平面推进和树枝状生长两种。

（1）粗糙界面的生长形态

① 正温度梯度的情况　具有粗糙界面的晶体在正温度梯度下生长时，其界面为平行于熔点 T_m 等温面的平直面，与散热方向垂直，如图 2-14 所示。这种情况晶体生长时所需的过冷度很小，界面温度差大多与熔点 T_m 十分接近，所以晶体生长时界面只能随着液体的冷却而均匀一致地向液相推移。此时若液固相界面上偶有凸出的部分伸入液相中，由于液相前沿过冷度减小，其长大速度立即减小，偶有凸出的部分"熔化"，因此使液固界面保持近乎平面的形状缓慢地向前推进。在这种条件下，由于晶体界面的移动完全取决于散热方向和散热条件，不管成长有无差别，都要"一刀切"，从而使之具有平面状的长大形态，可将这种长大方式称为平面长大方式。

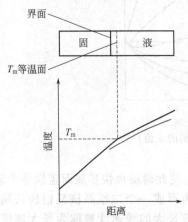

图 2-14　正温度梯度下的粗糙界面

② 负温度梯度的情况　具有粗糙界面的晶体在负温度梯度下生长时，由于界面前沿液体的过冷度较大，如果界面偶有突出，则它将伸入到过冷度更大的液体中，从而更加有利于此突出尖端向液体中的成长。虽然此突出尖端在横向也将生长，但结晶潜热的散失提高了该尖端周围液体中的温度，而在尖端的前方，潜热的散失要容易得多，因而其横向长大速度远小于纵向长大速度，故此突出尖端很快长成一个细小的晶体，称为主干，即一次晶轴或一次晶枝。在一次晶轴增长和变粗的同时，在其侧面同样会出现很多凸出尖端，它们长大发展成枝干，称为二次晶轴或二次晶枝；随着时间的推移，二次晶轴成长的同时，又可长出三次晶轴，三次晶轴上再长出四次晶轴等；如此不断成长和分枝下去，直至液体全部消失，结果得到一个具有树枝状形状的晶体，称作枝晶，每一个枝晶长成一个晶粒（可看作是一个单晶体），枝晶形成过程如图

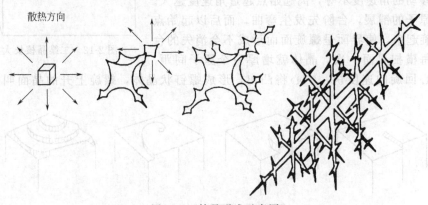

图 2-15　枝晶形成示意图

2-15 所示，图 2-16 为在钢锭中所观察到的枝晶。

（2）光滑界面的生长形态

① 正温度梯度的情况 对于光滑界面的晶体来说，其显微界面为某一晶体学小平面，它们与散热方向成不同的角度分布着，与熔点 T_m 交有一定角度，但从宏观来看，仍为平行于 T_m 等温面的平直面，如图 2-17 所示。实际晶体的界面是由许多晶体学小平面组成的，晶面不同，则原子密度不同，从而导致其具有不同的表面能。热力学研究结果表明：晶体在生长时各晶体学平面的长大速度不同，原子密度小的长大速度较大，原子密度大的长大速度较

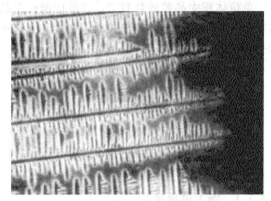

图 2-16 钢锭中的枝晶

小，但长大速度较大的晶面易于被长大速度较小的晶面所制约。因此晶体中非密排面方向长大速度大，密排面方向长大速度小，非密排面将逐渐缩小而消失，最后晶体界面将完全变为密排晶面。所以，以光滑界面结晶的晶体，若无其他因素干扰，大多可以生长为以密排面为表面的晶体，具有规则的几何外形。

② 负温度梯度的情况 具有光滑界面的物质在负温度梯度下生长时，如果杰克逊因子 α 较小时，当温度梯度较大时，可能长成树枝状晶体，但带有小平面的特征，如图 2-18 所示，锑出现带有小平面的树枝状晶体即为此种情况；当温度梯度较小时，仍有可能长成规则的几何外形。如果杰克逊因子 α 较大时，无论负温度梯度的大小，均可长成规则形状的晶体。

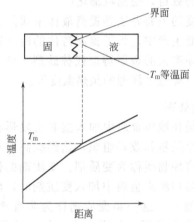

图 2-17 正温度梯度下的光滑界面

2.3.3 晶粒大小的控制

金属的晶粒大小对其力学性能有重要的影响，实验表明：在常温下的细晶粒金属比粗晶粒金属有更高的强度、硬度、塑性和韧性。因为细晶粒受到外力发生塑性变形时，其塑性变形可分散在更多的晶粒内进行，塑性变形较均匀，应力集中较小；此外，晶粒越细，晶界面积越大，晶界越曲折，越不利于裂纹的扩展。因此，工业上常通过细化晶粒的方法提高材料的强度，这种方法称为细晶强化。

晶粒的大小称为晶粒度。金属中晶粒的大小是不均匀的，一般用晶粒的平均直径或平均面积来表示晶粒度。标准晶粒度分为 8 级，1 级晶粒最粗（晶粒平均直径为 0.25mm），8 级晶粒最细（晶粒平均直径为 0.02mm）。晶粒度等级通常是在放大 100 倍的金相显微镜下观察金属断面，对照标准晶粒度等级图来比较评定的。生产

图 2-18 纯锑铸锭表面的枝晶金相照片

中大都采用晶粒度等级来衡量晶粒的大小。

单位体积中晶粒的数目 Z_V 或单位面积上晶粒的数目 Z_S 与形核率 N [单位时间内单位体积中所产生的晶核数，单位为晶核数/(s·cm³)] 和长大速度 G（单位时间内晶核长大的平均速度，单位为 cm/s）的关系如下：

$$Z_V = 0.9(N/G)^{3/4}$$

$$Z_S = 1.1(N/G)^{1/2}$$

可见，结晶时形核率 N 越大，长大速度 G 越小，结晶后单位体积或单位面积内的晶粒数目 Z 越大，晶粒就越细小。因此，控制金属结晶后的晶粒大小，必须控制形核率 N 和长大速度 G，主要方法有以下三种。

2.3.3.1 增大过冷度

金属结晶时的过冷度与形核率和长大速度的关系如图 2-19 所示。由图可以看出：随过冷度的增大，N 和 G 值增大，但 N 的增长速率大于 G 的增长速率，因此提高过冷度可以增加单位体积内晶粒的数目，使晶粒细化。

增大过冷度的主要办法是提高液体金属的冷却速度。在铸造生产中，为了提高铸件的冷却速度，可以用热导率大的金属铸型代替砂型，增大金属型的厚度以降低金属型的预热温度等。

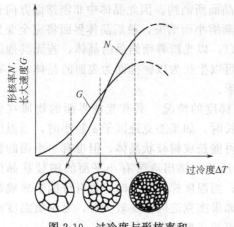

图 2-19 过冷度与形核率和长大速度的关系

2.3.3.2 变质处理

变质处理是在液体金属中加入能非自发形核的物质，以细化晶粒和改善组织，达到提高材料性能的目的，这种物质称为变质剂。变质剂的作用有两种：一是在液态金属中加入变质剂时，能直接增加形核核心，这一类变质剂称为孕育剂，相应处理称为孕育处理，如在铁水中加入硅铁、硅钙合金；另一种是加入变质剂，虽然不能提供结晶核心，但能强烈地阻碍晶核的长大或改善组织形态，如冶金过程中用钛、锆、铝等元素作为脱氧剂的同时，也能起到细化晶粒的作用，在铸造铝硅合金时，加入钠盐，使钠附着在硅的表面，阻碍粗大片状硅晶体的形成，也可以使合金的晶粒细化。

2.3.3.3 振动与搅拌

在浇铸和结晶过程中实施振动或搅拌也可以达到细化晶粒的作用。一方面，振动和搅拌能向液体中输入额外能量以提供形核功，促进形核；另一方面能打碎正在长大的树枝晶，破碎的枝晶块尖端又可成为新的晶核，增加晶核数量，从而细化晶粒。进行振动和搅拌的方法有机械振动、电磁振动和超声波振动等。

思考与练习

1. 何谓过冷现象和过冷度？过冷度与哪些因素有关？

2. 为什么液态金属结晶时必须要有过冷度?

3. 纯金属的结晶由哪两个基本过程组成?

4. 证明均匀形核时,形成临界晶粒的 ΔG_k 与其体积 V 之间的关系为 $\Delta G_k = -\dfrac{V}{2}\Delta G_V$。

5. 试分析过冷度对形核率和长大速度的影响。

6. 细化晶粒的基本方法有哪些?

第3章

二元合金与铁碳合金相图

动脑筋

金属材料的成分有几种呢？我们常见的钢铁材料的组成是什么呢？

学习目标

- 通过对合金相结构的学习，掌握固溶体和中间相的概念。
- 通过对二元相图的学习，了解相图的一般建立方法，掌握匀晶相图、共晶相图、包晶相图的分析方法。
- 通过对铁碳合金相图的学习，理解铁碳合金基本相和组织的性能特点，掌握铁碳合金相图的分析及典型合金的平衡结晶过程。

3.1 合金的相结构

　　纯金属的力学性能、工艺性能和物理化学性能通常不能满足工程上的要求，而且纯金属提炼成本较高，因此在工程领域中广泛采用合金。所谓合金，是指由两种或两种以上的金属元素，或金属元素与非金属元素，经熔炼、烧结或者其他方法制备而成的具有金属特性的物质。例如，铁和碳组成的钢、铸铁，铜和锌组成的黄铜等。

　　组成合金最基本、最独立的物质称为组元。组元可以是纯元素，如金属元素 Fe、Al、Ti、Pb、Sn 等，以及非金属元素 C、N、O 等；组元也可以是稳定化合物，如 Al_2O_3、SiO_2、TiO_2 等。由两个组元组成的合金称为二元合金，如 Fe-C、Pb-Sn、Cu-Ni 等二元合金系；三个组元组成的合金称为三元合金，如 Fe-C-Si、Fe-C-Cr、K_2O-Al_2O_3-SiO_2 等三元合金系，依此类推。合金中的组元之间由于相互的物理和化学作用，可形成各种"相"。

"相"是指合金中具有同一聚集状态和晶体结构，成分和性能均一，并以界面相互分开的均匀组成部分。"相"是合金中非常重要的概念，材料的性能与各组成相的性质、形态和相对含量直接相关。

不同的相具有不同的晶体结构，合金中的相结构种类繁多，但根据相的结构特点可以将其分为两大类：固溶体和中间相。

3.1.1 固溶体

金属在固态下也具有溶解某些元素的能力，从而形成成分和性质均匀的固态合金。以合金中某一组元为溶剂，其他组元为溶质，所形成的与溶剂元素有相同晶体结构的固态合金相称为固溶体。

根据固溶体的不同特点，可以将其分为不同类型。根据溶质元素在溶剂晶格中所占的位置特点，可以将固溶体分为置换固溶体和间隙固溶体。置换固溶体是指溶质原子占据溶剂晶格结点位置形成的固溶体，如图 3-1（a）所示；间隙固溶体是指溶质原子占据溶剂晶格结点间隙位置所形成的固溶体，如图 3-1（b）所示。根据溶质原子在溶剂中固溶度的大小，可以将固溶体分为无限固溶体和有限固溶体。无限固溶体是指溶质与溶剂能以任何比例互溶的固溶体，固溶度为 100％；有限固溶体是指溶质原子在溶剂中有极限溶解度的固溶体。另外，根据溶质原子在固溶体中的排列分布有无规律，可以将固溶体分为有序固溶体和无序固溶体。

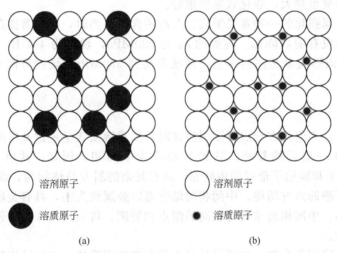

图 3-1 固溶体的两种类型
（a）置换固溶体；（b）间隙固溶体

3.1.1.1 置换固溶体

形成置换固溶体时，溶质原子置换出溶剂原子，占据溶剂晶格的结点位置。置换固溶体中，溶质与溶剂原子可以是有限固溶也可以是无限固溶，这主要取决于溶质原子在溶剂晶格中的固溶度，而固溶度又取决于溶质和溶剂原子半径的差别以及在周期表中相互位置的距离。由于溶质原子溶入溶剂晶格后会引起点阵畸变，产生晶格畸变能，造成晶格的不稳定。所以，两元素原子半径相差愈小，在周期表中的位置愈靠近，形成置换固溶体时导致的点阵畸变越小，两元素越容易形成置换固溶体。通常情况下，当溶质和溶剂原子半径相对差不超过 15％时有利于大量固溶，而当相对差大于 30％时，则不容易形成置换固溶体。溶质和溶剂元素半径相差不大时，若晶格类型也相同，则元素间往往能以任何比例相互溶解而形成无限固溶体，如 Cu 与 Ni，Ag 与 Au 等便可以形成无限固溶体。

此外，溶质原子的固溶度还与两元素的电负性和电子浓度有关。两元素间的电负性相差越小，溶质原子固溶度越大，越易形成固溶体。相反，两元素间电负性相差越大，化学亲和力越强，越容易生成稳定的金属间化合物。

3.1.1.2 间隙固溶体

一些原子半径较小的非金属元素如 H、O、N、C 和 B 等，与过渡性金属元素形成固溶体时，往往处于溶剂晶格的间隙位置，形成间隙固溶体。这些非金属元素原子半径通常小于 0.1nm，与溶剂晶格间隙半径大小相当。但是，尽管溶质原子半径较小，当它们溶入溶剂晶格的间隙时，也会使晶格发生畸变，点阵常数增大，造成畸变能的增加。所以，溶质的固溶度受到限制，间隙固溶体都是有限固溶体。

间隙固溶体的固溶度与溶剂的间隙半径、间隙形状等有关。实验证明，碳原子不管是溶入体心立方的 α-Fe 还是面心立方的 γ-Fe，都是溶入晶格的八面体间隙。虽然 α-Fe 致密度（0.68）低于 γ-Fe（0.74），但是 α-Fe 的八面体间隙半径（0.019nm）小于 γ-Fe 的正八面体间隙半径（0.053nm），因此碳在 γ-Fe 中的溶解度比在 α-Fe 中的溶解度大。

不管是置换固溶体还是间隙固溶体，随着溶质原子的溶入，溶剂晶格都会发生畸变。晶格畸变增大了位错运动的阻力，使金属的滑移变形变得更加困难，从而提高合金的强度和硬度。这种由于溶质原子的固溶而引起的强化现象称为固溶强化。溶质原子与溶剂原子的尺寸差别越大，晶格畸变也越大，强化效果便越好。

固溶强化是金属强化的一种重要形式。在溶质含量适当时，可显著提高材料的强度和硬度，而塑性和韧性没有明显降低。纯铜的 σ_b 为 220MPa，硬度为 40HB，断面收缩率 ψ 为 70%，当加入 1% 镍形成单相固溶体后，强度升高到 390MPa，硬度升高到 70HB，而断面收缩率仍有 50%。

3.1.2 中间相

二元合金系中，两组元在形成有限固溶体时，如果溶质含量超过其溶解度时，便会形成晶体结构不同于任一组元的新相，这种新相称为中间相。例如，铁碳合金中的渗碳体（Fe_3C）是由铁原子和碳原子形成的中间相，具有复杂的斜方晶体结构，既不同于铁的立方结构，也不同于石墨的六方结构。中间相的结合键以金属键为主，具有金属的性质，因此又称为金属间化合物。中间相通常具有较高的熔点和硬度，可以用来作为增强相提高合金的强度、硬度和耐磨性。

中间相可以是稳定化合物，也可以是基于化合物的固溶体。按照结构特点的不同，中间相主要分为三类：正常价化合物，电子化合物和间隙化合物。

3.1.2.1 正常价化合物

金属元素与 ⅣA、ⅤA 和 ⅥA 族元素形成的化合物通常为正常价化合物。这类化合物的特征是两组元电负性相差较大，化合物严格遵守原子化合价规律，其成分可以用化学式来表示，如 MgSe、Mg_2Sn、Mg_2Si 和 MnS 等。正常价化合物是主要受电负性控制的一种中间相。两组元电负性相差越大，形成的化合物越稳定，越趋向于离子键结合；电负性相差越小，化合物越不稳定，越趋向于金属键或共价键结合。正常价化合物通常具有较高的硬度和脆性，在基体中弥散分布时，起弥散强化合金的作用。

3.1.2.2 电子化合物

电子化合物通常是由过渡性金属（Cu、Fe、Ni、Ag 等）或ⅠB族元素与ⅢA、ⅣA、

ⅡB族金属元素形成，可以用化学式来表示，但不遵循正常的化合价规律，成分可以在一定的范围内变化。这类化合物是电子浓度起主导作用形成的中间相，故称为电子化合物。常见的电子化合物及其结构见表3-1。

表 3-1 合金中常见的电子化合物

合金系	电子浓度		
	$\frac{3}{2}\left(\frac{21}{14}\right)\beta$ 相	$\frac{21}{13}\gamma$ 相	$\frac{7}{4}\left(\frac{21}{12}\right)\varepsilon$ 相
	体心立方	复杂立方	密排六方
Cu-Zn	CuZn	Cu_5Zn_8	$CuZn_3$
Cu-Sn	Cu_5Sn	Cu_3Sn_8	Cu_3Sn
Cu-Al	Cu_3Al	Cu_9Al_4	Cu_5Al_3
Cu-Si	Cu_5Si	$Cu_{31}Si_8$	Cu_3Si

决定电子化合物晶体结构的主要因素是电子浓度。电子浓度为3/2的电子化合物具有体心立方晶格结构，称为β相，如CuZn、Cu_3Al、NiAl、FeAl等；电子浓度为21/13的电子化合物具有复杂立方晶格结构，称为γ相，如Cu_5Zn_8、Cu_9Al_4、$Cu_{31}Si_8$等；电子浓度为7/4的电子化合物具有密排六方结构，称为ε相，如$CuZn_3$、Cu_5Al_3等。

电子化合物主要以金属键结合为主，熔点高，硬度高，脆性大，是有色金属中重要的强化相。

3.1.2.3 间隙化合物

间隙化合物通常是由过渡性金属元素（Fe、Ti、V、Mo、W、Cr等）和原子半径较小的非金属元素（C、N、H、B等）形成，主要包括一些金属碳化物、氮化物和硼化物等。这类化合物的形成主要受两组元相对尺寸来控制。当非金属元素和金属元素半径比小于0.59时，化合物常常具有简单的立方或六方结构，也称为间隙相，如TiC、VC、WC等[图3-2(a)]。间隙相通常具有极高的熔点和硬度，是合金工具钢和硬质合金的主要强化相，常见的间隙相及其性质见表3-2。当非金属元素和金属元素半径比大于0.59时，化合物具有复杂的晶体结构，如Fe_3C等[图3-2(b)]，该类间隙化合物熔点及硬度均比间隙相低，是

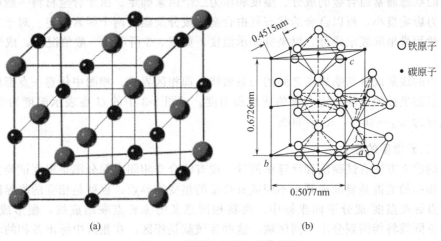

图 3-2 间隙化合物的晶体结构
（a）间隙相 VC 的晶体结构；（b）间隙化合物 Fe_3C 的晶体结构

钢中常见的强化相。

表 3-2　常见间隙相及其性质

相的名称	W₂C	WC	VC	TiC	Mo₂C	ZrC
熔点/℃	3130	2867	3023	3410	2960	3805
硬度(HV)	3000	1730	2010	2850	1480	2840

3.2　二元合金相图与结晶

　　与纯金属结晶不同，合金结晶后，既可以获得单相固溶体或中间相，又可以获得包含固溶体和中间相的多相组织，其过程比纯金属结晶复杂。研究合金材料的结晶过程，首先要了解合金中各组元间在凝固过程中的不同物理化学作用，以及由于这种作用而引起的系统状态的变化及相的转变。系统状态的变化及相的转变与材料中各组元的性质、质量分数、温度及压力等有关。物质在温度、压力、成分变化时，其状态可以发生改变。为了研究合金系的状态与合金成分、温度及压力之间的变化规律，就需要利用相图。

　　在热力学平衡条件下，描述系统状态或相的转变与成分、温度及压力间关系的图解，便是相图，也称为平衡相图。利用相图，我们可以知道各种成分的合金在不同温度、压力下的相组成、各种相的成分、相的相对量。掌握和了解相图的基本知识和分析方法，对制定合金材料热加工工艺、分析材料的性能以及研究开发新材料等都有重要的指导作用。

　　根据组成合金的组元数，可以将相图分为二元相图、三元相图和多元相图。由两种组元组成的物质的相图称为二元相图。本节主要介绍二元相图的一般知识，然后结合几种典型二元相图讨论二元合金系凝固过程的基本规律。

3.2.1　相图的基本知识
3.2.1.1　二元相图的表示方法
　　合金的状态通常由合金的成分、温度和压力三个因素确定。由于合金材料一般都是凝聚态的，压力影响极小，所以合金的状态可由合金的成分及温度两个因素确定。对于二元合金相图，一般用横坐标表示成分，纵坐标表示温度，如图 3-3 所示。一般情况下，成分用质量分数表示。

　　相图中的线是成分与临界点之间的关系曲线，即相区界线。相图中任意一点都称为表象点，表象点的坐标值反映给定合金的成分和温度。如图 3-3 中的 C 点表示温度为 500℃ 时，合金的成分为 $w_A=40\%$，$w_B=60\%$。

3.2.1.2　二元相图的建立
　　相图的建立方法有试验法和计算法两种，现有的合金相图大部分都是根据试验方法建立的。建立相图的关键是要准确测定不同成分合金的相变临界点，也就是相变的临界温度。然后将临界点标在温度-成分平面坐标中，再将相同意义的临界点联结成线，便形成了相图。坐标系中不同线将相图划分出不同区域，这些区域就是相区，在相区中标出各相的名称，相图的建立工作便已完成。

　　测定临界点的方法通常有热分析法、金相分析、X 射线结构分析、磁性法、电阻法等。

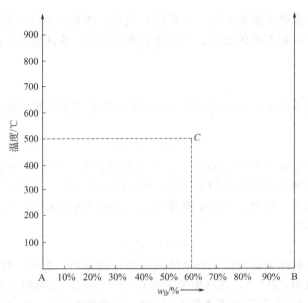

图 3-3　二元合金相图的坐标

合金结晶时冷却曲线上的转折比较明显，常用热分析法来测定合金的结晶温度。下面以 Cu-Ni 合金为例，介绍热分析法绘制二元相图的过程。

首先配制不同成分的 Cu-Ni 合金，测出各合金的冷却曲线，确定临界温度点。图 3-4 （a）分别给出含 Ni 量为 0%（纯 Cu）、20%、40%、60%、80% 和 100%（纯 Ni）的 Cu-Ni 合金冷却曲线。纯 Cu 和纯 Ni 的冷却曲线都有一水平阶段，表示其结晶的临界点，即熔点。其他成分的 Cu-Ni 合金冷却曲线均有两个临界点，温度较高的临界点代表结晶开始的温度，温度较低的临界点代表结晶终了的温度。

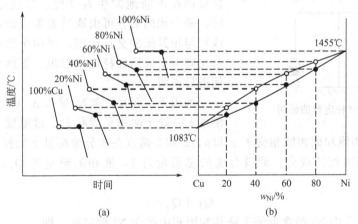

图 3-4　用热分析法建立 Cu-Ni 合金二元相图
（a）冷却曲线；（b）相图

然后将不同成分 Cu-Ni 合金冷却曲线上的临界点标在温度-成分坐标图中，分别将具有相同意义的临界点连接起来，便得到如图 3-4 （b）所示的 Cu-Ni 合金相图。配制的合金越多，则最后得到的相图越精确。其中，温度较高的临界点的连线称为液相线，表示 Cu-Ni 合金结晶的开始温度或者加热熔化的结束温度；温度较低的临界点的连线称为固相线，表示 Cu-Ni 合金结晶的结束温度或者加热熔化的开始温度。液相线将 Cu-Ni 合金相图分为三个相区：液相线以上，合金处于液相单相区，常用 L 表示；固相线以下，合金处于固相单相区，常用 α 表示；在液相区和固相区之间，合金处于结晶过程，该区域属于液相和固相两相共存区，用 L＋α 表示。

3.2.1.3 相律

相律是表示平衡条件下，系统的自由度数、组元数和平衡相数之间的关系。相律的数学表达式为：

$$F = C - P + 2 \tag{3-1}$$

其中，F 为平衡系统的自由度数；C 为平衡系统的组元数；P 为平衡系统的相数。自由度是指在不改变系统平衡相数目的条件下，可以独立改变的、不影响合金状态的因素的数目，这些因素包括温度、压力、平衡相成分等。合金通常为凝聚态，压力的影响可以忽略不计，因此相律通常写为：

$$F = C - P + 1 \tag{3-2}$$

利用相律可以解释纯金属与二元合金结晶时的一些差别。例如，纯金属 $C=1$，纯金属结晶时存在液、固两相，$P=2$，其自由度 $F=1-2+1=0$，说明纯金属结晶只能在恒温下进行。二元合金 $C=2$，在两相平衡条件下 $P=2$，则其自由度 $F=2-2+1=1$，说明温度和成分中只能有一个因素可变，此时，一定成分的二元合金将在一定温度范围内结晶。如果二元合金结晶过程中出现三相平衡时，即 $P=3$，则其自由度 $F=2-3+1=0$，说明该过程只能在恒温下进行，且三个相的成分也恒定不变。

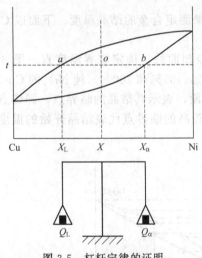

图 3-5　杠杆定律的证明

3.2.1.4 杠杆定律

在合金的结晶过程中，合金中各相的成分及相对含量都在不断地发生着变化。二元合金在两相共存时，两个相的成分可由通过表象点的水平线（即温度线）与相界线的交点确定，而两个相的相对含量或重量比则需要应用杠杆定律求出。下面以 Cu-Ni 合金为例进行说明。

如图 3-5 所示，含 Ni 量为 X（％）的合金 I，在温度 t 时处于两相平衡状态。过温度 t 作一水平线段 aob，分别与液相线和固相线相交于 a 和 b，a 和 b 两点在成分坐标轴上的投影为 X_L 和 X_α，分别表示液、固两相的成分。假设合金的总重量为 1，液相的质量为 Q_L，固相的质量为 Q_α，则：

$$Q_L + Q_\alpha = 1 \tag{3-3}$$

此外，合金 I 中 Ni 的含量等于液相和固相中的含 Ni 量之和，即：

$$Q_L X_L + Q_\alpha X_\alpha = X \tag{3-4}$$

由式（3-3）和式（3-4）可以得出：

$$\frac{Q_L}{Q_\alpha} = \frac{X_\alpha - X}{X - X_L} = \frac{ob}{oa} \tag{3-5}$$

如果将合金 I 成分 X 的 o 点看作杠杆支点，将 Q_L 和 Q_α 看作作用于 a 和 b 点的力，则式（3-5）同杠杆原理表达式相似，因此将上式称为杠杆定律。

式（3-5）也可写成下列形式：

$$Q_L = \frac{ob}{ab} \times 100\%$$

$$Q_\alpha = \frac{oa}{ab} \times 100\% \tag{3-6}$$

通过式（3-6）可以直接求出两相的相对含量。需要注意的是，杠杆定律只适用于二元相图。

3.2.2　二元相图的基本类型

二元相图种类很多，有些相图也比较复杂，但二元相图都是以一种或几种基本类型的简单相图组成。本节主要介绍匀晶相图、共晶相图和包晶相图三种典型的基本相图。

3.2.2.1　匀晶相图

两组元在液态时无限互溶，在固态时也无限互溶的二元合金系所形成的相图，称为匀晶相图。具有这类相图的二元合金系有 Cu-Ni、Fe-Ni、Au-Ag、Cr-Mo、Si-Be 等。这类二元合金在结晶过程中要发生匀晶转变，即由液相中直接析出单相固溶体的转变。大多数合金的相图都包含匀晶转变。

匀晶转变可用下式表示：

$$L \Longleftrightarrow \alpha \tag{3-7}$$

（1）相图分析　Cu-Ni 二元合金相图是典型的匀晶相图，如图 3-6（a）所示。该相图有两条曲线，上面的曲线为液相线，下面的曲线为固相线。固、液相线将相图划分为三个相区，液相线以上为单相液相区 L，固相线以下为单相固相区 α，固、液相之间为 $L+\alpha$ 的两相共存区。

（2）Cu-Ni 合金的平衡结晶过程　平衡结晶是合金在极其缓慢的冷却条件下进行的结晶过程，平衡结晶得到的组织为平衡组织。现以含 Ni 量为 50% 的 Cu-Ni 合金为例分析其结晶过程。

从图 3-6（a）可以看出，当温度高于 t_1 时，合金为液相 L。当合金缓慢冷却至 t_1 温度时，开始从液相 L 析出 α 固溶体。此时，液相的成分为 L_1，固相的成分为 α_1，相平衡关系为 $L_1 \overset{t_1}{\Longleftrightarrow} \alpha_1$。根据杠杆定律可知，$t_1$ 温度时 α_1 含量为零，说明结晶刚刚开始。随着温度的不断降低，液相中不断结晶出 α 固溶体，α 固溶体的成分沿着固相线变化，而液相的成分则沿着液相线变化。当温度冷却到 t_2 时，固相的成分变为 α_2，液相的成分变为 L_2，相平衡关系为 $L_2 \overset{t_2}{\Longleftrightarrow} \alpha_2$，两相的相对含量可由杠杆定律求出。当温度冷却到 t_3 时，液相全部转化为固相，得到与原液相成分（L_1）相同的单相 α 固溶体，结晶结束。图 3-6（b）为 Cu-Ni 合金平衡结晶时的组织变化示意图。

（3）固溶体合金平衡结晶的特点

① 异分结晶　固溶体结晶时，液相中结晶出的固相成分与液相成分不同，这种结晶出的晶相与母相成分不同的结晶称为异分结晶。而纯金属结晶时，结晶出固相与液相成分完全一样，称为同分结晶。同纯金属一样，固溶体的结晶也是一个形核和长大的过程。但是，固溶体在形核时，除了需要结构起伏和能量起伏外，由于异分结晶的原因，还需要成分起伏。固溶体在结晶时，溶质原子要在液相和固相之间重新分配，原子的重新分配程度用平衡分配系数 k_0 表示。平衡分配系数 k_0 是指在一定温度下固液两平衡相中的溶质浓度之比，即

$$k_0 = C_\alpha / C_L \tag{3-8}$$

其中，C_α 和 C_L 为固相和液相的平衡溶质浓度。假定液相线和固相线为直线，k_0 则为常数，

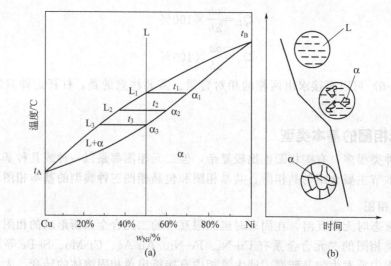

图 3-6　Cu-Ni 合金相图及其平衡结晶过程示意图
(a) Cu-Ni 合金相图；(b) Cu-Ni 合金平衡结晶过程示意图

如图 3-7 所示。当液相线和固相线随着溶质浓度的增加而降低时，则 $k_0<1$ ［如图 3-7 (a)所示］，反之，$k_0>1$ ［如图 3-7 (b) 所示］。

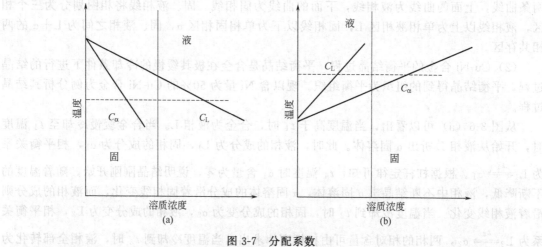

图 3-7　分配系数
(a) $k_0<1$；(b) $k_0>1$

② 结晶需要一定的温度范围　固溶体合金的结晶需要在一定的温度范围内进行，在结晶的某一温度，只能结晶出一定数量的固相。随着温度的降低，固相和液相的成分分别沿着固相线和液相线改变，固相的数量不断增加，直到成分与原合金的成分相同时，结晶完成。因此，固溶体合金在结晶时，始终进行着溶质和溶剂原子的扩散，其中包括液相和固相内部原子的扩散以及固相与液相通过界面进行的原子互扩散，这就需要足够长的时间，才得以保证平衡结晶过程的进行。

固溶体合金的结晶为异分结晶，在结晶时溶质和溶剂原子需要重新分配，这需要原子的扩散来完成。如图 3-8 所示，成分为 C_0 的合金在温度 t_1 时开始结晶，此时形成成分为 $k_0 C_1$（$k_0=C_\alpha/C_L$）的固相。由于原液相的成分为 C_0，因此新形成固相中多余的溶质原子将通过固液界面向液相排出，使界面处液相的成分达到 t_1 时的平衡成分 C_1，但远离固液界面处的

液相成分仍然为 C_0。因此，在液相中靠近固液界面的区域便形成了浓度梯度 ［图 3-9（a）］，这必然会引起液相中溶质和溶剂原子的相互扩散，溶质原子向远离界面的液相内扩散，而远处液相内的溶剂原子向界面处扩散，结果使界面处的溶质原子浓度由 C_1 降至 C_0'，如图 3-9（b）所示。但是，在 t_1 温度下，只能存在 $L_{C_1} \rightleftharpoons \alpha_{k_0 C_1}$ 的相平衡，界面处成分的偏离将破坏这一平衡。为了维持这种相平衡，固相需要排出溶质原子使界面处的液相浓度恢复至平衡成分 C_1，结果使界面向液相推移，即晶体长大，如图 3-9（c）所示。液固界面处相平衡关系的重新建立，在液相中又形成了浓度梯度，必须又引起原子的扩散，导致晶体的进一步长大，如此反复，直到液相的成分全部变为 C_1，固相的成分变为 $k_0 C_1$，如图 3-9（d）所示。

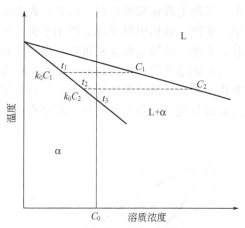

图 3-8　固溶体合金的平衡结晶

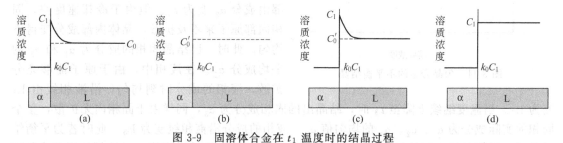

图 3-9　固溶体合金在 t_1 温度时的结晶过程

当到达温度 t_2 时，新形核的固相成分为 $k_0 C_2$，在固液界面处建立了 $L_{C_2} \rightleftharpoons \alpha_{k_0 C_2}$ 的相平衡，而远离界面的液相成分仍为 C_1，同时 t_1 温度形成的固相成分为 $k_0 C_1$。因此，在固相和液相内均形成了浓度梯度 ［图 3-10（a）］，导致在固相和液相内都存在原子扩散，使固液界面处的相平衡发生了破坏。为了维持 t_2 温度下的相平衡，使界面处的液相成分为 C_2，固相成分为 $k_0 C_2$，固相需要进一步地长大，以排出多余的溶质原子。这样的过程反复进行，直到液相和固相的成分完全变为 C_2 和 $k_0 C_2$，扩散停止，如图 3-10（b）和图 3-10（c）所示。

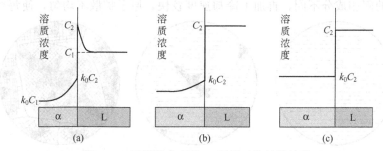

图 3-10　固溶体合金在 t_2 温度时的结晶过程

随着结晶的进行，温度进一步降低，当到达 t_3 温度时，固溶体的成分与合金的成分（C_0）一致，成为均匀的单相固溶体，结晶结束。综上所述，固溶体的结晶过程是平衡→不平衡→平衡的辩证发展过程。首先，固相晶核的形成，造成液相或固相内出现浓度梯度，引起原子扩散，破坏固液界面处的相平衡；然后，固液界面不断推移即固相晶体长大，界面重新达到平衡。这种过程反复进行，最终完成结晶。

（4）固溶体的不平衡结晶　由 Cu-Ni 合金的结晶过程可知，固溶体的结晶过程与液相和固相内的原子扩散过程密切相关，只有在缓慢的冷却条件下，才能实现平衡结晶，使原子扩散过程进行完全。合金在实际冷却过程中，结晶往往在数小时甚至更短的时间内完成，原子来不及充分扩散，根本无法达到平衡结晶的条件。因此，实际生产中的合金结晶是在偏离平衡条件下进行的，这种结晶过程称为不平衡结晶。

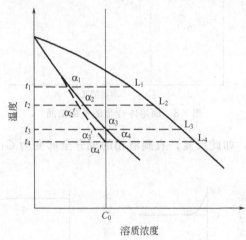

图 3-11　匀晶合金的不平衡结晶

如图 3-11 所示，成分为 C_0 的合金过冷至 t_1 温度时开始结晶，首先析出成分为 α_1 的固相，液相的成分为 L_1，当温度下降至 t_2 时，析出的固相成分为 α_2，依附在 α_1 的周围生长。若是平衡结晶，通过原子的充分扩散，晶体内部由成分 α_2 变为 α_1。但由于冷却速度快，固相内部原子来不及扩散，晶体内部成分变得不均匀。此时，已结晶固相的成分为 α_1 和 α_2 的平均成分 α_2'。在液相中，由于原子能够充分扩散，液相的成分时刻均匀，沿液相线由 L_1 变为 L_2。当温度继续下降至 t_3 时，结晶出的固相成分为 α_3，同样由于固相内无扩散，整个固相的实际成分为 α_1、α_2、α_3 的均匀值 α_3'，液相的成分沿液相线变为 L_3。此时若为平衡结晶的话，温度已相当于结晶完毕的固相线温度，全部液相应结晶完毕，已结晶的固相成分应为合金成分 C_0。但是由于为不平衡结晶，已结晶固相的平均成分不是 α_3，而是 α_3'，与合金的成分 C_0 不同，仍有一部分液相尚未结晶，一直要到温度 t_4 才能结晶完毕。此时，固相的平均成分 α_3' 又变化为 α_4'，与合金原始成分 C_0 一致。

若把温度 t_1、t_2、t_3、t_4 时的固相平均成分点 α_1、α_2'、α_3'、α_4' 连起来，便得到如图 3-11 虚线所示的固相平均成分线。但是需要注意的是，固相线的位置与冷却速度无关，而固相平均成分线与冷却速度有关，冷却速度越大，则偏离固相线的程度越大。

图 3-12 为 Cu-Ni 合金不平衡结晶时的组织变化示意图。合金的不平衡结晶导致先后从液相中结晶出的固相成分不同，再加上冷却速度较快，原子扩散不均匀，使每个晶粒内部的

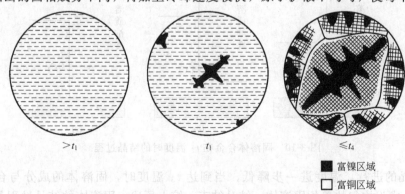

■ 富镍区域
□ 富铜区域

图 3-12　Cu-Ni 合金在不平衡结晶时的组织变化示意图

化学成分不均匀。由图 3-11 分析可知，先结晶的部分含高熔点组元含量较高，后结晶的部分含低熔点组元含量较多，在晶粒内部存在着浓度差别。这种在晶粒内部化学成分不均匀的现象称为晶内偏析。由于固溶体合金结晶通常呈树枝状，使枝干和枝间的化学成分不均匀，所以又称枝晶偏析。

（5）区域偏析　对于铸锭和铸件来说，固溶体合金在不平衡结晶时还会产生大范围内的化学成分不均匀的现象，即区域偏析。如图 3-13 所示，假定成分为 C_0、$k_0 < 1$ 的液态合金在圆棒内自左向右逐渐凝固，固液界面保持平面，界面始终处于局部平衡状态。当合金在 t_1 温度开始结晶时，结晶出的固相成分为 k_0C_1，液相成分为 C_1，晶体长度为 x_1。当温度降至 t_2 时，析出的固相成分为 k_0C_2，晶体长大至 x_2 的位置。由于液相中原子能够充分扩散，所以晶体长大时向液相中排出的溶质原子使液相成分均匀地沿液相线由 C_1 变为 C_2。当温度降至 t_3 时，晶体由 x_2 长大至 x_3，此时晶体的成分为 C_0，晶体长大时所排出的溶质原子使液相成分变为 C_0/k_0。由于固相内无原子扩散，先后结晶的固相成分依次为 $k_0C_1 \rightarrow k_0C_2 \rightarrow C_0$。尽管界面处的固相成分已达到 C_0，但已结晶的固相成分的平均值仍然低于合金成分。在此后的结晶过程中，液相中的溶质原子越来越多，结晶出来的固相成分也越来越高，最后结晶的固相成分往往比原合金成分高许多倍，这便是区域偏析。

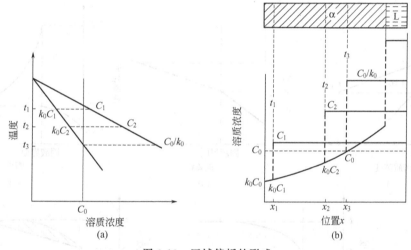

图 3-13　区域偏析的形成

区域偏析对合金的性能有很大影响，应当避免。但可以根据区域偏析的原理，用来提纯金属，即区域提纯。区域提纯时，将金属材料制成细棒，不将金属棒全部熔化，而是分小段进行熔化，使金属棒从一端向另一端顺序地进行局部熔化。由于固溶体中含杂质部分比纯质的熔点略低，较难凝固，故先结晶的晶体将杂质排入熔化部分的液体中。这样一来，当金属棒顺序凝固一遍后，圆棒中的杂质便富集于最后凝固的一端。将杂质富集的末端切去，然后再顺序熔化、凝固，金属的纯度便可不断提高。对于 $k_0 = 0.1$ 的结晶，只需进行五次区域熔炼，便可使金属棒前半部分的杂质含量降低至原来的万分之一。区域提纯目前已广泛应用于金属及半导体材料的提纯。

（6）成分过冷　液态金属的结晶需要在一定的过冷条件下才能进行。对于纯金属，由于结晶过程中熔点始终不变，固-液界面前沿的过冷度取决于熔体中实际温度的分布，这种过冷称之为热过冷。在液态合金的结晶过程中，即使溶液的实际温度分布一定，由于合金熔体的固液界面前沿中存在溶质分布的变化，导致合金的熔点发生变化，此时的过冷是由成分变化和实际温度分布两个因素来决定，这种过冷称为成分过冷。

如图 3-14（a）所示，设 C_0 成分的固溶体合金为定向凝固，在液体中只有扩散而无对流或搅拌，液相线和固相线均为直线，分配系数 $k_0 < 1$。设液态合金中的温度梯度为正值，其实际温度分布曲线如图 3-14（b）所示。当 C_0 成分的液态合金温度降至 t_0 时，结晶出的固相成分为 $k_0 C_0$，由于液相只有扩散而无对流或搅拌，所以随着温度的降低，在晶体长大的同时，不断排出的溶质便在固液界面处堆集，形成具有一定浓度梯度的溶质边界层，界面处的液相和固相成分分别沿着液相线和固相线变化。当温度达到 t_2 时，固相的成分为 C_0，液相的成分为 C_0/k_0，界面处的浓度梯度达到了稳定态，而远离界面处液体成分仍为合金成分 C_0，如图 3-14（c）所示。合金的平衡结晶温度随着合金成分的不同而变化（由相图的液相线决定），当 $k_0 < 1$ 时，合金的平衡结晶温度随着溶质浓度的增加而降低。由图 3-14（c）可知，液相中溶质浓度随着 x 的增加而减小，其平衡结晶温度也将随着 x 的增加而上升，如图 3-14（d）所示。将实际温度分布曲线［图 3-14（b）］和平衡结晶温度曲线［图 3-14（d）］叠加起来便是图 3-14（e），很明显，在固-液界面前沿一定范围内的液相，其实际结晶温度低于平衡结晶温度，出现了一个过冷区域。这个过冷度是由于界面前沿液相中溶质成分差别引起的，所以称之为成分过冷。

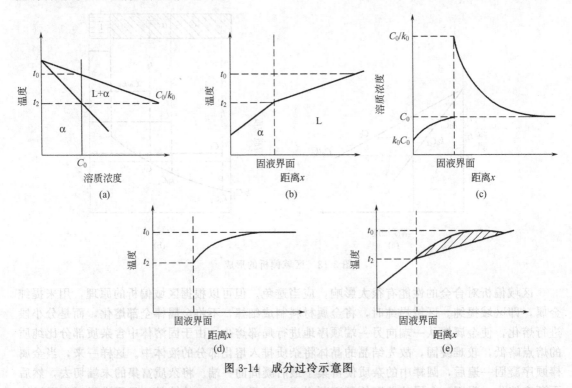

图 3-14 成分过冷示意图

如图 3-14（e）所示，成分过冷的临界条件是液体的实际温度梯度与界面处的平衡结晶曲线恰好相切。如果实际温度梯度进一步增大，便不会出现成分过冷。形成成分过冷的条件应为：

$$\frac{G}{R} \leqslant \frac{m C_0}{D} \times \frac{1-k_0}{k_0} \tag{3-9}$$

其中，G 为液固界面前沿液相中的实际温度分布；R 为晶体长大速度；m 为相图中液相线的斜率；D 为液相中溶质的扩散系数，k_0 为分配系数。式（3-9）中，左边为边界条件，右边是合金本身的参数。因此，合金的液相线越陡（m），合金溶质浓度（C_0）越大，液相中溶质的扩散系数（D）越小，$k_0<1$时，k_0越小或$k_0>1$时，k_0越大，则成分过冷倾向越大；液相中实际温度分布（G）越平缓，凝固速度（R）越快，成分过冷倾向越大。

由第2章纯金属的结晶可知，纯金属在正温度梯度下结晶，只能以平面方式生长。在合金结晶过程中由于成分过冷，液固界面前沿存在一个过冷区域，根据成分过冷区的大小不同，即使在正温度梯度下，合金也可以生成平面晶、树枝晶甚至等轴晶等组织。大量实验结果表明，随着成分过冷的增大，固溶体晶体的生长形态由平面状向胞状、树枝状发展，其间还存在着过渡形态，如介于平面状与胞状之间的平面胞状组织，介于胞状与树枝状之间的胞状树枝晶。

3.2.2.2 共晶相图

两组元在液态时无限互溶，在固态时有限互溶，且发生共晶转变形成共晶组织的相图，称为二元共晶相图。具有这类相图的合金系包括 Pb-Sn、Pb-Sb、Cu-Ag、Al-Si 等。下面以 Pb-Sn 合金为例分析二元共晶相图及平衡结晶过程。

(1) 相图分析　图 3-15 为 Pb-Sn 二元共晶相图。A、B 两点分别对应纯 Pb 和纯 Sn 的熔点，AEB 为液相线，$AMENB$ 为固相线，MF 为 Sn 在 Pb 中的固溶度曲线，NG 为 Pb 在 Sn 中的固溶度曲线。相图中有三个单相区，分别为液相 L、α 固溶体和 β 固溶体。其中，α 为 Sn 溶解在 Pb 中形成的固溶体，β 为 Pb 溶解在 Sn 中形成的固溶体。单相之间有三个两相区，分别为 L+α、L+β 和 α+β。三个两相区的接触线 MEN 为共晶线，此线表示 L+α+β 三相共存。E 点为共晶点，成分为 E 的液相在 MEN 温度时发生共晶转变，即成分为 E 点的液相 L_E 同时结晶出成分为 M 点的 $α_M$ 和成分为 N 点的 $β_N$，其转变反应式如下：

$$L_E \xrightleftharpoons{t_E} α_M + β_N \qquad (3-10)$$

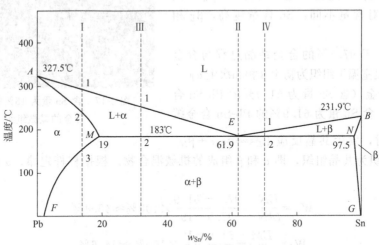

图 3-15　Pb-Sn 合金相图

共晶转变的产物为两个固相的机械混合物，称为共晶组织，也称为共晶体。成分对应于共晶点（E 点）的合金称为共晶合金，成分位于共晶点以左、M 点以右的合金称为亚共晶合金，成分位于共晶点以右、N 点以左的合金称为过共晶合金。不管是亚共晶合金还是过共晶合金，当到达 MEN 所对应的温度时都要发生共晶反应。

由相律可知共晶反应时三相平衡，$P=3$，则自由度 $F=2-3+1=0$，所以这一转变必然在恒温下进行。

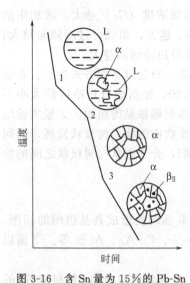

图 3-16 含 Sn 量为 15％的 Pb-Sn
合金的平衡结晶过程示意图

(2) Pn-Sn 合金的平衡结晶

① 含 Sn 量小于 19％的合金（合金 Ⅰ） 现以含 Sn 量为 15％的合金 Ⅰ 为例进行分析。当合金 Ⅰ 缓慢冷却至 1 点时，发生匀晶反应，液相 L 中开始结晶出 α 相。在温度 1-2 点之间，随着温度的降低，α 相含量不断增多，L 相含量不断减少，两相成分分别沿着 AM 和 AE 变化。当合金 Ⅰ 冷却到 2 点时，液相全部转变成 α 固溶体。在温度 2-3 点之间，单相 α 固溶体成分不发生变化。当温度下降到 3 点以下时，由于 Sn 在 Pb 中的溶解度下降，Sn 在 α 相呈过饱和，过剩的 Sn 便以 β 固溶体的形式析出。这种从一种固相中析出另一个固相的过程称为脱溶过程，也称二次结晶。二次结晶析出的相称为二次相或次生相。因此，从 α 相中析出的二次 β 相通常以 β$_Ⅱ$ 表示，以区别从液相中直接析出的 β 固溶体。从 3 点到室温之间，随着温度的降低，Sn 在 α 相中的固溶度也不断降低，因此二次结晶过程将不断进行，α 相和 β 相的成分分别沿着 MF 和 NG 变化。

图 3-16 为含 Sn 量为 15％的 Pb-Sn 合金的平衡结晶过程示意图。

室温下合金 Ⅰ 的组织为 α＋β$_Ⅱ$，β$_Ⅱ$ 常分布在 α 相的晶界上，或在 α 晶粒内部析出。图 3-17 为合金 Ⅰ 的显微组织照片。黑色基体为 α，白色颗粒为 β$_Ⅱ$。所有成分位于 FM 之间的合金结晶过程均与合金 Ⅰ 类似，室温下组织均为 α＋β$_Ⅱ$，只不过两相的相对含量不同，Sn 含量越高，β$_Ⅱ$ 相对含量越多。

含 Sn 量大于 97.5％的合金结晶过程与合金 Ⅰ 也相似，只是室温下组织为初生 β 相和次生 α$_Ⅱ$。

② 共晶合金（含 Sn 量为 61.9％的 Pb-Sn 合金，合金 Ⅱ） 含 Sn 量为 61.9％的 Pb-Sn 合金缓

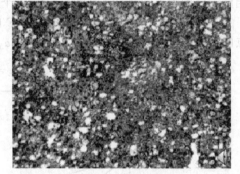

图 3-17 含 Sn 量为 15％的 Pb-Sn
合金的显微组织

冷至温度 t_E 时，发生共晶反应 $L_E \underset{t_E}{\rightleftharpoons} \alpha_M + \beta_N$。这时得到的组织为共晶组织，即 α 和 β 组成的机械混合物。根据杠杆定律，α 和 β 的相对含量分别为：

$$W_\alpha = \frac{EN}{MN} = \frac{97.5 - 61.9}{97.5 - 19} \times 100\% \approx 45.4\%$$

$$W_\beta = \frac{EM}{MN} = \frac{61.9 - 19}{97.5 - 19} \times 100\% \approx 54.6\%$$

从温度 t_E 到室温，随着温度的降低，α 相和 β 相的成分分别沿着 MF 和 NG 变化，同时析出 β$_Ⅱ$ 和 α$_Ⅱ$，这些二次相常与共晶组织中的初生相混在一起，难以分辨。图 3-18 为共晶合金的显微组织，其中黑色部分为 α 相，白色的为 β 相，α 和 β 呈片层交替分布。图 3-19 为共晶合金的结晶过程示意图。

③ 亚共晶合金（含 Sn 量为 19％～61.9％的 Pb-Sn 合金，合金 Ⅲ） 下面以含 Sn 为 30％的合金 Ⅲ 为例，分析亚共晶合金的平衡结晶过程。

当合金 Ⅲ 冷却至 1 点时，液相 L 中开始结晶初生 α 相。在 1-2 点温度范围内，发生匀晶

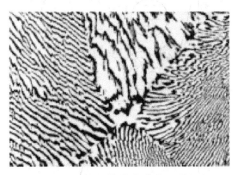

图 3-18 Pb-Sn 共晶合金的显微组织

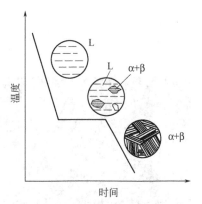

图 3-19 Pb-Sn 共晶合金平衡
结晶过程示意图

转变，液相 L 和 α 相的成分分别沿着 AM 和 AE 变化，其结晶过程同合金 I 相同。

当冷却至 2 点时，液相 L 和 α 相的成分分别达到 E 点和 M 点。此时，液相将发生共晶反应 $L_E \underset{t_E}{\overset{t_E}{\rightleftharpoons}} \alpha_M + \beta_N$，直到液相全部形成共晶组织。共晶反应刚刚结束之后，亚共晶合金的组织由初生 α 相和共晶组织（α＋β）组成。其中，初生 α 相和（α＋β）能够用显微镜清楚区分，是组成显微组织的独立部分，称之为组织组成物。但此时，相则由 α 相和 β 相组成。组织组成物和相的相对含量均可由杠杆定律求出，其中共晶组织的含量就是刚发生共晶反应时液相的含量。

两组织组成物的相对含量分别为：

$$W_\alpha = \frac{E2}{ME} = \frac{61.9-30}{61.9-19} \times 100\% \approx 74.4\%$$

$$W_{\alpha+\beta} = W_L = \frac{M2}{ME} = \frac{30-19}{61.9-19} \times 100\% \approx 25.6\%$$

两相的相对含量分别为：

$$W_\alpha = \frac{N2}{MN} = \frac{97.5-30}{97.5-19} \times 100\% \approx 86\%$$

$$W_\beta = \frac{M2}{MN} = \frac{30-19}{97.5-19} \times 100\% \approx 14\%$$

在温度 2 点以下继续冷却时，α 相（包括初生 α 相和共晶组织中的 α 相）和 β 相中将分别析出二次相 α_{II} 和 β_{II}。共晶组织中析出的二次相一般难以分辨，只有从初生 α 相中析出的 β_{II} 可以观察到，所以室温下亚共晶合金（合金 III）的组织为 $\alpha + \beta_{II} + (\alpha+\beta)$。图 3-20 为合金 III 的显微组织，其中暗黑色部分为初生 α 相，α 相中白色颗粒为 β_{II}，黑白相间分布的为共晶组织（α＋β）。图 3-21 为合金 III 的平衡结晶示意图。

④ 过共晶合金（含 Sn 量为 61.9%～97.5% 的 Pb-Sn 合金，合金 IV） 过共晶合金的平衡结晶过程与亚共晶合金相似，所不同的是当温度到达 1 点时，液相中首先结晶出初生 β 相。当温度降低到 2 点，液相将发生共晶反应 $L_E \underset{t_E}{\overset{t_E}{\rightleftharpoons}} \alpha_M + \beta_N$，刚发生完共晶反应后合金组织为 β＋（α＋β）。在温度 2 点以下继续冷却时，初生 β 相中会析出 α_{II}，室温下 Pb-Sn 合金显微组织为 $\beta + \alpha_{II} + (\alpha+\beta)$。图 3-22 为含 Sn 量为 70% 的 Pb-Sn 合金的显微组织，其中白色部分为初生 β 相，β 相中黑色颗粒为 α_{II}，其余黑白相间部分为共晶组织（α＋β）。图 3-23 为过

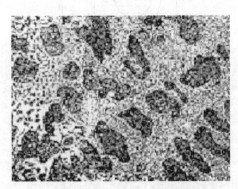

图 3-20　Pb-Sn 亚共晶合金的显微组织

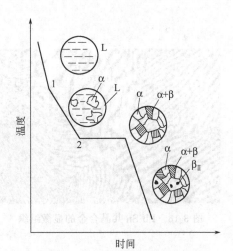

图 3-21　Pb-Sn 亚共晶合金平衡
结晶过程示意图

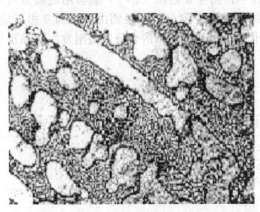

图 3-22　Pb-Sn 过共晶合金的显微组织

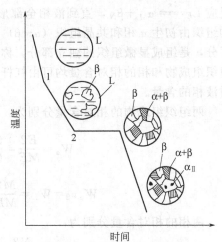

图 3-23　Pb-Sn 过共晶合金平衡
结晶过程示意图

共晶合金的平衡结晶示意图。

3.2.2.3　包晶相图

两组元在液态无限溶解，在固态有限溶解，发生包晶转变的二元合金相图称为包晶相图。具有包晶相图的合金系包括 Pt-Ag、Cu-Zn、Cu-Sn 等。下面以 Pt-Ag 合金为例分析二元包晶相图及平衡结晶过程。

（1）相图分析　Pt-Ag 合金相图为典型的包晶相图，如图 3-24 所示。A、B 两点分别对应纯 Pt 和纯 Ag 的熔点，ACB 为液相线，$APDB$ 为固相线，PE 和 DF 分别为 Ag 溶于 Pt 和 Pt 溶于 Ag 的固溶线。相图有三个单相区，分别为液相 L，固相 α 相和 β 相，α 相为 Ag 溶于 Pt 形成的固溶体，β 相是 Pt 溶于 Ag 形成的固溶体。相图同时有三个两相区，分别为 L+α、L+β 和 α+β。三个两相区接触线为三相共存线 PDC，即包晶转变线。所有成分位于 P 和 C 范围内的 Pt-Ag 合金在 PDC 温度都将发生包晶反应，即由一定成分的固相与一定成分的液相形成另一个一定成分的固相的反应，反应表达式为：

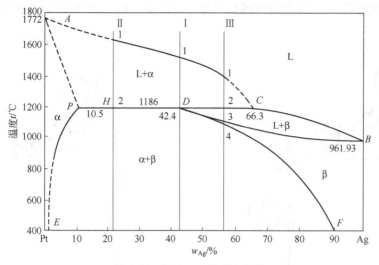

图 3-24　Pt-Ag 二元合金相图

$$L_C + \alpha_P \overset{t_D}{\rightleftharpoons} \beta_D \tag{3-11}$$

相图中 D 点为包晶点，D 点所对应的温度（t_D）称为包晶温度；P 点和 C 点分别为包晶反应时固相 α 和液相 L 的成分点，α 和 L 的相对含量可以用杠杆定律求出。

（2）Pt-Ag 合金的平衡结晶

① 包晶合金（含 Ag 量为 42.4% 的 Pt-Ag 合金，合金Ⅰ）　如图 3-24 可知，当合金Ⅰ缓慢冷却至 1 点时，开始从液相中结晶出 α 相。在温度 1-D 点之间，随着温度的降低，α 相含量不断增多，L 相含量不断减少，两相成分分别沿着 AP 线和 AC 线变化。当温度降低到 t_D 时，合金中 α 相的成分达到 P 点，液相 L 的成分达到 C 点，根据杠杆定律，L 和 α 的相对含量分别为：

$$W_L = \frac{PD}{PC} = \frac{42.4 - 10.5}{66.3 - 10.5} \times 100\% \approx 57.17\%$$

$$W_\alpha = \frac{DC}{PC} = \frac{66.3 - 42.4}{66.3 - 10.5} \times 100\% \approx 42.83\%$$

在温度 t_D 时，发生包晶反应 $L_C + \alpha_P \overset{t_D}{\rightleftharpoons} \beta_D$，液相和 α 相消失，全部转变为 β 相固溶体。合金继续冷却时，Pt 在 β 相中的固溶度不断降低，β 相的成分沿着 DF 线变化，将不断地从 β 相中析出次生相 α_{II}，合金的室温组织为 $\beta + \alpha_{II}$。图 3-25 为包晶合金的结晶过程示意图。

包晶转变是液相 L 和固相 α 发生作用而生成新相 β 的过程，这种作用首先发生在 L 和 α 的相界面上，所以 β 相通常依附在 α 相上形核并长大，将 α 相包围起来，β 相成为 α 相的外壳，所以称之为包晶转变。

② 亚包晶合金（含 Ag 量为 10.5%～42.4% 的 Pt-Ag 合金，合金Ⅱ）　由图 3-24 可知，当合金Ⅱ缓慢冷却至 1 点时，开始结晶出初晶 α，随着温度的降低，液相 L 的数量不断减少，初晶 α 的数量不断增多，两相成分分别沿着 AP 线和 AC 线变化。当温度降低至 2 点时，发生包晶反应 $L_C + \alpha_P \overset{t_D}{\rightleftharpoons} \beta_D$，由杠杆定律可知，与合金Ⅰ相比较，合金Ⅱ包晶转变后 α 相有剩余，因此包晶转变结束后，除了新形成的 β 相外，还有剩余的 α 相。

合金继续冷却时，β 相和 α 相的固溶度不断降低，将不断地从 β 相中析出次生相 α_{II}，

从 α 相中析出次生相 β_{II}，合金的室温组织为 $\alpha+\beta+\alpha_{II}+\beta_{II}$。图 3-26 为亚包晶合金的结晶过程示意图。

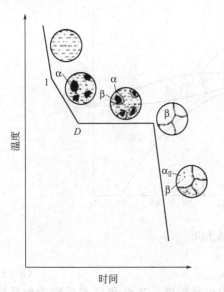

图 3-25　Pt-Ag 包晶合金平衡结晶
过程示意图

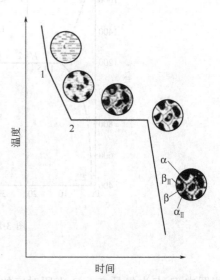

图 3-26　Pt-Ag 亚包晶合金平衡结晶
过程示意图

③ 过包晶合金（含 Ag 量为 42.4%～66.3% 的 Pt-Ag 合金，合金Ⅲ）　由图 3-24 可知，当合金Ⅲ缓慢冷却至 1 点时，开始结晶出初晶 α，在 1-2 点之间，随着温度的降低，液相 L 的数量不断减少，初晶 α 的数量不断增多，两相成分分别沿着 AP 线和 AC 线变化。

当温度降低至 2 点时，发生包晶反应 $L_C+\alpha_P \underset{}{\overset{t_D}{\rightleftharpoons}} \beta_D$，由杠杆定律可知，合金Ⅲ包晶转变后 L 相有剩余。当温度从 2 点继续降低时，剩余的液相继续结晶出 β 相，在 2-3 点之间，

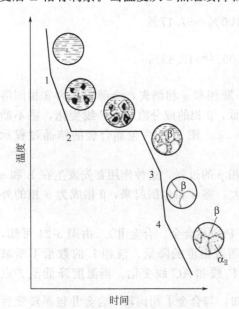

图 3-27　Pt-Ag 过包晶合金平衡结晶
过程示意图

合金的转变属于匀晶转变，β 相和液相的成分分别沿 DB 线和 CB 线变化。当温度降低至 3 点时，合金Ⅲ全部转变为 β 固溶体。在 3-4 点之间，合金Ⅲ为单相 β 固溶体。在 4 点以下，将从 β 固溶体中析出次生相 α_{II}，合金的室温组织为 $\beta+\alpha_{II}$。图 3-27 为过包晶合金的结晶过程示意图。

3.2.2.4　其他类型的二元相图

除匀晶、共晶和包晶三个基本的二元相图外，还有其他类型的二元相图。

（1）共析相图　一定成分的固相冷却到一定温度时，分解为两个不同成分的固相的转变，称为共析转变。具有共析转变的相图称为共析相图，如图 3-28（a）所示。共析转变的表达式为：

$$\gamma \underset{}{\overset{t}{\rightleftharpoons}} \alpha+\beta \tag{3-12}$$

（2）熔晶相图　一定成分的固相冷却到某一温度时，分解为一定成分的固相和一定成分的液相的转变，称为熔晶转变。具有熔晶转变的相图

称为熔晶相图，如图 3-28（b）所示。熔晶转变的表达式为：

$$\delta \xrightleftharpoons{t} L + \alpha \tag{3-13}$$

（3）偏晶相图 在某一温度下，由一定成分的液相，分解出另一成分的液相并同时结晶出一定成分的固相的转变，称为偏晶转变。具有偏晶转变的相图称为偏晶转变，如图 3-28（c）所示。偏晶转变的表达式为：

$$L_1 \xrightleftharpoons{t} L_2 + \delta \tag{3-14}$$

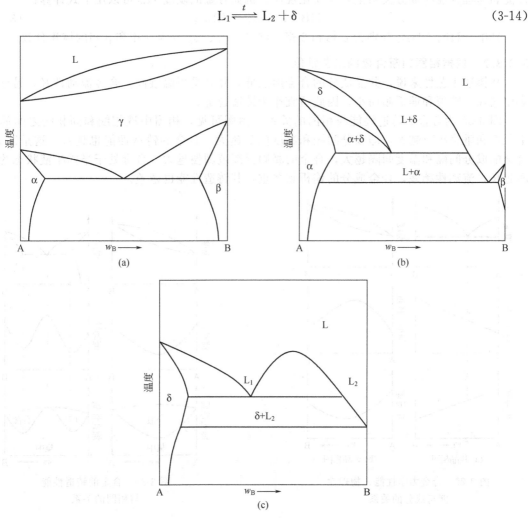

图 3-28 具有共析转变、熔晶转变和偏晶转变的相图
（a）共析相图；（b）熔晶相图；（c）偏晶相图

3.2.3 合金的性能与相图的关系

利用相图可以了解合金在不同温度、压力下的各种相的成分和相对含量，以及不同合金的结晶特点。合金的性能取决于它们的成分和组织，合金的某些工艺性能又取决于结晶特点。因此，通过相图可以判断合金的性能和工艺性，为合金的配制、选材和工艺制定提供依据。

3.2.3.1 根据相图判断合金的力学性能和物理性能

图 3-29 反映了匀晶相图和共晶相图合金的力学性能和物理性能随成分变化的关系。可以

发现，固溶体合金与纯金属相比，其强度、硬度升高，并且在某一成分存在极值。固溶体合金的电导率随成分的变化关系与强度和硬度的相似，也呈曲线变化。随着溶质组元含量的增加，晶格畸变增大，自由电子的运动阻力增加，因此电阻增加。

共晶相图的端部为固溶体，相图的中间部分为两相机械混合物。在平衡状态下，当两相的大小和分布都比较均匀时，合金的性能大致为两相性能的算术平均值。因此，合金的力学性能和物理性能与成分关系呈直线变化规律。例如合金的硬度 HB 可以用下式计算：

$$HB = HB_\alpha \varphi_\alpha + HB_\beta \varphi_\beta \tag{3-15}$$

其中，HB_α、HB_β 分别为 α 相和 β 相的硬度；φ_α、φ_β 分为 α 相和 β 相的体积分数。

3.2.3.2 根据相图判断合金的工艺性能

从铸造工艺性来说，共晶成分的合金熔点低，并且是恒温凝固，合金流动性好，易形成集中缩孔，热裂和偏析倾向小，因此适宜作为铸造合金。

图 3-30 为合金的铸造性能与相图的关系。由图可见，相图中液相线和固相线之间的水平距离和垂直距离越大，即成分间隔和温度间隔越大，合金的铸造性能也越差。这是因为，合金的成分间隔和温度间隔越大，合金的凝固温度范围便越大，合金处于半固半液状态的时间越长，流动性越差，合金成分的偏析越严重，其铸造性能也越差。

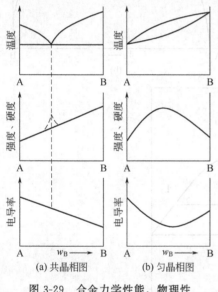

(a) 共晶相图　　(b) 匀晶相图

图 3-29　合金力学性能、物理性
能与成分的关系

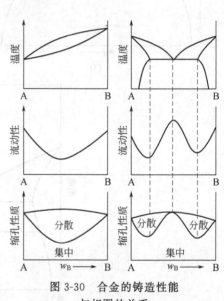

图 3-30　合金的铸造性能
与相图的关系

合金的压力加工性能与其塑性有关。单相固溶体合金通常具有较好的塑性，变形均匀，其压力加工性能较好，因此压力加工合金通常选择相图上单相固溶体范围内的单相合金。但是，单相固溶体的硬度一般较低，不利于切削加工，故切削加工性能较差。另外，在相图上无固态相变或固溶度变化的合金在冷却或加热过程中无相变发生，因此不能通过热处理进行强化。

3.3　铁碳合金相图

钢和铸铁是现代机械制造工业中应用最为广泛的金属材料。铁和碳是钢铁中两个最基本的元素，钢铁也称为铁碳合金。掌握铁碳相图，对于钢铁材料的研究和使用，以及不同钢铁合金热加工工艺的制定都具有重要的指导意义。铁与碳可以形成 Fe_3C、Fe_2C、FeC 等多种稳定化合物，但是含碳量大于 5％的铁碳合金在工业上没有实际应用价值，所以研究铁碳合金时，仅研究 $Fe-Fe_3C$ 部分。

铁碳合金中的碳可以有两种存在形式，即渗碳体和石墨。一般情况下，铁碳合金是按 $Fe-Fe_3C$ 系进行转变。Fe_3C 实际上是一个亚稳定相，在一定的转变条件下，Fe_3C 可以分解为铁和石墨。因此，铁碳相图通常表示为 $Fe-Fe_3C$ 和 $Fe-G$（石墨）双重相图。在这里，我们将主要讨论 $Fe-Fe_3C$ 相图。

3.3.1 铁碳合金中的基本相

3.3.1.1 纯铁

纯铁具有同素异构转变特征。铁在固态时随温度变化有三种同素异构体：δ-Fe、α-Fe 和 γ-Fe，其晶格常数也随温度的变化而变化。在 1394～1538℃之间，纯铁为体心立方结构，即 δ-Fe；在 912～1394℃之间，纯铁为面心立方结构，即 γ-Fe；在 912℃以下，纯铁为体心立方结构，即 α-Fe。另外，α-Fe 在 770℃还将发生磁性转变，由高温的顺磁性转变为低温的铁磁性状态。

纯铁具有较好的塑性，其伸长率 δ 30％～50％，断面收缩率 ψ 70％～80％。但是，纯铁的硬度和强度较低，其硬度为 50～80HBS，屈服强度 σ_s 180～230MPa，抗拉强度 σ_b 180～230MPa。生产中纯铁很少直接作为结构材料，通常都使用铁碳合金。

3.3.1.2 铁素体

碳溶于 α-Fe 形成的间隙固溶体称为铁素体，以符号 F 或 α 表示。由于 α-Fe 的晶格间隙较小（八面体间隙半径为 0.031nm），导致碳在 α-Fe 中的溶解度较小，在 727℃时碳的溶解度最大，为 0.0218％。随着温度的下降，碳在铁素体的溶解度逐渐减小，在室温下碳的溶解度仅为 0.0008％。

铁素体的显微组织与纯铁基本相同，由多边形的等轴晶粒组成，如图 3-31(a) 所示。铁素体的性能几乎与纯铁相同，具有良好的塑性与韧性，但强度和硬度不高。

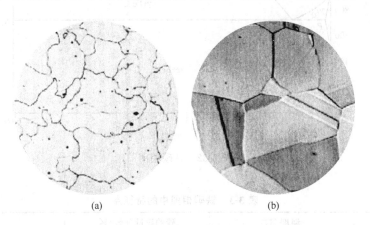

(a)　　　　　　　　　(b)

图 3-31 铁素体与奥氏体的显微组织
（a）铁素体；（b）奥氏体

碳溶于 δ-Fe 中形成的间隙固溶体称为 δ 铁素体，在 1495℃时碳的溶解度最大，为 0.09％。

3.3.1.3　奥氏体

碳溶于 γ-Fe 形成的间隙固溶体称为奥氏体，用符号 A 或 γ 表示。由于 γ-Fe 中晶格间隙较大，其溶碳能力较强。γ-Fe 在 1148℃ 时溶碳量最大，为 2.11%。碳在 γ-Fe 中溶解度随着温度的下降而降低，在 727℃ 时最低，为 0.77%。

奥氏体的显微组织同铁素体相似，其晶粒也呈多边形，只不过奥氏体晶界较直，如图 3-31（b）所示。另外，奥氏体为非铁磁性组织。

奥氏体是一种在高温下存在的组织，具有良好的塑性和韧性，变形抗力小，易于锻造成型。因此，钢的塑性加工成型工艺一般都在单相奥氏体区域进行。

3.3.1.4　渗碳体

当碳在 α-Fe 和 γ-Fe 中的溶解度过饱和时，铁原子和过剩的碳原子便形成具有复杂晶格结构的间隙化合物 Fe_3C，称为渗碳体。渗碳体中碳的质量分数为 6.69%，熔点为 1227℃，无同素异构转变现象。

渗碳体硬度很高，而塑性和冲击韧性几乎为零，脆性极大。渗碳体在钢与铸件中一般呈片状、粒状或网状存在，它是钢铁合金中的主要强化相，其形状、尺寸与分布特点对钢的性能影响很大。

3.3.2　铁碳合金相图分析

3.3.2.1　铁碳相图的基本知识

图 3-32 为 $Fe-Fe_3C$ 相图，图中各特征点的温度、含碳量及意义列于表 3-3 中。

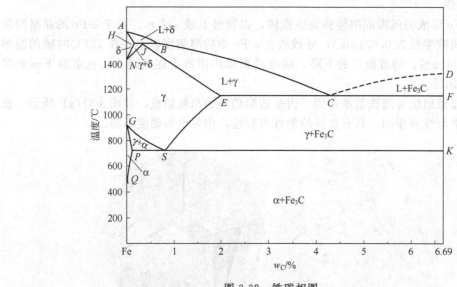

图 3-32　铁碳相图

表 3-3　铁碳相图中的特征点

特征点	温度/℃	碳的质量分数/%	含义
A	1538	0	纯铁的熔点
B	1495	0.53	包晶转变时液相成分
C	1148	4.30	共晶点
D	1227	6.69	渗碳体的熔点
E	1148	2.11	碳在 γ-Fe 中的最大溶解度

续表

特征点	温度/℃	碳的质量分数/%	含义
F	1148	6.679	渗碳体的成分
G	912	0	纯铁 $\alpha \rightarrow \gamma$ 转变温度
H	1495	0.09	碳在 δ-Fe 中的最大溶解度
J	1495	0.17	包晶点
K	727	6.69	渗碳体的成分
N	1394	0	纯铁 $\gamma \rightarrow \delta$ 转变温度
P	727	0.0218	碳在 α-Fe 中的最大溶解度
S	727	0.77	共析点
Q	室温	0.0008	室温下碳在 α-Fe 中的溶解度

相图中 $ABCD$ 线为液相线，$AHJECF$ 为固相线。相图包括 5 个单相区，分别为液相区（L）、δ 铁素体区（δ）、奥氏体区（γ）、铁素体区（α）、渗碳体区（Fe_3C）。各单相区之间还有 7 个两相区，分别为 $L+\delta$、$L+\gamma$、$L+Fe_3C$、$\delta+\gamma$、$\alpha+\gamma$、$\gamma+Fe_3C$ 和 $\alpha+Fe_3C$。

铁碳合金相图上有三条水平线，即 HJB 包晶转变线、ECF 共晶转变线和 PSK 共析转变线，铁碳合金相图实际上是由包晶、共晶和共析三个基本转变组成。

（1）包晶转变　包晶转变发生于 HJB 水平线上，其反应式为 $L_B+\delta_H \Longleftrightarrow \gamma_J$。包晶反应在恒温 1495℃进行，反应产物为奥氏体，凡含碳量介于 0.09%～0.53%的铁碳合金在结晶时都要发生包晶转变。

（2）共晶转变　共晶转变发生于 ECF 水平线上，其反应式为 $L_C \Longleftrightarrow \gamma_E+Fe_3C$。共晶反应在恒温 1148℃进行，反应产物是奥氏体和渗碳体的机械混合物，称为高温莱氏体，用字母 Ld 表示。凡含碳量大于 2.11%的铁碳合金结晶时都要发生共晶反应。

（3）共析转变　共析转变发生于 PSK 水平线上，其反应式为 $\gamma_S \Longleftrightarrow \alpha_P+Fe_3C$。共析转变也是在恒温 727℃进行，反应产物是铁素体和渗碳体的机械混合物，称为珠光体，用字母 P 表示。凡是含碳量大于 0.0218%的铁碳合金冷却至 727℃时，都将发生共析转变。

另外，铁碳相图中还有三条重要的固态转变线，即 ES 线、PQ 线和 GS 线。

① ES 线　ES 线是碳在奥氏体中的固溶线，也称为 A_{cm} 线。随着温度的变化，碳在奥氏体中的溶解度将沿 ES 线变化。在 1148℃时，碳在奥氏体中的溶解度最高（2.11%）。铁碳合金在 1148℃至 727℃的降温过程中，碳在奥氏体中的溶解度不断降低，奥氏体中将析出渗碳体。为了区别从液相中直接析出的渗碳体，通常将奥氏体中析出的渗碳体称为二次渗碳体，用 Fe_3C_{II} 表示。在 727℃时，碳在奥氏体中的溶解度降至 0.77%。

② PQ 线　PQ 线是碳在铁素体中的固溶线。在 727℃时，铁素体中的含碳量为 0.0218%，随着温度的下降，碳在铁素体中的溶解度不断降低，铁素体中将析出渗碳体，该渗碳体称为三次渗碳体，用 Fe_3C_{III} 表示。在 600℃时，铁素体的含碳量仅为 0.0008%。

③ GS 线　GS 线为冷却时奥氏体中析出铁素体的开始线，或加热时铁素体完全溶入奥氏体的终了线，也称为 A_3 线。

3.3.2.2　典型铁碳合金的平衡凝固

按照含碳量及组织的不同，铁碳合金通常分为工业纯铁、钢和铸铁三类。含碳量小于 0.0218%的铁碳合金称为工业纯铁；含碳量在 0.0218%～2.11%的铁碳合金称为钢，钢又可以分为亚共析钢（含碳量小于 0.77%）、共析钢（含碳量为 0.77%）和过共析钢（含碳量大于 0.77%）；含碳量大于 2.11%的铁碳合金称为铸铁，铸铁又分为亚共晶白口铸铁（含碳量小于 4.3%）、共晶白口铸铁（含碳量为 4.3%）和过共晶白口铸铁（含碳量大于 4.3%）。

下面以几种典型铁碳合金为例（图 3-33），分析其平衡结晶过程和室温下的显微组织。

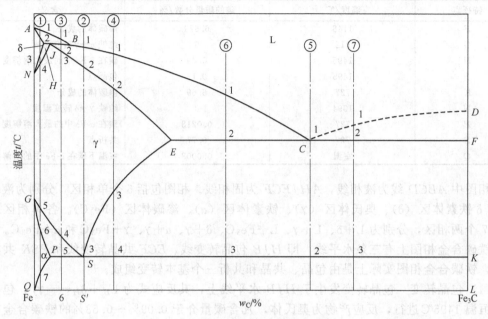

图 3-33 典型铁碳合金的结晶过程

（1）工业纯铁 图 3-33 中的合金①是含碳量小于 0.0218% 的纯铁。当液态合金冷却到 1 点温度时，液相（L）中将开始析出 δ 固溶体。1-2 温度区间内，液相 L 按匀晶转变不断形成 δ 固溶体，这一转变到 2 点结束。2-3 温度区间内，合金为单相 δ 固溶体。δ 冷却到 3 点时，开始向奥氏体（A）转变，到 4 点时全部转变为单相奥氏体。奥氏体冷却至 5 点时，开始向铁素体转变。到 6 点温度时，奥氏体全部转变为铁素体。铁素体自 7 点温度继续降温时，由于碳在铁素体中呈过饱和，铁素体中将析出少量三次渗碳体（Fe_3C_{III}）。图 3-34 是工业纯铁缓冷至室温后的显微组织，Fe_3C_{III} 呈片状分布于铁素体晶界。

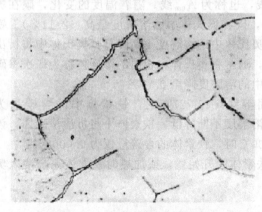

图 3-34 工业纯铁的显微组织

（2）共析钢 图 3-33 中的合金②为含碳量 0.77% 的共析钢。当液态合金冷却到 1 点时，液相（L）中将开始析出奥氏体（A）。随着温度的降低，奥氏体的成分沿固相线 JE 变化，其相对含量不断增加；而液相成分沿液相线 BC 变化，其相对含量不断减少。冷却到 2 点温度时，液相全部转变为奥氏体。2-3 温度区间内，合金组织发生变化，为单相奥氏体。冷却到 3 点时，合金将发生共析转变（$\gamma_S \Longleftrightarrow \alpha_P + Fe_3C$），形成铁素体和渗碳体的机械混合物，即珠光体（P）。通过共析转变从奥氏体中析出的渗碳体称为共析渗碳体。刚完成共析转变后，合金组织为珠光体，由铁素体（α_P）和渗碳体（Fe_3C）两相组成，两相的相对含量可用杠杆定律求出，即：

$$W_\alpha = \frac{SK}{PK} = \frac{6.69 - 0.77}{6.69 - 0.0218} \times 100\% = 88.8\%$$

$$W_{Fe_3C}=\frac{PS}{PK}=\frac{0.77-0.0218}{6.69-0.0218}\times100\%=11.2\%\ 或\ W_{Fe_3C}=1-W_\alpha=11.2\%$$

温度继续降低时，碳在铁素体中的溶解度沿 PQ 变化，铁素体中将析出三次渗碳体（Fe_3C_{III}）。三次渗碳体通常与共析渗碳体连在一起，难以分辨，而且数量较少，可以忽略不计。

共析钢的室温组织为珠光体，它由层状铁素体和渗碳体组成，其显微组织如图 3-35 所示。

（3）亚共析钢　图 3-33 中的合金③为含碳量 0.45% 的亚共析钢。液态合金在 1-2 温度范围内，液相匀晶转变结晶出 δ 固溶体。当冷却至 2 点时，液相和 δ 固溶体发生包晶反应，转变为奥氏体。但由于碳的质量分数为 0.45%，大于包晶点的碳的质量分数（0.17%），所以包晶反应后液相仍有剩余。在 2-3 温度范围内，剩余的液相中不断析出奥氏体，到 3 点时全部转化为奥氏体。3-4 温度范围内，合金组织不发生转变，为单相奥氏体。冷却至 4 点时，奥氏体中开始析出铁素体，称为先共析铁素体。4-5 温度范围内，合金的组织为奥氏体和先共析铁素体。其中，奥氏体成分沿 GS 线变化，其含量不断减少，而铁素体沿 GP 线变化，其含量不断增加。当合金冷却至 5 点时，奥氏体发生共析转变

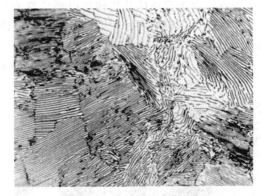

图 3-35　共析钢的显微组织

（$\gamma_S \rightleftharpoons \alpha_P + Fe_3C$），转变为珠光体。刚完成共析转变时，合金的组织由先共析铁素体（F）和珠光体（P）组成，而合金的相组成则为铁素体（α）和渗碳体（Fe_3C）两相。组织和相的相对含量可以分别用杠杆定律求出，其中珠光体的相对含量便是共析转变前奥氏体的含量。

组织的相对含量为：

$$W_{\alpha先共析}=\frac{5S}{PS}=\frac{0.77-0.45}{0.77-0.0218}\times100\%=42.8\%$$

$$W_P=\frac{P5}{PS}=\frac{0.45-0.0218}{0.77-0.0218}\times100\%=57.2\%$$

相的相对含量为：

$$W_\alpha=\frac{5K}{PK}=\frac{6.69-0.45}{6.69-0.0218}\times100\%=93.6\%$$

$$W_{Fe_3C}=\frac{P5}{PK}=\frac{0.45-0.0218}{6.69-0.0218}\times100\%=6.4\%$$

合金从 5 点继续冷却时，铁素体（包括先共析铁素体和珠光体中的共析铁素体）中将析出三次渗碳体，但含量极少，一般忽略不计。因此，含碳为 0.45% 的亚共析钢室温组织由先共析铁素体和珠光体组成。如图 3-36 所示，白色部分为先共析铁素体，黑白相间部分为珠光体。

室温下组织和相的相对含量同样可以通过杠杆定律求出，假设合金②的成分线与 QL 交于 S' 点，则各组织的相对含量为：

$$W_{\alpha先共析}=\frac{6S'}{QS'}=\frac{0.77-0.45}{0.77-0.0008}\times100\%=41.6\%$$

$$W_P=\frac{Q6}{QS'}=\frac{0.45-0.0008}{0.77-0.0008}\times100\%=58.4\%$$

各相的相对含量为：

$$W_\alpha = \frac{6L}{QL} = \frac{6.69 - 0.45}{6.69 - 0.0008} \times 100\% = 93.3\%$$

$$W_{Fe_3C} = \frac{Q6}{QL} = \frac{0.45 - 0.0008}{6.69 - 0.0008} \times 100\% = 6.7\%$$

可以发现，随着含碳量的增加，亚共析钢室温组织中，铁素体的含量不断减少，而珠光体的含量不断增加。

另外，由于奥氏体共析转变得到的珠光体中含碳量为 0.77%，且共析铁素体中析出的三次渗碳体可以忽略不计，因此可以根据显微组织中珠光体所占的面积估算出亚共析钢中碳的质量分数，即：

$$[C] = x_P \times 0.77\% \tag{3-16}$$

其中，x_P 为珠光体所占的面积百分比，%。

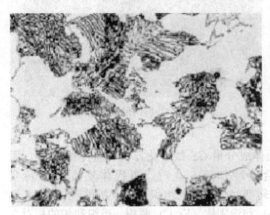

图 3-36　亚共析钢的显微组织

图 3-37　过共析钢的显微组织

（4）过共析钢　图 3-33 中合金④为含碳量 1.0% 的过共析钢。过共析钢在 1-3 温度区间的结晶过程同共析钢相同。当合金冷却到 3 点时，碳在奥氏体中呈过饱和，奥氏体中将析出二次渗碳体。二次渗碳体通常沿奥氏体晶界析出，呈网状分布。在 3-4 温度区间内，随着温度的降低，二次渗碳体的相对含量逐渐增加，奥氏体的相对含量逐渐减少。当冷却到 4 点时，剩余的奥氏体将发生共析反应（$\gamma_S \Longrightarrow \alpha_P + Fe_3C$），转化为珠光体。继续冷却至室温，合金组织基本不变。所以室温时，过共析钢的显微组织由珠光体和二次渗碳体组成。如图 3-37 所示，网状白色部分为二次渗碳体，黑白相间的片状组织为珠光体。

二次渗碳体和珠光体的相对含量可以由杠杆定律求出，即：

$$W_{Fe_3C_{II}} = \frac{S4}{SK} = \frac{1.0 - 0.77}{6.69 - 0.77} \times 100\% = 3.9\%$$

$$W_P = \frac{4K}{SK} = \frac{6.69 - 1.0}{6.69 - 0.77} \times 100\% = 96.1\%$$

从上式可以发现，含碳量越高，二次渗碳体的含量越高。在含碳量较低的过共析钢中，二次渗碳体断续分布在珠光体边界上，起到一定的强化相作用；而当过共析钢中含碳量过高时，二次渗碳体呈网状连续分布于珠光体边界，使钢变脆。

（5）共晶白口铸铁　图 3-33 中合金⑤为含碳量 4.3% 的共晶白口铸铁。当共晶白口铸铁冷却到 1 点时，将发生共晶转变（$L_C \Longrightarrow \gamma_E + Fe_3C$），形成奥氏体和渗碳体的两相机械混合物，即高温莱氏体（Ld）。莱氏体中的奥氏体和渗碳体也称为共晶奥氏体和共晶渗碳体。

共晶温度时，奥氏体和渗碳体两相的相对含量可以由杠杆定律求出，即：

$$W_\gamma = \frac{CF}{EF} = \frac{6.69-4.3}{6.69-2.11} \times 100\% = 52.2\%$$

$$W_{Fe_3C} = \frac{EC}{EF} = \frac{4.3-2.11}{6.69-2.11} \times 100\% = 47.8\%$$

在 1-2 温度区间内，随着温度的下降，碳在奥氏体中的溶解度沿 ES 线降低，奥氏体中将不断析出二次渗碳体。二次渗碳体与共晶渗碳体连在一起，难以分辨。当冷却到 2 点时，莱氏体中的剩余奥氏体将发生共析转变，形成珠光体。继续冷却到室温，合金组织基本不变。珠光体与渗碳体的两相机械混合物称为低温莱氏体，用 Ld′ 表示。因此室温时，共晶白口铸铁的显微组织为低温莱氏体。如图 3-38 所示，白色部分为渗碳体，黑白相间部分为珠光体。

（6）亚共晶白口铸铁 图 3-33 中合金⑥为含碳量 3.0% 的亚共晶白口铸铁。亚共晶白口铸铁冷却到 1 点温度时，液相中开始析出奥氏体，称为先共晶奥氏体。在 1-2 温度区间内，液相成分沿 BC 线变化，奥氏体成分沿 JE 线变化。温度降到 2 点时，剩余的液相成分发生共晶转变（$L_C \Longleftrightarrow \gamma_E + Fe_3C$），形成高温莱氏体（Ld）。刚完成共晶转变后，亚共晶白口铸铁的组织为先共晶奥氏体和高温莱氏体。

亚共晶白口铸铁冷却到 2 点以下，先共晶奥氏体和共晶奥氏体中都将析出二次渗碳体。冷却到 3 点温度时，先共晶奥氏体和共晶奥氏体都会发生共析转变，形成珠光体。因此，合金的组织由珠光体（先共晶奥氏体转变而成）、低温莱氏体（高温莱氏体转变而成）和二次渗碳体组成。图 3-39 为亚共晶白口铸铁的显微组织，大块黑色部分为共晶奥氏体转变而成的珠光体，其余部分为低温莱氏体，二次渗碳体和共晶渗碳体连成一片，难以分辨。

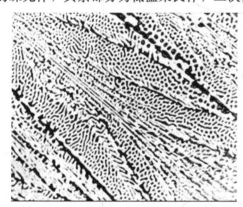

图 3-38 共晶白口铸铁的显微组织

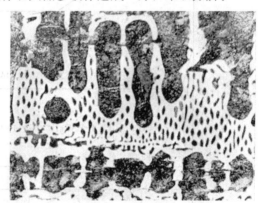

图 3-39 亚共晶白口铸铁的显微组织

（7）过共晶白口铸铁 图 3-33 中合金⑦为含碳量 5.0% 的过共晶白口铸铁。冷却到 1 点温度时，液相中开始析出粗大的渗碳体，称为一次渗碳体。1-2 温度区间内，随着温度的降低，液相的成分沿 CD 线变化，液相的含量不断减少，一次渗碳体的含量不断增加。当冷却到 2 点时，剩余的液相将发生共晶转变（$L_C \Longleftrightarrow \gamma_E + Fe_3C$），形成高温莱氏体。2-3 点温度区间内，共晶奥氏体相同样要析出二次渗碳体，但二次渗碳体与共晶渗碳体连在一起，难以分辨。冷却到 3 点时，剩余的共晶奥氏体将发生共析转变，形成珠光体。因此，过共晶白口铸铁的显微组织由低温莱氏体和一次渗碳体组成。图 3-40 为过共晶白口铸铁的显微组织，白色条片状为一次渗碳体，其余为低温莱氏体。

3.3.3 碳含量与铁碳合金组织和性能之间的关系

3.3.3.1 碳含量与平衡组织之间的关系

通过以上分析可知，不同碳含量的铁碳合金，其室温下的相组成都是铁素体和渗碳体。

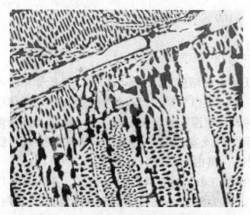

图 3-40 过共晶白口铸铁的显微组织

但是不同合金的结晶过程不同，因而各相的形态、分布和相对含量差异很大，也就是不同成分的铁碳合金的组织不同。其实我们更为关注的是合金的组织，因为组织决定着合金的性能，进而决定着应用。图 3-41(a) 为用组织标注的铁碳合金相图。

根据杠杆定律可以求得，在平衡条件下，碳含量与铁碳合金的组织和相组成物之间的关系，如图 3-41(b)、图 3-41(c) 所示。

3.3.3.2 碳含量与力学性能的关系

在铁碳合金中，渗碳体是硬脆的强化相，铁素体是柔软的基体相。硬度主要取决于合金中渗碳体的含量，与组织的关系不大。随着碳含量的增加，渗碳体的含量逐渐增加，铁素体

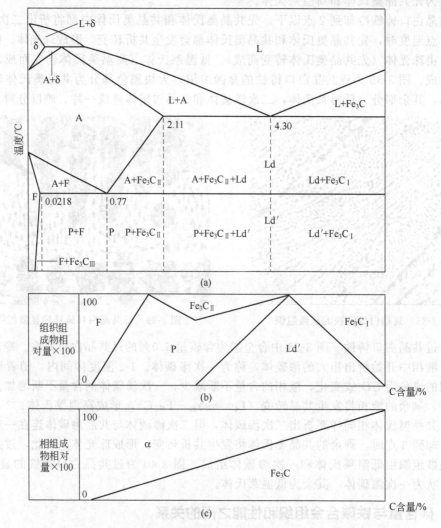

图 3-41　铁碳合金的成分与组织和相的对应关系

(a) 用组织标注的铁碳合金相图；(b) 碳含量与铁碳合金的组织组成物的关系；(c) 碳含量与铁碳合金的相组成物的关系

的含量逐渐减少，因而合金的硬度呈直线关系增大，而塑性和韧性则连续降低，如图 3-42 所示。

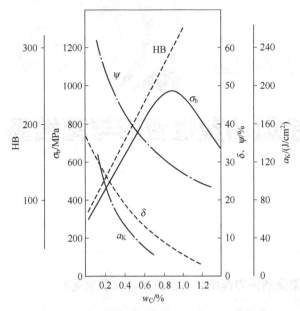

图 3-42　含碳量与铁碳合金力学性能的关系

铁碳合金的强度对组织形态较为敏感。当钢中的碳含量较小时（小于 0.9％），强化相渗碳体均匀分布于基体相铁素体中，随着碳含量的增加，合金的强度逐渐增加。但当钢中碳含量较大时（大于 0.9％），渗碳体呈网状分布于铁素体晶界，铁碳合金的强度随碳含量的增加而逐渐降低，同时脆性也增加。所以，为了保证工业用钢具有足够的强度，碳含量一般不超过 1.3％～1.4％。

由于存在较多的渗碳体，白口铸铁在性能上硬而脆，难以切削加工，因此在机械制造业中较少应用，主要用作耐磨材料。

思考与练习

1. 名词解释：铁素体、奥氏体、渗碳体、珠光体、莱氏体。
2. 简述合金的相结构。
3. 何谓共晶反应、包晶反应、共析反应？
4. 分析一次渗碳体、二次渗碳体、三次渗碳体、共晶渗碳体、共析渗碳体的异同之处。
5. 默画铁碳合金相图，说明图中主要点、线的意义，填出各相区的相和组织组成物。
6. 根据铁碳合金相图，绘出含碳量 0.45％、0.77％、1.2％三种钢的冷却曲线及平衡组织示意图，并指出组织与性能的关系。
7. 根据铁碳合金相图，计算含碳量 0.6％的钢平衡冷却到室温后，组织组成物和相组成物的含量。

工程材料及成型基础
GONGCHENG CAILIAO JI
CHENGXING JICHU

第4章

金属的塑性变形与再结晶

动脑筋

金属材料如果受到外力作用，将会发生什么现象呢?

学习目标

- 掌握单晶体塑性变形的方式——滑移。
- 了解冷塑性变形对金属材料的影响。
- 掌握形变金属回复与再结晶的相关概念。

在工业生产中，广泛采用锻造、冲压、轧制、挤压、拉拔等压力加工工艺生产各种工程材料。各种压力加工方法都会使金属材料按预定的要求进行塑性变形而获得成品或半成品。其目的不仅是为了获得具有一定形状和尺寸的毛坯和零件，更重要的是使金属的组织和性能得到改善，所以塑性变形是强化金属材料力学性能的重要手段之一。研究金属塑性变形规律具有重要的理论与实际意义。

4.1 金属的塑性变形

从力学性能试验中可知，金属材料在外力作用下会发生一定的变形。金属变形包括塑性变形和弹性变形。当外力去除后能够完全恢复的变形称为弹性变形；当外力去除后不能完全恢复的变形称为塑性变形。由于塑性在变形过程中其内部结构发生了变化，所以通过塑性变形可以改善金属材料的各种性能。本节首先讨论较为简单的单晶体塑性变形，然后再讨论较为复杂的多晶体（实际金属）的塑性变形。

4.1.1 弹性变形与塑性变形的微观机理

如图 4-1 所示，当受到外力作用时，金属内某一晶面上会产生一定的正应力（σ_N）和切应力（τ）。在不受外力作用时，单晶体内晶格是规则的，而在应力作用下，晶格就会出现一系列的变化。

正应力的主要作用是使晶格沿其受力的方向进行拉长，如图 4-2 所示。在正应力作用下，晶格中的原子偏离平衡位置，此时正应力的大小与原子间的作用力平衡。当外力消失以后，正应力消失，在原子间吸引力的作用下，原子回到原来的平衡位置，表现为受拉长的晶格恢复原状，变形消失，为弹性变形。而当正应力大于原子间作用力时，晶体被拉断，表现为晶体的脆性断裂。所以正应力只能使晶体产生弹性变形和断裂。

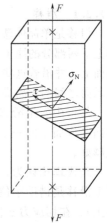

图 4-1 应力的分解

切应力的主要作用则可以使晶格在弹性歪扭的基础上，进一步造成滑移，产生塑性变形，如图 4-3 所示。具体情况如下：在产生的切应力很小时，原子移动的距离不超过一个原子间距，晶格发生弹性歪扭，若此时去除外力，切应力消失，则晶格恢复到原来的平衡状态，此种变形是在切应力作用下的弹性变形。若切应力继续增加并达到一定值时，晶格歪扭超过一定程度，则晶体的一部分将会沿着某一晶面，相对于另一部分发生移动，通常称为滑移。滑移的距离为原子间距的整数倍（图中表示滑移了一个原子间距）。产生滑移后再去除外力时，晶格的弹性歪扭随之减小，但滑移到新位置的原子，已不能回到原来的位置，而在新的位置上重新处于平衡状态，于是晶格就产生了微量的塑性变形。

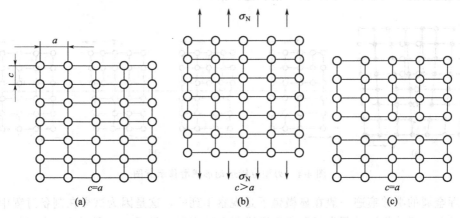

图 4-2 正应力作用下晶体变形示意图
(a) 变形前；(b) 弹性变形；(c) 变形后

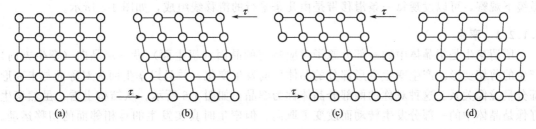

图 4-3 切应力作用下晶体变形示意图
(a) 变形前；(b) 弹性变形；(c) 塑性变形；(d) 变形后

4.1.2　单晶体的塑性变形方式

单晶体的塑性变形方式包括两种，即滑移与孪生。

4.1.2.1　滑移

滑移是单晶体塑性变形最普遍的方式。晶体在进行塑性变形时，出现的切应力将使晶体内部上下两部分的原子沿着某特定的晶面相对移动。滑移主要发生在原子排列最紧密或较紧密的晶面上，并沿着这些晶面上原子排列最紧密的方向进行，这是因为只有在最紧密晶面以及最紧密晶向之间的距离最大，原子结合力也最弱，所以引起它们之间的相对移动的切应力最小。

晶格中发生滑移的面，称为滑移面，而发生滑移的方向则称为滑移方向。晶体中每个滑移面和该面上的一个滑移方向可以组成一个滑移系，在晶体中的滑移系越多，则该晶体的塑性越好。

现代理论认为，晶体滑移时，并不是整个滑移面上的全部原子一起移动的刚性位移，实际上滑移是借助于位错的移动来实现的，如图 4-4 所示。晶体中存在着一个正刃型位错（符号⊥）。在切应力 τ 作用下，这种位错比较容易移动。这是因为位错中心前进一个原子间距时，只是位错中心附近的少数原子进行微量的位移，故只需较小的切应力。这样位错中心在切应力的作用下，便由左向右一格一格地移动，当位错到达晶体表面时，晶体的上半部就相对下半部滑移了一个原子间距，形成了一个原子的塑性变形量。而当大量的位错移出晶体表面时，就产生了宏观的塑性变形。由此可见，晶体通过位错移动产生滑移时，只需位错附近的少数原子做微量的移动，移动的距离远小于一个原子间距，所以实际滑移所需的切应力远远小于刚性位移的切应力。具有体心立方和面心立方晶体结构的金属，塑性变形基本上是以滑移方式进行的，例如铁、铜、铝、铅、金、银等。

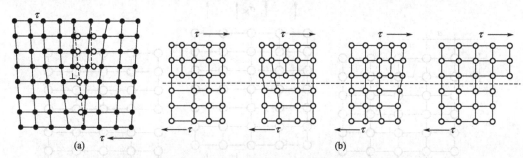

图 4-4　刃型位错运动形成滑移示意图

实际金属的滑移痕迹一般在显微镜下是观察不到的，这是因为试样在制备过程中已经将痕迹磨掉了。但若将试样预先经抛光后再进行塑性变形，就可以观察到试样表面的一条条台阶状平行的滑移痕迹。这种滑移痕迹称为滑移带，滑移带之间的区域称为滑移层。在电子显微镜下观察，可以发现每一条滑移带是由几条平行的滑移线组成，如图 4-5 所示。

4.1.2.2　孪生

所谓孪生是指晶体中的一部分原子对应特定的晶面（孪生面）沿一定晶向（孪生方向）产生的剪切变形。产生孪生变形部分的晶体位向发生变化，并且以孪生面为对称面与未变形部分呈镜像关系。这种对称的两部分晶体称为孪晶，如图 4-6 所示。从结构上看，虽然孪生好像是晶体中的一部分发生转动而改变了取向，但孪生时真实发生的是相邻面的切移运动。孪生部分的所有原子面在同一方向移动，每个面的相对移动量只有一个原子间距的几分之一。这与滑移的相对移动量为原子间距的整数倍不同，并且移动量正比于该面到孪生面的距

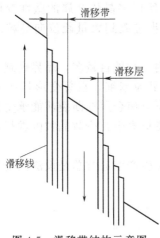

图 4-5　滑移带结构示意图

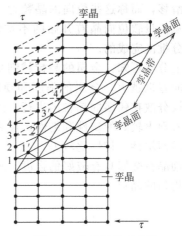

图 4-6　孪晶结构示意图

离。和滑移一样，孪生也有临界切应力值，不达到此应力孪生不能发生。

4.1.3　多晶体的塑性变形

工程上应用的金属，绝大多数是多晶体。多晶体是由形状、大小、位向都不相同的许多晶粒组成的。就其中每个晶粒来说，其塑性变形与单晶体大体相同。但是，由于多晶体中各个晶粒的晶格位向不同，并且有晶界的存在，使得各个晶粒的塑性变形受到阻碍与约束。因此，多晶体的塑性变形比单晶体塑性变形复杂得多。

4.1.3.1　多晶体塑性变形的影响因素

（1）晶界的作用　晶界对塑性变形有较大的阻碍作用。图 4-7 是一个只包含两个晶粒的试样经受拉伸时的变形情况。从图中可以明显地看到，试样在晶界附近不易发生变形，晶粒内部则明显缩小，出现了所谓"竹节现象"。这一变形特点说明晶界抵抗塑性变形的能力大于晶粒本身。其原因是由晶界处的结构特点所决定的。因为晶界是相邻晶粒的过渡层，原子排列比较紊乱，而且往往杂质较多，处于高能状态，因而阻碍了滑移的进行。很显然，金属的晶粒越细，则晶界越多，塑性变形的阻力就越大，多晶体塑性变形抗力越大。

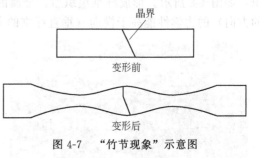

图 4-7　"竹节现象"示意图

（2）晶粒位向的影响　多晶体中各个晶粒的位向不同，在外力作用下，有的晶粒处于有利于滑移的位置，有的晶粒处于不利于滑移的位置。当有利于滑移的晶粒要发生滑移时，必然要受到周围位向不同的其他晶粒的阻碍与约束，使滑移的阻力增加，提高了塑性变形抗力。

4.1.3.2　多晶体的塑性变形过程

在多晶体金属中，由于每个晶粒的晶格位向都不同，其滑移面和滑移方向的分布也不同，所以在外力作用下，每个晶粒中不同滑移面和滑移方向上所受到的切应力也不同。从金属拉伸试验可知，试样中的切应力在与外力呈 45° 的方向上最大，在与外力相平行或垂直的方向上最小。所以在多晶体中，凡滑移面和滑移方向处于与外力呈 45° 附近的晶粒必将首先产生滑移，通常称这些位向的晶粒为"软位向晶粒"；在与外力相平行或垂直的方向的晶粒最难产生滑移，而称这些位向的晶粒为"硬位向晶粒"。所以多晶体金属的塑性变形过程实际上是先从少量软位向晶粒开始的不均匀变形，然后逐步过渡到大量硬位向晶粒的均匀变形，这样分批次完成的。

由以上分析可知，金属的晶粒越细小，则单位体积内晶粒数目越多，晶界也越多，并且晶粒的位向差也越大，金属的强度和硬度越高。同时，晶粒越细，在总变形量相同的条件下，变形被分散在较多的晶粒内进行，因而比较均匀，所以使金属在断裂前能承受较大的塑性变形，表现出较好的塑性和韧性。反之，晶粒越粗，变形局限在少数晶粒内进行，容易过早断裂，因而塑性、韧性比较差。

由于细晶粒金属具有较好的强度、塑性与韧性，故在生产中通常总是设法使金属材料得到细小而均匀的晶粒。

4.2 冷塑性变形对金属组织和性能的影响

塑性变形包括冷塑性变形和热塑性变形。其中冷塑性变形可使金属的性能发生明显的变化。这种性能的变化，是由于冷塑性变形时金属内部组织结构的变化而引起的。

4.2.1 冷塑性变形对金属组织的影响

冷塑性变形之所以引起金属性能的变化，是由于金属内部组织结构发生变化引起的。通过显微分析，可以看到，金属在外力作用下，随着外形的变化，其内部的晶粒沿着变形的方向伸长。当变形程度加大时，晶粒伸长成纤维状，并且晶界也变得模糊了，形成了纤维组织，如图4-8所示。形成纤维组织后，金属的力学性能会有明显的方向性，其纵向（沿纤维的方向）的力学性能高于横向（垂直纤维的方向）的力学性能。

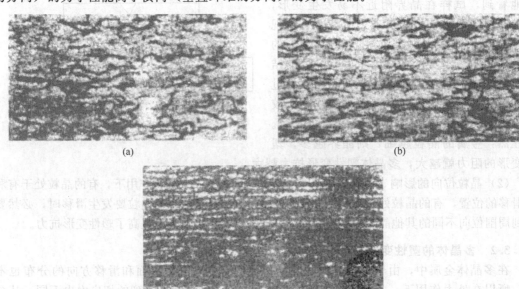

(a)　　　　　　　　　　　　　(b)

(c)

图4-8　纯铜经不同程度冷轧变形后的显微组织
(a) 30％压下量；(b) 50％压下量；(c) 99％压下量

随着冷变形量的增加，产生滑移的地带增多，此时晶粒逐渐"碎化"成许多位向略有不同的小晶块，就像在原晶粒内又出现许多小晶粒，这种组织称为亚结构。每个小晶块称为亚晶粒。随着冷塑性变形的加大，亚晶粒将进一步细化，并在亚晶粒的边界上产生严重的晶格畸变，从而阻碍滑移的继续进行，显著提高金属的变形抗力。这是加工硬化产生的主要原因。

冷塑性变形除了使晶粒的形状、大小和内部结构出现变化外，在变形量足够大

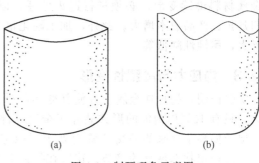

图 4-9　制耳现象示意图
（a）无制耳；（b）有制耳

的情况下，还可以使晶粒转动，使晶粒从不同位向转动到与外力相近的方向，形成所谓的"形变织构"现象。形变织构的产生使多晶体金属出现了明显的各向异性，在冲压复杂形状零件时有可能由于各方向的不均匀变形而产生所谓的"制耳现象"，造成废品，如图 4-9 所示。但其在提高硅钢片磁导率方面具有很大的作用。

4.2.2　冷塑性变形对金属性能的影响

随着冷塑性变形程度的增加，金属的强度和硬度逐渐提高，而塑性、韧性下降，这种现象称为加工硬化或冷作硬化。图 4-10 表示工业纯铁和低碳钢的强度和塑性随变形程度增加而变化的情况。金属的加工硬化在生产中具有很大的实际意义，在工程技术上有广泛的应用。首先，它是强化金属的重要手段。对于纯金属以及不能用热处理强化的合金来说，显得尤为重要，如纯金属、某些铜合金、镍铬不锈钢等主要是利用加工硬化使其强化的。即使经过热处理的某些金属也可以通过加工硬化来提高材料的强度。例如热处理后的冷拉钢丝强度可以提高到 3100MPa。此外，加工硬化也是工件能够用冷塑性变形方法成型的重要因素。例如在冷冲压杯状制品的过程中，当冷塑性变形达到一定程度后，已变形金属产生加工硬化，不再变形，而未变形的部分将继续变形，这样便可得到壁厚均匀的冲压制品。另外，加工硬化使金属具有变形强化的能力，当零件万一超载时，也可防止突然断裂。但是加工硬化也有它不利的一面。由于塑性的降低，给金属进一步冷塑性变形加工造成困难。对设备和工具的强度、硬度、功率等提出了更高的要求。为

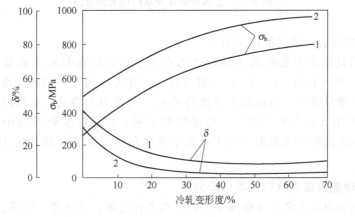

图 4-10　工业纯铁和低碳钢的强度和塑性与变形度的关系
1—工业纯铁；2—低碳钢

使金属材料继续变形，必须进行退火处理，以消除加工硬化现象。这就使工序增加、生产周期延长、产品成本增大。此外，加工硬化也会使金属某些物理、化学性能显著变差，如电阻增大，耐蚀性降低等。

4.2.3 内应力与冷塑性变形

实验证明，施加在金属上并使其变形的外力所消耗的机械功，大约90％以热能的形式散失，只有10％以内能的形式储存于金属内部，从而导致金属内能的升高。其表现为大量金属原子偏离了原来的平衡位置而处于不稳定的状态。这种不稳定状态在各种应力的作用下，有向稳定状态恢复的趋势。这些在外力消失后仍保留在金属内部的应力，称为残余内应力或形变内应力，简称内应力。内应力的产生是由于金属在外力作用下内部各部分变形不均匀而引起的。根据内部不均匀变形部位的不同，可以分为以下三种。

4.2.3.1 宏观内应力（第一类内应力）

由于金属材料的各部分变形不均匀而造成的在宏观范围内互相平衡的内应力称为宏观内应力。如图4-11所示，因受外力而引起塑性弯曲的梁，当外力取消后，梁的顶侧在其邻近金属层因弹性伸长而力图回缩，就会产生残余压应力；而梁的底层在其邻近金属层因弹性收缩而力图伸直，就会产生残余拉应力。这两种残余应力对应于距离梁的中心层的间距大小相等，方向相反。

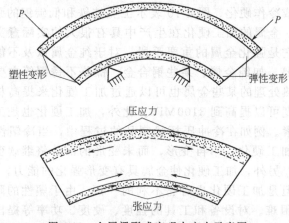

图 4-11　金属梁形成宏观内应力示意图

4.2.3.2 晶间内应力（第二类内应力）

晶间内应力是指由于晶粒或亚晶粒之间变形不均匀而在晶粒或亚晶粒之间所形成的内应力。例如，图4-12中A、B、C三颗晶粒，在外力作用下，因各晶粒取向不同，A和C晶粒已发生了塑性伸长，B晶粒发生弹性伸长。当外力取消后，B晶粒力图恢复原来的形状，但受到相邻已永久伸长的A、C晶粒的牵制，B晶粒便处于残余拉应力状态；而A、C晶粒在B晶粒弹性收缩的作用下，处于残余压应力状态。这些应力平衡于各晶粒或亚晶粒之间。

4.2.3.3 晶格畸变内应力（第三类内应力）

晶格畸变内应力是在金属冷塑性变形后，由于在晶界、亚晶界、滑移面等晶粒内部所产生的大量位错，使晶格畸变而形成的内应力。

根据实验测定，宏观内应力仅占储存能的0.1％左右；晶间内应力占储存能的2％～

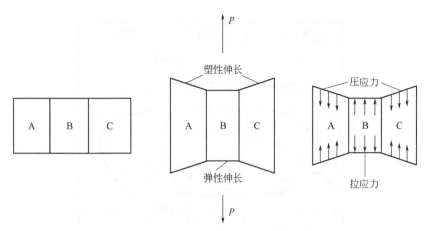

图 4-12 金属内部晶粒形成晶间内应力示意图

3％；晶格畸变内应力占储存能的 97％～98％。所以晶格畸变内应力是残余内应力的主要形式。

残余内应力对金属的工艺性能和力学性能有很大的影响。它会导致工件的变形、开裂和抗蚀性的降低，使工件降低抗负荷能力。例如，残余内应力如在某部位表现为拉应力，则在与外加拉应力互相叠加时，可以使材料过早断裂。但如果控制得当，比如使内、外的拉、压应力相互叠加后减小或消失，就可以提高工件的抗负荷能力。例如，钢板弹簧经喷丸处理后，在表层造成压应力，可以提高弹簧的疲劳强度。

4.3 形变金属的回复与再结晶

经过冷塑性变形的金属，其组织结构发生了变化，即晶格畸变严重、位错密度增加、晶粒碎化，并且由于金属各部分变形不均匀，形成了金属内部残余内应力，这些情况都表明冷变形金属处于不稳定状态，它具有恢复到原来稳定状态的自发趋势。但在常温下，由于金属晶体中原子的活动能力不够大，这种恢复过程很难进行，需要很长时间才能过渡到较稳定的状态。如果对冷变形的金属进行加热，使原子活动能力增强，它就会发生一系列组织与性能的变化，使金属恢复到变形前的稳定状态。随加热温度的升高，这种变化过程可分为回复、再结晶、晶粒长大三个阶段，如图 4-13 所示。各阶段性能变化如图 4-14 所示。

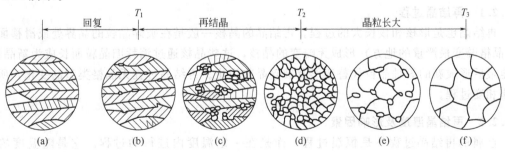

图 4-13 冷塑性变形金属退火时组织变化示意图

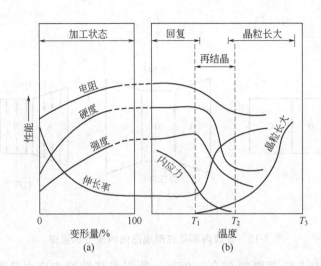

图 4-14　冷塑性变形金属加热时性能的变化
（a）冷塑性变形状态；（b）加热时性能的变化

4.3.1　回复

当加热温度不太高时（低于后面介绍的再结晶温度），原子的扩散能力较低，这时从组织上看不到任何变化，但由于原子已能作短距离扩散，使晶格畸变程度大为减轻，从而使内应力大大下降，金属的强度、硬度略有下降，塑性略有升高，而导电性、耐蚀性等显著提高。这个变化阶段称为回复。见图 4-13、图 4-14 所示回复阶段。

工艺上常利用回复现象，将冷塑性变形后的金属再加热到一定温度，保温一定时间，以消除其内应力。在这个过程中，金属的某些物理性能和工艺性能可以有所提高，但其力学性能，例如强度、硬度、塑性和韧性可以基本保持不变。这种工艺在热处理中被称为"去应力退火"。

4.3.2　再结晶

当冷塑性变形后的金属加热到比回复阶段更高的温度时，由于原子活动能力的增大，金属的显微组织会发生明显的变化，由破碎的晶粒变为均匀整齐的晶粒，由拉长或压扁的晶粒变为细小的等轴晶粒，见图 4-13 所示再结晶阶段。此时金属的力学性能将全部恢复到它原来未加工的状态，即强度和硬度降低，而塑性和韧性提高，同时使加工硬化和残余应力完全消除，如图 4-14 所示。这种冷塑性变形加工后的金属组织及性能在加热时全部恢复的过程叫做再结晶。

4.3.2.1　再结晶过程

再结晶也是形核和核长大的过程。再结晶的晶核一般是在破碎晶粒的晶界处或滑移面上（即晶格畸变最严重的地方）形成无畸变的晶核，这些晶核通过消耗旧晶粒而长成为新晶粒，直至最后形成新的等轴晶粒代替变形及破碎晶粒为止。再结晶过程无晶格类型的变化，所以不是相变过程。

4.3.2.2　再结晶温度及影响因素

金属的再结晶过程不是恒温过程，而是在一定温度内进行的过程。它是随温度的升高而大致从某一温度开始进行的。所谓再结晶温度是指再结晶开始的温度（发生再结晶的最低温度）。实验表明金属的最低再结晶温度与金属的熔点、成分、预先变形程度等因素有关。

（1）预先变形程度　金属预先变形程度越大，它越处于不稳定状态，再结晶的倾向也越大，因此再结晶开始温度越低，如图4-15所示。

（2）金属熔点　大量实验表明，各种纯金属结晶温度（$T_{再}$）与其熔点（$T_{熔}$）间的关系，大致可用下式表示：

$$T_{再} = 0.4T_{熔}$$

可见，金属熔点越高，在其他条件相同时，其再结晶温度越高。

（3）金属纯度　再结晶温度还与金属的纯度有关。这是因为金属中的微量杂质和合金元

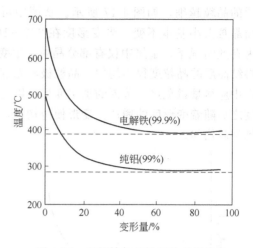

图 4-15　电解铁与纯铝再结晶温度
　　　　　与变形量的关系

素，特别是高熔点的元素，会阻碍原子的扩散或晶界的迁移，所以金属纯度的降低可以显著提高其再结晶温度。例如纯铁的最低再结晶温度约为450℃，当加入少量碳元素成为钢后，其最低再结晶温度可提高到500～650℃。

（4）加热速度和保温时间　再结晶温度与加热速度和保温时间也存在关系。加热速度越小，保温时间越长，再结晶温度越低。在实际生产中，为了消除加工硬化，以便进一步进行加工，常把冷塑性变形加工后的金属加热到再结晶温度以上，使其发生再结晶过程以恢复金属的塑性，这种工艺称为再结晶退火。而为了缩短再结晶退火时间，再结晶退火温度一般比该金属的再结晶温度高100～200℃。

4.3.3　晶粒长大

冷塑性变形金属在刚刚完成再结晶过程时，一般都可以得到细小而均匀的等轴晶粒。但是，如果加热温度过高或保温时间过长，再结晶后的晶粒又会以晶界迁移、互相吞并的方式长大，使晶粒变粗，如图4-13所示晶粒长大阶段。这主要是因为晶粒长大可以减少晶界面积，从而降低表面能。而能量的降低是一个自发的过程，所以只要温度足够高，原子具有足够的活动能力，晶粒就会迅速长大。这种晶粒长大的过程，又称为二次再结晶。随着晶粒的粗化，晶体的强度、塑性和韧性也相应降低，如图4-14所示。

4.3.4　影响再结晶晶粒大小的因素

二次再结晶所引起的晶粒粗化现象，会使金属材料的强度、塑性和韧性显著降低，并且会对后续的冷变形加工质量产生很大的影响。所以必须了解影响再结晶晶粒大小的因素，通过控制其影响因素，避免晶粒粗化现象。其影响因素主要有以下两个方面。

4.3.4.1　加热温度影响

再结晶退火时加热温度越高，金属的晶粒越大，如图4-16所示。此外，在加热温度一定时，加热时间过长也会使晶粒长大，但其影响不如加热温度过高的影响大。

4.3.4.2　变形程度影响

变形程度的影响实际上是一个变形均匀的问题。变形度越大，变形越均匀，再结晶

后的晶粒越细,如图 4-17 所示。从图中可见,当变形度很小时,金属不发生再结晶,因而晶粒大小基本不变。当变形度在 2%～10% 范围内时,再结晶后的晶粒度比较粗大。因为在此情况下,金属中仅有部分晶粒发生变形,变形极不均匀,再结晶时的生核数目很少,再结晶后的晶粒度很不均匀,晶粒极易相互吞并长大。这个变形度称为"临界变形度"。生产中应尽量避免这一范围的加工变形,以免形成粗大晶粒而降低力学性能。当大于临界变形度之后随着变形度的增加,变形便越均匀,再结晶时的生核率便越大,再结晶后的晶粒便会越细越均匀。

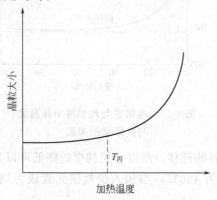

图 4-16 晶粒大小与加热温度的关系   图 4-17 晶粒大小与变形量的关系

由此可见,为了获得优良的组织和性能,在制定压力加工工艺时,必须避免在临界变形程度附近进行加工。如工业上冷轧金属,一般多采用 30%～60% 变形量。但是当金属是不均匀变形时,这一现象很难避免,例如冲制薄板零件,其变形与未变形区之间在再结晶退火后会出现粗晶粒区。

如果将加热温度、变形度和晶粒大小三者之间的关系表现在一个立体图中,就获得了再结晶全图。图 4-18 为低碳钢的再结晶全图。各种金属的再结晶全图是制定冷变形工艺及冷加工零件退火工艺的主要依据之一。

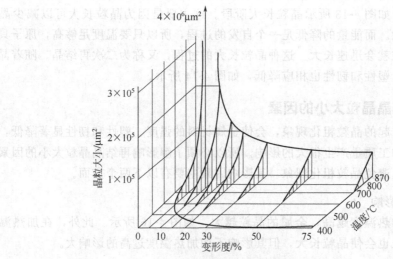

图 4-18 低碳钢再结晶全图

4.4　金属的热加工

以上所讨论的都仅限于金属的冷塑性变形加工——冷加工，未涉及金属的热塑性变形加工——热加工。由于金属在高温下强度下降，塑性提高，所以在高温下对金属进行塑性变形加工比低温容易得多，因此金属热加工在生产中得到极广泛的应用。所谓金属热加工，就是指金属材料在其再结晶温度以上由外力作用而使金属产生塑性变形，从中获得具有一定形状、尺寸和力学性能的零件及毛坯的加工方法。

4.4.1　金属热加工与冷加工的比较

从金属学的观点来说，冷加工与热加工的区别，是以金属的再结晶温度为界限的。凡是在再结晶温度以下进行的变形加工，称为冷加工。冷加工时，必然产生加工硬化；反之，在再结晶温度以上进行的塑性变形加工称为热加工，热加工后不留有加工硬化。其实热加工过程中金属也会产生加工硬化，但由于热加工变形的温度远高于再结晶温度，变形所引起的加工硬化很快被同时发生的再结晶过程所消除。由此可见，冷加工与热加工并不是以具体的加工温度的高低来区分的。例如，钨的最低再结晶温度约为 1200℃，故钨即使在 1190℃ 的高温下进行的变形加工仍属冷加工，锡的再结晶温度约为 −7℃，故锡即使在室温下进行变形加工仍属于热加工。对于钢铁来说，在 600℃ 以上的变形加工称热加工，而在 400℃ 左右的变形加工仍属冷加工。

金属在冷加工时，由于产生加工硬化，使变形抗力增大。因此，对于那些要求变形量较大和截面尺寸较大的工件，冷变形加工将是十分困难的。所以冷加工变形一般适用于制造截面尺寸较小、材料塑性较好、加工精度与表面粗糙度要求较高的金属件。

金属在热加工时，随着加热温度的升高，原子间结合力减小，而且加工硬化被消除，故金属的强度、硬度降低，塑性和韧性增加，因此热加工可用较小的能量消耗，获得较大的变形量。因此，在一般情况下，热加工可应用于截面尺寸较大、变形量较大、材料在室温下硬脆性高的金属毛坯件。但在工艺上为了获得良好的塑性和加速再结晶过程，通常采用热加工温度远超过再结晶温度，所以有可能产生金属表面严重氧化、粗糙且精度差的情况。

热加工除了高温下塑性好、变形抗力小等优点以外，在金属组织和性能方面还具有其他的优点。

4.4.2　热加工对金属组织和性能的影响

热加工虽然不使金属产生加工硬化，但它将使金属的组织和性能发生显著的改变。在一般情况下，正确地采用热加工工艺可以改善金属材料的组织和性能，表现在以下几个方面。

4.4.2.1　改善铸锭和坯料的组织和性能

金属经过热加工（通常是热轧、热锻）后，可使金属毛坯中气孔和疏松焊合；部分消除某些偏析；将粗大的柱状晶粒与枝状晶粒变为细小均匀的等轴晶粒；改善夹杂物、碳化物的形态、大小与分布；可以使金属材料的致密程度与力学性能提高。表 4-1 为碳的质量分数等于 0.3% 的碳钢在铸态和锻态时的力学性能比较。从表 4-1 可以看出经热加工后，钢的强度、塑性、冲击韧性均较铸态为高，因此在工程上受力复杂、载荷较大的工件（如齿轮、轴、刀具、模具等）大多数要通过热塑性变形加工来制造。

表 4-1 碳钢［$w(C)=0.3\%$］铸态和锻态时的力学性能

毛坯状态	σ_b/MPa	σ_s/MPa	δ/%	ψ/%	a_K/(J/cm^2)
铸造	500	280	15	27	35
锻造	530	310	20	45	70

4.4.2.2 形成热加工纤维组织（流线）

热加工时，铸态金属毛坯中粗大枝晶及各种夹杂物，都要沿变形方向伸长，使铸态金属枝晶间密集的夹杂物，逐渐沿变形方向排列成纤维状。这些夹杂物在再结晶时不会再改变其纤维状。这样在坯料或工件的纵向宏观试样上，可见到沿变形方向的一条条细线，即热加工的纤维组织（流线）。形成纤维组织后，金属材料的力学性能呈现各向异性，即顺着纤维方向（纵向）的力学性能较好。表 4-2 列出 45 钢在不同纤维方向的力学性能。

表 4-2 45 钢在不同纤维方向的力学性能

性能 取样	σ_b/MPa	$\sigma_{0.2}$/MPa	δ/%	ψ/%	a_K/(J/cm^2)
横向	375	440	10	31	30
纵向	715	470	17.5	62.8	62

因此，用热加工方法制造工件时，应考虑纤维分布状态，使纤维方向与工件工作时所受到的最大拉应力方向一致；与剪应力或冲击力方向相垂直。对重要的零件，纤维组织分布状态在图纸上应标明。必要时，应对锻件纤维组织分布状态做检验，一般情况下，流线如能沿工件外形轮廓连续分布，则最为理想。生产中广泛采用模型锻造方法制造齿轮及中小型曲轴，如图 4-19 所示。其优点之一就是使流线沿工件外形轮廓连续分布，并适应工件工作时的受力情况。图 4-19(a)、图 4-19(c) 所示的锻造齿轮和曲轴，要比图 4-19(b)、图 4-19(d) 所示切削加工齿轮和曲轴的纤维组织分布更为合理，因此具有较高的力学性能。

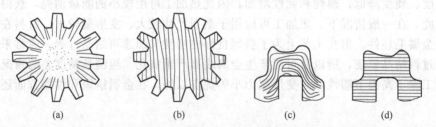

图 4-19 锻造和切削加工齿轮和曲轴纤维组织
(a) 锻造齿轮；(b) 切削加工齿轮；(c) 锻造曲轴；(d) 切削加工曲轴

必须指出，热处理方法是不能消除或改变工件中的流线分布的，而只能依靠适当的塑性变形来改善流线的分布。在某些情况下，是不希望金属材料中出现各向异性的，此时必须采用不同方向的变形（如锻造时采用镦粗与拔长交替进行）以打乱流线的方向性。

4.4.2.3 形成带状组织

若钢在铸态下存在严重夹杂物偏析，或热塑性变形加工的温度过低时，不仅会引起加工硬化现象，在金属中造成残余应力，而且使钢中的铁素体和珠光体沿变形方向形成带状或层状分布的组织。这种带状或层状分布的组织称为带状组织，如图 4-20 所示。这种组织呈明显的层状特征，使钢的力学性能变坏，特别是使钢横向的塑性、韧性降低。热处理时易产生

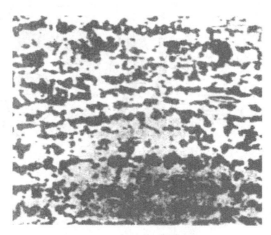

图 4-20　钢中的带状组织

变形，且钢材的组织、硬度不均匀，从而影响材料的使用寿命。

此外，在工艺中必须严格控制热加工温度和变形度。这是因为如果金属在热加工临近终了时，由于变形量较小或加工终了温度过大，再结晶后晶粒有充分长大的机会，则冷却后将得到粗大的晶粒，使金属的力学性能降低。相反如果金属变形量大而加工温度又较低，则冷却后加工硬化便会保留下来，达不到力学性能所要求的全面指标。因此金属热塑性加工时，必须通过严格控制加工终了温度和最终变形度，并与冷却方式密切配合，才能够达到细化晶粒、提高力学性能的目的。

思考与练习

1. 名词解释：滑移、滑移带、孪生、加工硬化、纤维组织、形变织构、残余内应力、宏观内应力、晶间内应力、晶格畸变内应力、回复、再结晶、临界变形度、流线、带状组织。

2. 说明正应力和切应力对晶格变形的影响。

3. 为什么滑移主要发生在原子排列最紧密或较紧密的晶面上？

4. 为什么实际滑移所需的切应力远远小于刚性位移的切应力？

5. 试比较孪生和滑移变形过程。

6. 说明晶界对多晶体塑性变形的影响。

7. 说明多晶体的塑性变形过程。

8. 为什么细晶粒的力学性能好于粗晶粒？

9. 说明加工硬化对金属性能的影响。

10. 说明制耳现象的形成原因。

工程材料及成型基础
GONGCHENG CAILIAO JI
CHENGXING JICHU

第 5 章

材料中的扩散

动脑筋

春暖花开，我们能够闻到鲜花的香味，这是气体分子扩散的结果。那么在固态金属中，是否存在扩散呢？

学习目标

- 掌握扩散定律的推导过程。
- 熟悉扩散机制及扩散类型。
- 理解影响扩散的因素。

由于热运动而导致原子（或分子）在介质中迁移的现象称为扩散。扩散是在固体中质量传输的唯一途径。它与材料中的许多现象有关，如渗碳、铸件的扩散退火、相变、时效析出、均匀化、固态烧结、蠕变、氢脆等都受扩散控制。

因此，扩散是影响材料的微观组织和性能的重要过程因素。扩散研究主要解决两大类问题：

① 扩散速率及其宏观规律；
② 扩散机理，即扩散过程中原子（或离子、分子）的具体迁移方式。

5.1 扩散定律及其应用

5.1.1 扩散定律

考察一个最简单的单向扩散实验。用两根含碳质量分数分别为 c_1 和 c_2（$c_1 < c_2$）的碳

钢长棒对焊起来，形成一个扩散偶。将其加热至 930℃ 保温并随时检查碳原子浓度分布情况，结果如图 5-1 所示。随时间延长，扩散偶界面两侧的碳原子浓度差及浓度梯度不断减小，碳原子浓度分布逐渐趋于均匀。这说明在扩散偶中存在碳原子由浓度高的一侧向浓度低的一侧迁移的扩散流。

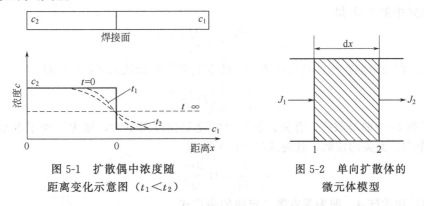

图 5-1　扩散偶中浓度随　　　　　　图 5-2　单向扩散体的
距离变化示意图（$t_1 < t_2$）　　　　　　　微元体模型

1855 年，菲克（A. Fick）首先总结提出了在各向同性介质中扩散过程的定量关系——扩散定律（也称菲克定律）。

5.1.1.1　菲克第一定律

菲克第一定律指出，在单位时间内通过垂直扩散方向的单位截面积的扩散物质量（通称扩散通量）与该截面处的浓度梯度成正比。为简便起见，仅考虑单向扩散问题。设扩散沿 x 轴方向进行，上述定律可写成以下数学形式，即

$$J = -D \frac{\mathrm{d}c}{\mathrm{d}x} \tag{5-1}$$

式(5-1) 也称扩散第一方程。式中，x 为沿扩展方向的距离，m；D 为扩散系数，m^2/s；"—"表示扩散方向与浓度梯度 $\mathrm{d}c/\mathrm{d}x$ 方向相反，即扩散由高浓度区向低浓度区进行。其中 c 为体积浓度（单位可采用 g/m^3 或 mol/m^3），因而扩散通量 J 相对应的单位是 $g/(m^2 \cdot s)$ 或 $mol/(m^2 \cdot s)$。

显然当扩散在恒稳态 $\left(\dfrac{\mathrm{d}c}{\mathrm{d}x}\text{和} J \text{不随时间变化}\right)$ 的条件下，应用菲克第一定律相当方便。

实际上，大多数扩散过程是在非恒稳态 $\left(\dfrac{\mathrm{d}c}{\mathrm{d}x}\text{和} J \text{随时间变化}\right)$ 条件下进行的，式(5-1)的应用受到限制。

5.1.1.2　菲克第二定律

菲克第一定律也适用于非稳态扩散过程，但式(5-1) 没有给出扩散物质浓度与时间的关系，难以将其用来全面描述浓度随时间不断变化的非稳态扩散过程。求解这类问题需在菲克第一定律基础上，利用质量平衡原理做进一步分析。

对如图 5-1 所示的非稳态扩散偶，沿垂直于扩散方向（x 轴）的平面切取宽度为 $\mathrm{d}x$ 的微元体，微元体垂直于 x 轴的两表面面积均为 A，如图 5-2 所示。设 J_1 和 J_2 分别表示流入和流出该微元体的扩散通量，则流入和流出该微元体的扩散物质的流量分别为 J_1A 和 J_2A；根据质量平衡原理，微元体中扩散物质的积存速率 R 必为流入与流出该微元体的扩散物质流量之差，即

$$R = J_1A - J_2A = J_1A - \left(J_1A + \frac{\partial(JA)}{\partial x}\mathrm{d}x\right) = -\frac{\partial(JA)}{\partial x}\mathrm{d}x$$

如果所研究的体系中既没有产生扩散物质的源，也没有消耗扩散物质的阱，那么 R 与微元体中扩散物质体积浓度 c 的关系为

$$R=\frac{\partial(cA\mathrm{d}x)}{\partial t}=A\frac{\partial c}{\partial t}\mathrm{d}x$$

从上两式中消去 A 得

$$\frac{\partial c}{\partial t}=-\frac{\partial J}{\partial x} \tag{5-2}$$

　　式（5-2）称为单向扩散的连续性方程。将菲克第一定律代入式（5-2）得

$$\frac{\partial c}{\partial t}=\frac{\partial}{\partial x}\left(D\frac{\partial c}{\partial x}\right) \tag{5-3}$$

　　扩散系数 D 一般与浓度 c 有关，但如果浓度变化范围不大，则为了便于求解，可近似取 D 为一个与 c 无关的常数，这时式（5-3）可写成

$$\frac{\partial c}{\partial t}=D\frac{\partial^2 c}{\partial x^2} \tag{5-4}$$

　　式（5-3）和式（5-4）即为菲克第二定律的表达式。

5.1.2　扩散方程在生产中的应用举例

5.1.2.1　扩散方程在渗碳中的应用

　　钢铁的渗碳是扩散过程在工业中应用的典型例子。把低碳钢制作的零件放入渗碳介质中渗碳，零件被看作半无限长情况。渗碳一开始，表面立即达到渗碳气氛的碳浓度 c_s，并始终不变。这种情况的边界条件为：$c(x=0,\ t)=c_s$，$c(x=\infty,\ t)=0$；初始条件为：$c(x,\ t=0)=c_0$。

　　式（5-4）的通解为

$$c(x,t)=c_0+(c_s-c_0)\left[1-\mathrm{erf}\left(\frac{x}{2\sqrt{Dt}}\right)\right] \tag{5-5}$$

　　式中，c_0 为原始浓度；c_s 为渗碳气氛浓度；$\beta=\dfrac{x}{2\sqrt{Dt}}$，则对应的误差函数 erf (β) 值可由表 5-1 中查出。

表 5-1　误差函数 erf (β) 表 $(0 \leqslant \beta \leqslant 2.7)$

β	0	1	2	3	4	5	6	7	8	9
0.0	0.000 0	0.011 3	0.022 6	0.033 8	0.045 1	0.056 4	0.067 6	0.078 9	0.090 1	0.101 3
0.1	0.112 5	0.123 6	0.134 8	0.143 9	0.156 9	0.168 0	0.179 0	0.190 0	0.200 9	0.211 8
0.2	0.222 7	0.233 5	0.244 3	0.255 0	0.265 7	0.276 3	0.286 9	0.297 4	0.307 9	0.318 3
0.3	0.328 6	0.338 9	0.349 1	0.359 3	0.368 4	0.379 4	0.389 3	0.399 2	0.409 0	0.418 7
0.4	0.428 4	0.438 0	0.447 5	0.456 9	0.466 2	0.475 5	0.484 7	0.493 7	0.502 7	0.511 7
0.5	0.520 4	0.529 2	0.537 9	0.546 5	0.554 9	0.563 3	0.571 6	0.579 8	0.587 9	0.597 9
0.6	0.603 9	0.611 7	0.619 4	0.627 0	0.634 6	0.642 0	0.649 4	0.656 6	0.663 8	0.670 8
0.7	0.677 8	0.684 7	0.691 4	0.698 1	0.704 7	0.711 2	0.717 5	0.723 8	0.730 0	0.736 1
0.8	0.742 1	0.748 0	0.735 8	0.759 5	0.765 1	0.770 7	0.776 1	0.786 4	0.786 7	0.791 8
0.9	0.796 9	0.801 9	0.806 8	0.811 6	0.816 3	0.820 9	0.825 4	0.824 9	0.834 2	0.838 5
1.0	0.842 7	0.846 8	0.850 8	0.854 8	0.858 6	0.862 4	0.866 1	0.869 8	0.837 3	0.816 8
1.1	0.880 2	0.883 3	0.886 8	0.890 0	0.893 1	0.896 1	0.899 1	0.902 0	0.904 8	0.907 6
1.2	0.910 3	0.913 0	0.915 5	0.918 1	0.920 5	0.922 9	0.925 2	0.927 5	0.929 7	0.931 9
1.3	0.934 0	0.936 1	0.938 1	0.940 0	0.941 9	0.943 8	0.945 6	0.947 3	0.949 0	0.950 7
1.4	0.952 3	0.953 9	0.955 4	0.956 9	0.958 3	0.959 7	0.961 1	0.962 4	0.963 7	0.949
1.5	0.966 1	0.967 3	0.968 7	0.969 5	0.970 6	0.971 6	0.972 6	0.973 6	0.974 5	0.975 5

β	1.55	1.6	1.65	1.7	1.75	1.8	1.9	2.0	2.2	2.7
erf(β)	0.971 6	0.976 3	0.980 4	0.843 8	0.986 7	0.989 1	0.992 8	0.995 3	0.998 1	0.999 9

假定将渗层深度定义为碳浓度大于某一给定值 c^* 处铁棒表层的深度，如图 5-3 所示，t_1，t_2，t_3 时定义的渗层深度分别为 x_1，x_2，x_3。这时式(5-5) 可写成

$$\text{erf}\left(\frac{x}{2\sqrt{Dt}}\right)=\frac{c_s-c^*}{c_s-c_0}=定值 \tag{5-6}$$

这表明对于 c^* 为任一给定值时，$\dfrac{x}{2\sqrt{Dt}}$ 为定值。这样可得到渗层深度与扩散时间的关系式

$$x=K\sqrt{Dt} \tag{5-7}$$

式中，K 为常数。式(5-7) 是一个很重要的结果，它说明"规定浓度的渗层深度" $x\propto\sqrt{t}$ 或 $t\propto x^2$。如果要使扩散层深度增加一倍，则扩散时间要增加三倍。这是制定渗碳工艺的理论基础。

[例] 将纯铁放于渗碳炉内渗碳，假定渗碳温度为 920℃，渗碳介质碳浓度 $c_s=1.2\%$，$D=1.5\times10^{-11}\,\mathrm{m^2/s}$，$t=10\mathrm{h}$。(1)求表层碳浓度分布；(2)如规定浓度渗层深度为表面至 $0.3\%c$ 处的深度，求渗层深度。

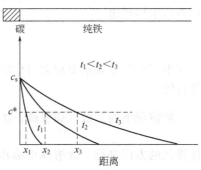

图 5-3 渗碳过程中碳浓度随时间和距离变化的规律

解：(1)表层碳浓度分布

对纯铁进行渗碳，因为纯铁碳含量为 0，则其 c_0 为 0，代入式(5-5) 得

$$c_x=1.2\left[1-\text{erf}\left(\frac{x}{2\times\sqrt{1.5\times10^{-11}\times3.6\times10^4}}\right)\right]=1.2[1-\text{erf}(6.8\times10^2 x)]$$

(2)将 $c_x=0.3$ 代入上式

$$\text{erf}(6.8\times10^2 x)=0.75$$

查表 5-1 可知，$\beta=6.8\times10^2 x=0.81$

所以，求出渗碳层深度 $x\approx0.00119\mathrm{m}=1.19\mathrm{mm}$。

5.1.2.2 脱碳过程

钢（尤其是含碳量较高的钢）在空气介质中加热（如锻造、热处理等）时，表面碳原子易与氧形成 CO 而逸出，出现脱碳现象。分析脱碳过程同样可运用扩散第二定律。

设一含碳量为 c_0 的半无限长钢棒，在相区温度的脱碳气氛中加热，由一端脱碳，并设端面碳浓度保持为零，则脱碳时间对钢棒中碳浓度分布的影响如图 5-4 所示，仍然利用误差函数解，将脱碳过程的边界条件，即

$$t>0, x=0, c=0$$
$$x\to\infty, c=c_0$$

图 5-4 碳钢脱碳层中的碳浓度分布

代入式(5-5)，便可求得脱碳过程碳浓度分布的表达式

$$c=c_0\,\text{erf}\left(\frac{x}{2\sqrt{Dt}}\right) \tag{5-8}$$

5.1.2.3 扩散的驱动力及上坡扩散

菲克定律指出扩散总是向浓度降低的方向进行的。但事实上很多情况，扩散是由低浓度处向高浓度处进行的（如固溶体中某些元素的偏聚，奥氏体分解转变析出铁素体或析出二次渗碳体等过程），这种扩散被称为"上坡扩散"。上坡扩散说明从本质上来说浓度梯度并非扩散的驱动力。热力学研究表明扩散的驱动力是化学位梯度 $\dfrac{\partial u_i}{\partial x}$。

由热力学等温等压条件下，体系自动地向自由能 G 降低的方向进行。设 n_i 为组元 i 的原子数，则化学位 $u_i = \left(\dfrac{\partial G}{\partial n_i}\right)_{T,p,n_i}$ 就是 i 原子的自由能。原子受到的驱动力 F 可由化学位对距离的求导得出

$$F = -\frac{\partial u_i}{\partial x}$$

式中"一"号表示驱动力与化学位下降的方向一致，也就是扩散总是向化学位减少的方向进行的。

一般情况下的扩散（如渗碳、扩散退火等）$\dfrac{\partial u_i}{\partial x}$ 与 $\dfrac{\partial c}{\partial x}$ 的方向一致，所以扩散表现为向浓度降低的方向进行。固溶体中溶质原子的偏聚、奥氏体的分解等，$\dfrac{\partial u_i}{\partial x}$ 与 $\dfrac{\partial c}{\partial x}$ 方向相反，所以扩散表现为向浓度高的方向进行（上坡扩散）。

引起上坡扩散的还可能有下面一些情况。

(1) 弹性应力作用下的扩散　金属晶体中存在弹性应力梯度时，将造成原子的扩散。大直径的原子跑向点阵的伸长部分，小直径的原子跑向点阵受压缩的部分，造成固溶体中溶质原子的不均匀。

(2) 晶界的内吸附　一般情况晶界能量比晶粒内高，如果溶质原子位于晶界上可使体系总能量降低，它们就会扩散而富集在晶界上，使得晶界上的浓度比晶内的高。

(3) 电场作用下的扩散　很大的电场也促使晶体中原子按一定方向扩散。

5.2　扩散机制

5.2.1　扩散机制类型

为了深入认识固体中的扩散规律，需要了解扩散的微观机制。人们已经提出了多种扩散机制来解释扩散现象，其中有两种比较真实地反映了客观现实。一种是间隙机制，它解释了间隙固溶体中的间隙原子（如 H、C、N、O 等小原子）的扩散；另一种是空位机制，它解释了置换原子的扩散及自扩散现象。另外，还有其他的扩散机制，如填隙机制等。图 5-5 表示了晶体扩散的几种原子模型，参与扩散的可以是电中性的原子，也可以是离子。

5.2.1.1　间隙扩散

在间隙固溶体中，溶质原子的扩散是从一个间隙位置跳动到近邻的另一个间隙位置，发生间隙扩散。其扩散机制即为间隙机制。

5.2.1.2　置换扩散

在置换固溶体或纯金属中，各组元原子直径比间隙大得多，很难进行间隙扩散。置换扩

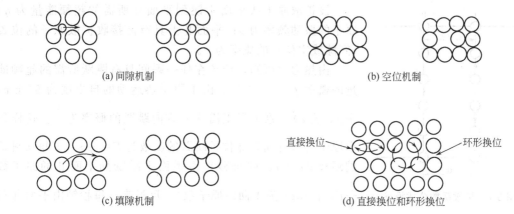

(a) 间隙机制   (b) 空位机制

(c) 填隙机制   (d) 直接换位和环形换位

图 5-5 扩散的几种原子模型

散的机制是人们十分关心的问题。柯肯达尔效应对认识这个问题很有帮助。

（1）柯肯达尔（Kirkendall）效应 柯肯达尔的实验如图 5-6 所示。将一块纯铜和纯镍对焊连接，在焊接面上嵌上几根细钨丝（惰性）作为标记。将试样加热到接近熔点的高温长时间保温，然后冷却。经剥层化学分析得到图 5-6 所示的成分分布曲线。令人惊讶的是，经扩散后惰性的钨丝向纯镍一侧移动了一段距离。因为惰性的钨丝不可能因扩散而移动，镍原子与

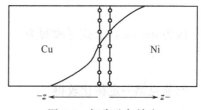

图 5-6 柯肯达尔效应

铜原子直径相差不大，也不可能因为它们向对方等量扩散时，因原子直径差别而使界面两侧的体积产生这样大的差别。唯一的解释是镍原子向铜一侧扩散得多，铜原子向镍一侧扩散得少，使铜一侧伸长，镍一侧缩短。

（2）空位机制 曾有人提出，对于柯肯达尔效应的过置换扩散机制为直接换位式和环形换位式 ［图 5-5(d)］。直接换位式的激活能太高，难以实现。换位式的结果必然使流入和流出某界面的原子数相等，不能产生柯肯达尔效应。后来人们又提出了空位扩散机制，简称空位机制 ［图 5-5(b)］。空位机制认为晶体中存在的大量空位在不断移动位置，扩散原子近邻有空位时，它可以跳入空位，而该原子位置成为一个空位。这种跳动越过的势垒不大。当近邻又有空位时，它又可以实现第二次跳动。实现空位扩散有两个条件即扩散原子近邻有空位，该原子具有可越过势垒的自由能。

空位机制能很好地解释柯肯达尔效应，被认为是置换扩散得主要方式。在柯肯达尔实验中因镍原子比铜原子扩散得快，所以有一个净镍原子流越过钨丝流向铜一侧，同时有一个净空位流越过钨丝流向镍一侧。这样必使铜一侧空位浓度下降（低于平衡浓度），使镍一侧空位浓度增高（高于平衡浓度）。当两侧空位浓度恢复到平衡浓度时，铜一侧将因空位增加而伸长，镍一侧将因空位减少而缩短，这相当于钨丝向镍一侧移动了一段距离。

（3）填隙机制 本应处于点阵位置的原子有时会出现在间隙位置，它们会将邻近点阵原子挤到间隙中，并取而代之。由于形成这种间隙原子所需能量较高，一般情况下这类缺陷浓度十分低，因此对扩散贡献不大。但辐照可大大增加此类缺陷。

5.2.2 扩散系数

如图 5-7 所示。在晶体中取两个平面，间距为 dx，假定扩散过程中这两个平面的溶质浓度保持不变。平面 I 上（x 处）的浓度为 c_1，平面 II 上（$x+dx$）处的浓度为 c_2，$c_1 > c_2$。

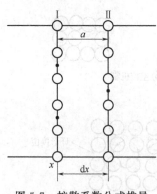

图 5-7　扩散系数公式推导

设扩散原子从平面 I 跳到平面 II 所需的超额能量为 q；原子的振动频率为 ν；平面 II 上具有能接收扩散原子的位置（间隙或空位）的概率为 z。

由热力学可知，原子在任一瞬间具有跳跃所需的超额能量的概率 $p = e^{-q/(kT)}$。由于原子热运动的自由度为 6（$\pm x$，$\pm y$，$\pm z$），原子真正沿 $+x$ 方向跳跃的概率为 $\frac{1}{6}$。这样每个原子每秒钟向相邻位置跳跃的次数为 $\Gamma = \nu p z$。如每次跳跃的距离 $dx = a$，则每秒钟由平面 I 跳跃到平面 II 的原子数 $\frac{1}{6}\Gamma a c_1$（ac_1 为 I 面的原子数）。反过来，每秒钟由平面 II 跳跃到平面 I 的原子数为 $\frac{1}{6}\Gamma a c_2$。这样沿 x 方向原子扩散的净流量，即扩散通量 J 为

$$J = \frac{1}{6}\Gamma a (c_1 - c_2)$$

因为 $dx = a$，上式可改写为

$$J = -\frac{1}{6}\Gamma a^2 \frac{dc}{dx}$$

与菲克第一定律比较得

$$D = \frac{1}{6}\Gamma a^2 = \frac{1}{6}a^2 \nu p z = \frac{1}{6}a^2 \nu z e^{-q/(kT)}$$

令 $D_0 = \frac{1}{6}a^2 \nu z$；$N_A q = Q$（$N_A$ 为阿弗加德罗常数）；$N_A k = R$（R 为气体常数），则

$$D = D_0 e^{-Q/(RT)} \tag{5-9}$$

式中，D_0 为扩散常数；Q 为扩散激活能。对于间隙扩散，Q 表示 1mol 间隙原子跳跃时需越过的势垒；对空位扩散，Q 表示 N_A 个空位形成能加上 1mol 原子向空位跳动时需越过的势垒。

对于一定的扩散系统（基体及扩散组元一定时）D_0 及 Q 为常数。某些扩散系统的 D_0 和 Q 见表 5-2。

由表 5-2 可见置换式扩散的 Q 值较高，这是渗金属比渗碳要慢得多的原因之一。

表 5-2　某些扩散系统的 D_0 与 Q（近似值）

扩散组元	基体金属	$D_0/(10^{-5}\,m^2/s)$	$Q/(10^3\,J/mol)$	扩散组元	基体金属	$D_0/(10^{-5}\,m^2/s)$	$Q/(10^3\,J/mol)$
碳	γ 铁	2.0	140	锰	γ 铁	5.7	277
碳	α 铁	0.2	84	铜	铝	0.84	136
铁	α 铁	19	239	锌	铜	2.1	171
铁	γ 铁	1.8	270	银（体积扩散）	银	1.2	190
镍	γ 铁	4.4	283	银（晶界扩散）	银	1.4	96

5.3　影响扩散的因素

扩散速度和方向受很多因素影响。由扩散系数 $D = D_0 e^{-Q/(RT)}$ 可知，凡对 D 有影响的

因素都影响扩散过程。

5.3.1 温度

无论扩散以何种机理进行，由扩散系数 D 与温度成指数关系，可知温度对扩散速度影响很大。温度升高，原子热运动加剧，扩散系数很快地提高，如图 5-8 所示。扩散激活能 Q 取决于扩散机理。

5.3.2 固溶体类型

不同类型固溶体中原子扩散采用的主要扩散机制不同。在间隙固溶体中，溶质原子以间隙机制进行扩散，扩散激活能为点阵畸变能 ΔU_m，数值较小，因而扩散系数较大。在置换固溶体中，原子一般以空位机制进行扩散，扩散激活能中除了点阵畸变能 ΔU_m 外，还包含空位形成能 ΔU_v，因而其扩散激活能一般较大（见表 5-2）。因此，在相同温度下，间隙固溶体中溶质扩散速度一般要大于置换固溶体中溶质扩散速度。

例如，在钢化学热处理时，要获得相同的深层浓度，渗碳、渗氮要比渗金属的时间短。同样，在铸锭件均匀化退火时，间隙原子 C、N 等易于均匀化，而置换型溶质原子必须加热到更高的温度才能趋于均匀化。

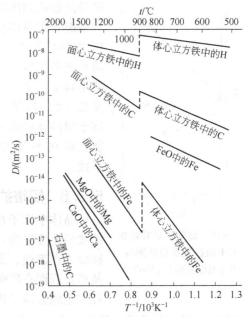

图 5-8　几种金属与陶瓷材料中的扩散系数与温度的关系

5.3.3 晶体结构

晶体中的扩散是扩散原子或离子在点阵阵点或间隙之间的迁移，因此同一物质的扩散系数与其晶体结构有关。一般非密堆结构的晶体比密堆结构的晶体具有更高的扩散系数。面心立方点阵比体心立方紧密，其扩散系数比体心立方小。如 Fe 在 912℃ 发生 $\gamma\text{-Fe} \rightleftharpoons \alpha\text{-Fe}$ 的同素异构转变，两者的自扩散系数相差两个数量级，$D_{\alpha\text{-Fe}} \approx 300 D_{\gamma\text{-Fe}}$（如图 5-8 所示）。

由于晶体中阵点的间隙位置的排列因晶体位向不同而异，因此晶体中的扩散也会随之变化。如立方系 3 个（100）方向的扩散系数相等，而具有密排六方结构的锌（$c/a = 1.89$）在 340～410℃ 范围内，垂直于基面方向的自扩散系数可比平行于基面方向的自扩散系数大 2000 倍左右。

5.3.4 浓度

一般来说，扩散系数是随浓度的变化而变化的。有些扩散系统如金-镍系统中，浓度的变化使镍和金的自扩散系数发生显著的变化。碳在 Fe 中的扩散系数与碳浓度的关系，如图 5-9 所示。实际上对于稀的固溶体或在小浓度范围内的扩散，将 D 假定与浓度无关引起的误差不大。在实

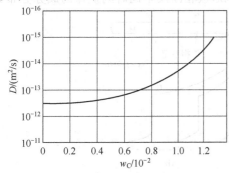

图 5-9　碳在 $\gamma\text{-Fe}$ 中的扩散系数与碳浓度（质量分数）的关系

际生产中为数学处理简便，我们常假定 D 与浓度无关。

5.3.5 合金元素

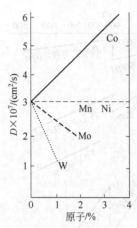

图 5-10 合金元素对碳在
钢中的扩散系数的影响
（0.4%C 的钢，1200℃）

在二元合金中加入第三元素时，扩散系数也发生变化。某些合金元素对碳在 γ-Fe 中的扩散的影响如图 5-10 所示。从图中可见第三元素的影响可分为三种情况：①强碳化物形成元素（如 W，Mo，Cr 等）可使碳在 γ-Fe 中的扩散系数大大降低，由于它们与碳的亲和力较大，能强烈阻止碳的扩散，如加入 3%Mo 或 1%W 会使碳在 γ-Fe 中的扩散速率减少一半；②不能形成稳定碳化物，但易溶解于碳化物中的元素（如 Mn 等），它们对碳的扩散影响不大；③不形成碳化物而溶于固溶体中的元素对碳的扩散的影响各不相同，如加入 4%Co 能使碳在 γ-Fe 中的扩散速率增加一倍，而 Si 则降低碳的扩散系数。

5.3.6 短路扩散

晶体中原子在表面、晶界、位错处的扩散速度比原子在晶内扩散的速度要快，在这里好像是一个快速扩散的短路通道，因此称原子在表面、晶界、位错处的扩散为短路扩散。不难理解，在晶界及表面点阵畸变较大，原子处于较高能状态，易于跳动，而且这些地方原子排列不规则，比较开阔，原子运动的阻力小，因而扩散速度快。位错是一种线缺陷，可作为原子快速扩散的通道，因而扩散速度很快。

由于表面、晶界、位错占的体积份额很小，所以只有在低温时（晶内扩散十分困难）或晶粒非常细小时，短路扩散的作用才能起显著作用。

5.4 反应扩散

假定有一根纯铁棒，一端与石墨装在一起然后加热到 $T_1 = 780℃$ 保温。仔细研究渗碳铁棒后会发现，铁棒在靠近石墨一侧出现了新相 γ 相（纯铁 780℃ 时应为 α），γ 相右侧为 α 相。随渗碳时间的延长，γ-α 界面不断向右侧移动，铁-碳相图及不同时刻铁棒的成分分布如

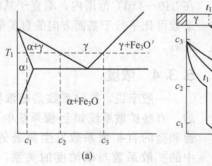
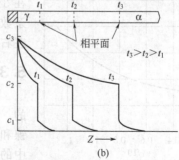

图 5-11 两相区渗碳参考图
(a) 铁-碳相图有关部分；(b) 在 T_1 温度下渗碳铁棒中的成分分布

图 5-11 所示。这种通过扩散而产生新相的扩散过程被称为反应扩散或相变扩散。

反应扩散所形成的相及成分可参照相应的相图确定。如上例中由相图可知与石墨平衡的 γ 相浓度为 c_3，所以石墨-γ 界面上 γ 相浓度必为 c_3；与 α 相平衡的 γ 相浓度为 c_2，所以在 γ-α 界面上 γ 相的浓度必为 c_2；同理，γ-α 界面上的 α 相浓度必为 c_1。

在二元系中反应扩散不可能产生两相混合区。因为二元系中若两相平衡共存，则两相区中扩散原子在各处的化学位 μ_1 相等，$\dfrac{\mathrm{d}\mu_1}{\mathrm{d}z}=0$，这段区域里没有扩散动力，扩散不能进行。同理，三元系中渗层的各部分都不能有三相平衡共存区，但可以有两相区。

思考与练习

1. 说明下列基本概念：扩散流量、扩散通量、恒稳态扩散、非恒稳态扩散、扩散激活能、上坡扩散、反应扩散。

2. 已知 930℃ 碳在 γ 铁中的扩散系数 $D=1.61\times10^{-12}\,\mathrm{m^2/s}$，在这一温度下对含 0.1%C 的碳钢渗碳，若表面碳浓度为 1.0%C，规定含碳 0.3% 处的深度为渗层深度，(1) 求渗层深度 x 与渗碳时间的关系式；(2) 计算 930℃ 渗 10h、20h 后的渗层深度 x_{10}，x_{20}；(3) $\dfrac{x_{10}}{x_{20}}$ 说明了什么问题？

3. 已知碳在 γ-Fe 中的扩散常数 $D_0=2.0\times10^{-5}\,\mathrm{m^2/s}$，扩散激活能 $Q=140\times10^3\,\mathrm{J/mol}$，(1) 求 870℃，930℃ 碳在 γ-Fe 中的扩散系数；(2) 在其他条件相同的情况下于 870℃ 和 930℃ 各渗碳 10h，求 $\dfrac{x_{930}}{x_{870}}$，这个结果说明了什么问题？

4. 为什么钢的渗碳在奥氏体中进行而不在铁素体中进行？

5. 为什么在钢中渗金属要比渗碳困难？

6. 什么是柯肯达尔效应，并解释其产生原因？它对人们认识置换式扩散机制有什么作用？

7. 为什么钢铁零件的渗碳要在 γ 相区中进行？若不在 γ 相区渗碳，会有什么结果？

8. 钢铁零件的渗氮温度一般选择在接近但略低于 Fe-N 系的共析温度（590℃），为什么？

工程材料及成型基础
GONGCHENG CAILIAO JI
CHENGXING JICHU

第6章

钢的热处理

动脑筋

为什么同一种材料制成的不同种类的零件会有不同的性能呢？

学习目标

- 通过对钢的普通热处理工艺的学习，掌握钢的普通热处理工艺的特点及应用。
- 通过对钢的普通热处理工艺的学习，深入理解热处理原理，掌握 C 曲线。
- 熟悉热处理时产生的常见缺陷。
- 了解钢的表面热处理工艺的概念。

6.1 热处理概述

6.1.1 热处理的作用

热处理是改善金属材料性能的一种重要加工工艺。它是将金属通过适当的方式，在固态下加热到预定的温度，保温一定的时间，然后以预定的方式冷却到室温，从而改变钢的组织结构，获得所需的性能，其工艺曲线如图 6-1 所示。

正确的热处理工艺还可以消除金属材料经铸造、锻造、焊接等热加工工艺造成的各种缺陷，能够细化晶粒，消除偏析，降低内应力，使组织和性能更加均匀，改善金属材料的工艺性能和使用性能。它不仅使材料得到强化，延长其使用寿命，而且还可以提高产品质量，是节约材料和降低成本的主要措施之一。

由于热处理是一种极为重要的金属加工工艺，所以在机械制造工业中得到了广泛的应用。例如，汽车、拖拉机工业中需要进行热处理的零件占 70%～80%，机床工业中占

60%～70%，而轴承及各种工模具则达
100%。凡是重要的机械零件，几乎都
需要进行热处理后才能使用。

6.1.2　热处理的基本类型

根据加热和冷却方式的不同，可把
热处理分为以下几类。

① 普通热处理：包括退火、正火、
淬火和回火等。

② 表面热处理：包括表面淬火和化
学热处理。表面淬火包括感应加热表面
淬火、火焰加热表面淬火、电接触加热
表面淬火等；化学热处理包括渗碳、渗氮、碳氮共渗、多元共渗等。

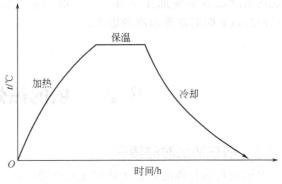

图 6-1　热处理工艺示意图

③ 其他热处理：包括可控气氛热处理、真空热处理、形变热处理等。

根据热处理在零件加工过程中所处工序位置和作用不同，热处理还可分为预备热处理和
最终热处理。

预备热处理是零件加工过程中的一道中间工序，目的是改善锻、铸毛坯件的组织，消除
内应力，为后续的机械加工或最终热处理做准备。最终热处理是零件加工的最后一道工序，
目的是使经过成型加工后得到最终形状和尺寸的零件达到所需使用性能的要求。

6.1.3　钢的固态转变及转变临界温度

在固态下具有相变是金属材料能够进行热处理的前提。某些在固态下不发生相变的纯金
属或合金是不能用热处理的方法进行强化的。钢之所以能进行热处理，正是由于钢在固态下
具有相变。

以下以共析钢为例说明钢在固态下进行转变的过程。

根据 Fe-Fe$_3$C 相图可知，共析钢在加热和冷却过程中经过 PSK 线（A_1）时，发生珠光
体与奥氏体之间的相互转变，亚共析钢经过 GS 线（A_3）时，发生铁素体与奥氏体之间的
相互转变，过共析钢经过 ES 线（A_{cm}）时，发生渗碳体与奥氏体之间的相互转变。A_1、A_3、A_{cm} 称为钢加热或冷却过程中组织转变的临界温度。但是，Fe-Fe$_3$C 相图上反映出的临界温度 A_1、A_3、A_{cm} 是平衡临界温度，即在非常缓慢加热或冷却条件下钢发生组织转变的温度。

实际上，钢进行热处理时，组织转变并不在平衡临界温度发生，大多数都存在着不同程度的滞后现象。实际转变温度与平衡临界温度之差称为过热度（加热时）或过冷度（冷却时）。过热度或过冷度随加热或冷却速度的增大而增大。通常把加热时的实际临界温度加注下标"c"，如 A_{c1}、A_{c3}、A_{ccm}，而把冷

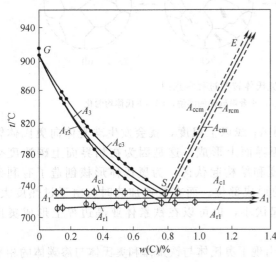

图 6-2　加热和冷却速度均为 0.125℃/min
时对临界温度的影响

却时的实际临界温度加注下标"r",如 A_{r1}、A_{r3}、A_{rcm}。图 6-2 为加热和冷却速度均为 0.125℃/min 时对临界温度的影响。

<h1 style="text-align:center">6.2 钢的热处理原理</h1>

6.2.1 钢在加热时的转变

对钢进行热处理时,为了使钢在热处理后获得所需要的组织和性能,大多数热处理工艺都必须先将钢加热至临界温度以上,获得奥氏体组织,然后再以适当方式(或速度)冷却,以获得所需要的组织和性能。通常把钢加热获得奥氏体的转变过程称为奥氏体化过程。

钢在加热时形成的奥氏体的化学成分、均匀性、晶粒大小以及加热后未溶入奥氏体中的碳化物、氮化物等剩余相的数量、分布状况等都对钢的冷却转变过程及转变产物的组织和性能产生重要的影响。因此,研究钢在加热时奥氏体的形成过程具有重要的意义。

6.2.1.1 奥氏体的形成过程

碳钢在室温下的组织基本上是由铁素体和渗碳体两个相构成的。铁素体、渗碳体与奥氏体相比,不仅晶格类型不同,而且含碳量的差别也大。因此,铁素体、渗碳体转变为均匀的奥氏体必须进行晶格改组和铁原子、碳原子的扩散。这也是一个结晶过程,也应当遵循形核和核长大的基本规律。

下面以共析钢为例说明奥氏体的形成过程。

共析钢由珠光体到奥氏体的转变包括以下四个阶段:奥氏体形核、奥氏体长大、残余渗碳体的溶解和奥氏体均匀化,如图 6-3 所示。

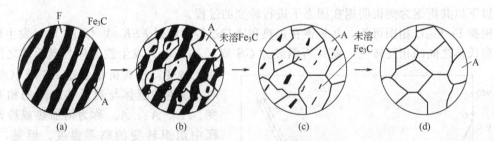

图 6-3 珠光体向奥氏体转变过程示意图
(a) 奥氏体形核;(b) 奥氏体长大;(c) 残余渗碳体的溶解;(d) 奥氏体均匀化

(1)奥氏体的形核 当共析钢被加热到 A_1 线以上温度,就会发生珠光体向奥氏体转变。奥氏体晶核首先在铁素体和渗碳体的相界面上形成。这是因为在相界面上碳浓度分布不均匀,原子排列不规则,易于产生浓度和结构起伏区,为奥氏体形核创造了有利条件。同样,珠光体的边界也可成为奥氏体的形成部位。而在快速加热时,由于过热度大,奥氏体临界晶核半径小,相变所需的浓度起伏小,也可以在铁素体亚晶边界上形成奥氏体晶核。

(2)奥氏体长大 奥氏体晶核形成后,出现了奥氏体与铁素体和奥氏体与渗碳体的相平衡,但与渗碳体接触的奥氏体的碳浓度高于铁素体接触的奥氏体的碳浓度,因此在奥氏体内部发生了碳原子的扩散,使奥氏体同渗碳体和铁素体两边相界面上的碳的平衡浓度遭到破坏，为了维持浓度的平衡关系，渗碳体必须不断溶解而铁素体也必须不断转变为奥氏体。这样，奥氏体晶核就分别向两边长大。

（3）残余渗碳体的溶解 在奥氏体形成过程中，铁素体转变为奥氏体的速度高于渗碳体的溶解速度，当铁素体完全转变成奥氏体后，仍有部分渗碳体尚未溶解，随着保温时间的延长，残余渗碳体不断溶入奥氏体中，直至完全消失。

（4）奥氏体均匀化 当残余渗碳体全部溶解时，奥氏体中的碳浓度仍是不均匀的。在原来渗碳体的区域碳浓度较高，继续延长保温时间或继续升温，使碳原子继续扩散，奥氏体碳浓度逐渐趋于均匀化。最后得到均匀的单相奥氏体。至此，奥氏体形成过程全部完成。

亚共析钢和过共析钢的奥氏体形成过程与共析钢基本相同，当加热温度超过 A_{c1} 时，只能使原始组织中的珠光体转变为奥氏体，仍保留一部分先共析铁素体或先共析渗碳体。只有当加热温度超过 A_{c3} 或 A_{ccm}，并保温足够的时间，才能获得均匀的单相奥氏体。

6.2.1.2 影响奥氏体形成速度的因素

奥氏体的形成是通过形核与长大过程进行的，整个过程受原子扩散的影响。因此，只要影响原子扩散的一切因素，都会影响奥氏体的形成速度。

（1）加热温度和加热速度 为了研究珠光体向奥氏体的转变过程，通常将所研究钢的试样迅速加热到 A_1 以上各个不同的温度保温，记录各个温度下珠光体向奥氏体转变开始、奥氏体转变完成、渗碳体全部溶解和奥氏体成分均匀化所需的时间，绘制在转变温度和时间坐标图上，便得到钢的奥氏体等温形成曲线图，如图 6-4 所示。

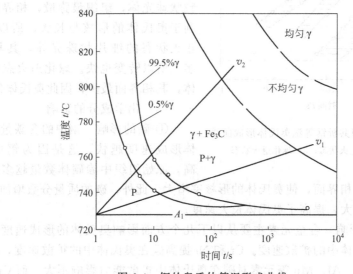

图 6-4 钢的奥氏体等温形成曲线

由图 6-4 可见，在 A_1 以上某一温度保温时，奥氏体并不立即出现，而是保温一段时间后才开始形成，这段时间称为孕育期。其原因是形成奥氏体晶核需要原子的扩散，而扩散需要一定的时间完成。而随着温度的提高，原子扩散速率急剧加快，奥氏体的形核率和长大速度大大提高，所以转变的孕育期和转变完成时间也显著缩短，奥氏体形成速度越快。在影响奥氏体形成速度的诸多因素中，温度的作用最为显著，所以控制奥氏体的形成温度至关重要。但是加热温度过高也往往会引起诸如氧化、脱碳以及晶粒粗大等缺陷。而从图 6-4 中也可以看到，在较低温度下长时间加热和较高温度下短时间加热都可以得到相同的奥氏体状态，只不过形成的时间不同。所以在制定加热工艺时，应当综合考虑加热温度和保温时间的影响。

在实际生产采用的连续加热过程中，奥氏体等温度转变的基本规律仍是不变的。但是与等温度转变不同，钢在连续加热时的转变是在一个温度范围内进行的。在图 6-4 中的不同速度的加热曲线（如 v_1、v_2），可以说明钢在连续加热条件下奥氏体形成的基本规律。加热速度越快（如 v_2），孕育期越短，奥氏体开始转变的温度和转变终了的温度越高，转变终了所需的时间越短。加热速度较低（如 v_1），转变将在较低温度下进行，孕育期也较长。当加热速度非常缓慢时，珠光体向奥氏体的转变在接近于 A_1 点温度下进行，这符合铁碳合金相图所示平衡转变的情况。

（2）原始组织的影响　钢的原始组织为片状珠光体，铁素体和渗碳组织越细，它们的相界面越多，则形成奥氏体的晶核越多，晶核长大速度越快，因此可加速奥氏体的形成过程。但若预先经球化处理，使原始组织中渗碳体为球状，因铁素体和渗碳体的相界面减小，则将减慢奥氏体的形成速度。如共析钢在原始组织为淬火马氏体、正火索氏体等非平衡组织时，则等温奥氏体化曲线如图 6-5 所示。每组曲线的左边一条是转变开始线，右边是一条转变终了线，由图可见，奥氏体化最快的是淬火状态的钢，其次是正火状态的钢，最慢的是球化退火状态的钢。这是因为淬火状态的钢在 A_1 点以上升温过程中已经分解为微细粒状珠光体，组织最弥散，相界面最多，有利于奥氏体的形核与长大，所以转变最快。正火状态的细片状珠光体，其相界面也很多，所以转变也快。球化退火态的粒状珠光体，其相界面最少，因此奥氏体化最慢。

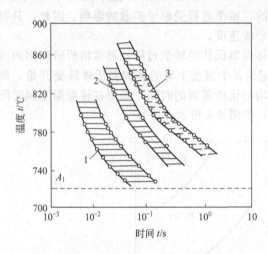

图 6-5　不同原始组织共析钢等温奥氏体形成曲线
1—淬火状态；2—正火状态；3—球化退火状态

（3）化学成分的影响

① 碳的影响　钢中的含碳量越高，奥氏体形成速度越快。这是因为钢中含碳量越高，原始组织中渗碳体数量越多，从而增加了铁素体和渗碳体的相界面，使奥氏体的形核率增大。此外，碳的质量分数增加又使碳在奥氏体中的扩散速度增大，提高了奥氏体长大速度。

② 合金元素的影响　合金元素主要从以下几个方面影响奥氏体的形成速度。首先是合金元素影响碳在奥氏体中的扩散速度。Cr 和 Ni 提高碳在奥氏体中的扩散速度，故加快了奥氏体的形成速度。Si、Al、Mn 等元素对碳在奥氏体中扩散能力影响不大。而 Cr、Mo、W、V 等碳化物形成元素显著降低碳在奥氏体中的扩散速度，故大大减慢奥氏体的形成速度。其次是合金元素改变了钢的临界点和碳在奥氏体中的溶解度，于是就改变了钢的过热度和碳在奥氏体中的扩散度，从而影响奥氏体的形成过程。此外，钢中合金元素在铁素体和碳化物中的分布是不均匀的，在平衡组织中，碳化物形成元素集中在碳化物中，而非碳化物形成元素集中在铁素体中，因此，奥氏体形成后碳和合金元素在奥氏体中的分布是不均匀的。所以在合金钢中除了碳的均匀化之外，还有一个合金元素的均匀化过程，在相同条件下，合金元素在奥氏体中的扩散速度要远比碳小得多，仅为碳的万分之一到千分之一。因此，合金钢的奥氏体均匀化时间要比碳钢长得多。所以在制定合金钢的加热工艺时，与碳钢相比，加热温度要高，保温时间要长。

6.2.1.3　奥氏体晶粒的大小及其影响因素

钢在加热后形成的奥氏体组织，特别是奥氏体晶粒大小对冷却转变后钢的组织和性能有着重要的影响。一般说来，奥氏体晶粒越小，钢热处理后的强度越高，塑性越好，冲击韧性越高，但是奥氏体化温度过高或在高温下保持时间长，将使钢的奥氏体晶粒长大，显著降低钢的冲击韧性、减小裂纹扩展和提高脆性转变温度。此外，晶粒粗大的钢件，淬火变形和开裂倾向增大。尤其当晶粒大小不均时，还显著降低钢的结构强度，引起应力集中，易于产生脆性断裂。因此，在热处理过程中应当十分注意防止奥氏体晶粒粗化。为了获得所期望的合适奥氏体晶粒尺寸，必须弄清楚奥氏体晶粒度的概念，了解影响奥氏体晶粒大小的各种因素以控制奥氏体晶粒大小的方法。

（1）奥氏体的晶粒度　奥氏体晶粒度是衡量晶粒大小的尺度。奥氏体晶粒大小通常以单位面积内晶粒的数目或以每个晶粒的平均面积与平均直径来描述。但是要测定这样的数据很麻烦。实际生产中奥氏体晶粒尺寸通常用与8级晶粒度标准金相图（如图6-6所示）相比较的方法来度量，确定奥氏体晶粒度级别 N。

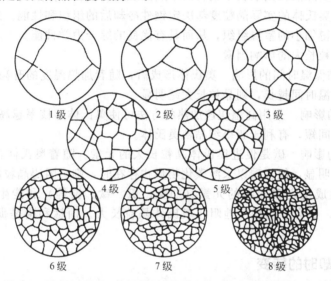

图6-6　8级奥氏体标准晶粒度示意图

晶粒大小按标准晶粒度分为8级，晶粒度级别越大则单位面积内晶粒数越多，表示晶粒尺寸越小。通常1～4级为粗晶粒，5～8级为细晶粒。晶粒大小与晶粒度级别关系如下式：

$$n = 2^{N-1}$$

式中　　n——放大100倍时每 $6.45mm^2$ 视野中所观察到的晶粒数；

　　　　N——晶粒度级别。

在研究奥氏体晶粒度的大小变化时，通常有三种不同晶粒度的概念。

① 起始晶粒度　钢在临界温度以上奥氏体形成刚结束，其晶粒刚刚相互接触时的晶粒大小称为奥氏体的起始晶粒度。

② 本质晶粒度　本质晶粒度表示钢在一定条件下奥氏体晶粒长大的倾向性。为了表征奥氏体晶粒长大倾向，通常采用将钢加热到930℃±10℃，保温3～8h测定其奥氏体晶粒大小。如晶粒度在1～4级，称为本质粗晶粒钢，如晶粒度在5～8级，则称为本质细晶粒钢。

一般钢的热处理加热温度都低于930℃，如果钢在930℃以前奥氏体晶粒没有明显长大，那么在一般热处理条件下也不会出现粗大的奥氏体晶粒，所以该钢的奥氏体晶粒长大倾向小，反之亦然。因此，本质晶粒度只反映钢加热至930℃以前奥氏体晶粒长大的倾向性。碳钢在930℃以下，随温度升高，晶粒不断迅速长大，则称为本质粗晶粒钢；如在930℃以下，随着温度的升高，晶粒长大速度很缓慢，则称为本质细晶粒钢。超过930℃，本质细晶粒钢也可能得到很粗的奥氏体晶粒，甚至比本质粗粒钢还粗。

本质晶粒度是钢的工艺性能之一，对于确定钢的加热工艺有重要参考价值。本质细晶粒钢淬火加热度范围较宽，这种钢可在930℃高温下渗碳后直接淬火，不致引起奥氏体晶粒粗化。而本质粗晶粒钢必须严格控制加热温度，以免引起奥氏体晶粒粗化。

③ 实际晶粒度　所谓实际晶粒度是指钢在某一具体热处理加热条件下所获得的奥氏体晶粒大小。显然，奥氏体的实际晶粒尺寸要比起始晶粒大。而本质粗晶粒钢与本质细晶粒钢也不意味着钢具有粗大晶粒或细小晶粒。实际晶粒度与钢件具体的热处理工艺有关，即奥氏体晶粒完全由其所达到的最高加热温度和在该温度下的保温时间所决定。一般说来，在一定加热速度下，加热温度越高，保温时间越长，得到的实际奥氏体晶粒越粗大。在相同的实际条件下，奥氏体的实际晶粒则取决于钢材的本质晶粒度。钢在加热后的冷却条件并不改变奥氏体晶粒大小，但奥氏体的实际晶粒度却决定钢件冷却后的组织和性能。细小的奥氏体晶粒可使钢在冷却后获得细小的室温组织，从而具有优良的综合力学性能。

(2) 奥氏体晶粒长大的影响因素

① 加热温度和保温时间的影响　奥氏体形成后，随着加热温度的升高，晶粒急剧长大。在一定温度下，保温时间越长，则晶粒长大越明显。

② 加热速度的影响　采用高温快速加热的方法可使奥氏体形核率越高，起始晶粒越细。快速加热，保温时间短，有利于获得细晶粒奥氏体。

③ 钢中成分的影响　碳是促进奥氏体晶粒长大的元素。随着奥氏体含碳量的增加，晶粒长大的倾向也越明显，但当碳以未溶碳化物形式存在时，则会阻碍晶粒的长大。

钢中加入能生成稳定碳化物的元素（如铌、钒、钛、锆等）和能生成氧化物及氮化物的元素（如铝），都会不同程度地阻止奥氏体晶粒长大。而锰和磷是促进奥氏体长大的元素。

6.2.2　钢在冷却时的转变

因为大多数的零构件都是在室温下工作的，所以热处理的最后一个环节通常将加热和保温之后的金属通过一定的方式冷却至室温。那么在钢的加热过程中获得的均匀、细小的奥氏体晶粒只是作为冷却前的组织准备。因为钢的性能最终取决于奥氏体冷却后转变的组织，所以钢从奥氏体状态下的冷却过程则是热处理的关键工序。因此研究不同条件下奥氏体的组织转变规律具有重要的现实意义。

在热处理工艺中，奥氏体化后的冷却方式通常有两种：等温冷却和连续冷却。等温冷却是将已奥氏体化的钢迅速冷却到临界点以下的某一温度进行保温，使其在该温度发生组织转变，这种冷却方式称为等温冷却，如图6-7中曲线1所示。连续冷却是将已奥氏体化的钢，以某种速度连续冷却，使其组织在临界点以下的不同温度上转变，这种冷却方式称为连续冷却，如图6-7中曲线2所示。

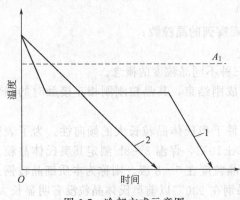

图 6-7　冷却方式示意图
1—等温冷却曲线；2—连续冷却曲线

6.2.2.1 过冷奥氏体的等温冷却转变

所谓"过冷奥氏体"，是指在相变温度 A_1 以下，未发生转变而处于不稳定状态的奥氏体。温度低于 A_1 的差值称为过冷度。过冷奥氏体处于不稳定状态，总是要自发地转变为稳定的新相。过冷奥氏体等温转变曲线是通过试验方法测定的，是研究过冷奥氏体等温转变的重要工具。下面以共析钢为例，分析过冷奥氏体等温转变的规律。

图6-8为共析钢过冷奥氏体等温转变曲线。因曲线呈"C"字形，通常又称"C"曲线。根据英语名称缩写，也称"TTT"曲线。

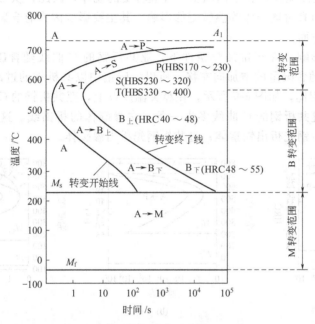

图 6-8　共析钢过冷奥氏体等温转变图

在 C 曲线中，左边的一条曲线为过冷奥氏体等温转变开始线，右边的一条为等温转变终了线。在转变开始线的左方是过冷奥氏体区，在转变终了线的右方是转变产物区，两条曲线之间是转变区，在 C 曲线下部有两条水平线，一条是马氏体转变开始线（以 M_s 表示），一条是马氏体转变终了线（以 M_f 表示）。

由共析钢的 C 曲线可以得出以下结论。

① 在 A_1 温度以上为奥氏体区，处于稳定状态。

② 在 A_1 温度以下，过冷奥氏体在各个温度下的等温转变并非瞬时就开始，而是经过一段"孕育期"（以转变开始线与纵坐标之间的距离表示）。孕育期越长，表示过冷奥氏体就越稳定；反之，就越不稳定。孕育期的长短随过冷度的不同而变化，在靠近 A_1 线处，过冷度较小，孕育期较长。随着过冷度增大，孕育期逐渐缩短。这是由于过冷奥氏体转变速度与形核率和生长速度有关，而形核率和生长速度又取决于过冷度。随着过冷度增大，转变温度降低，奥氏体与珠光体自由能差大，转变速度应当加快。到达约550℃时孕育期最短。随后随温度的降低，孕育期反而增长。其原因是过冷奥氏体的分解是一个扩散过程，随着过冷度增大，原子扩散速度显著减小，形核率和生长速度减小，故过冷度增大又会使转变速度减慢。因此，这两个因素综合作用的结果，导致在鼻温以上随着过冷度增大，转变速度增大，转变过程受新旧两相相变自由能差所控制，鼻温以下，随着过冷度增大，转变速度减慢，转变受原子扩散速度所控制。故而在鼻温附近转变速度达到一个极大值。需要指出，和鼻温附近 C

曲线相切的奥氏体冷却速度，可定义为钢的临界冷却温度。当实际冷却速度小于临界冷却速度时，过冷奥氏体将发生扩散性分解，形成珠光体等类型的组织。钢的临界冷却速度越小，过冷奥氏体越稳定。

③ 对于过冷奥氏体在 A_1 温度以下等温转变，在不同温度范围内，可发生三种不同类型的转变：高温珠光体型转变、中温贝氏体型转变和低温马氏体型转变。

6.2.2.2 影响过冷奥氏体等温转变的因素

C 曲线揭示了过冷奥氏体在不同温度下等温转变的规律，因此，从 C 曲线形状、位置的变化，可反映各种因素对奥氏体等温转变的影响。其主要影响因素有含碳量、合金元素、加热温度和时间几个方面。

(1) 含碳量的影响　在正常加热条件下，亚共析钢的 C 曲线随含碳量的增加向右移，过共析钢的 C 曲线随含碳量的增加向左移，所以，碳钢中以共析钢的过冷奥氏体最为稳定。与共析钢的 C 曲线相比，如图 6-9 所示，在鼻尖温度以上，亚共析钢的 C 曲线多出一条先共析铁素体析出线，过共析钢的 C 曲线多出一条二次渗碳体的析出线。这表明，在发生珠光体转变之前，亚共析钢先析出铁素体；过共析钢先析出渗碳体。

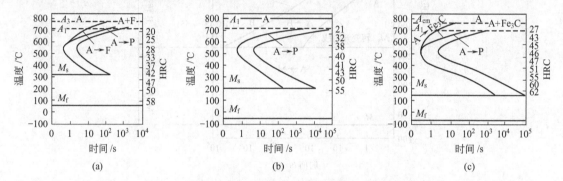

图 6-9　亚共析钢、共析钢及过共析钢的 C 曲线比较
(a) 亚共析钢；(b) 共析钢；(c) 过共析钢

由 Fe-Fe$_3$C 相图可知，在平衡冷却条件下，亚共析钢从奥氏体状态首先转变为铁素体，剩余奥氏体中含碳量不断增加；过共析钢首先析出渗碳体，剩余奥氏体中含碳量则不断降低。当剩余奥氏体中含碳量达到 0.77% 则发生珠光体转变。如果在快速冷却条件下，先共析相铁素体或渗碳体的量是随着冷却速度的加快而减少的，甚至可能消失。这种含碳量不是 0.77% 而形成的完全珠光体组织称为伪珠光体。

在热处理生产中，为了提高低碳钢板的强度，可采用热轧后立即水冷或喷雾冷却的方法减小先共析铁素体数量，增加伪珠光体数量。对于存在网状二次渗碳体的过共析钢，可以采用加快冷却速度的方法（如从奥氏体状态空冷正火）抑制先共析渗碳体的析出，从而消除网状二次渗碳体。

(2) 合金元素的影响　除钴以外，所有融入奥氏体的合金元素都能使过冷奥氏体的稳定性增加，使 C 曲线右移并使 M_s 点降低。当奥氏体中溶入较多碳化物形成元素（铬、钼、钒、钨、钛等）时，不仅 C 曲线的位置会改变，而且曲线的形状也会改变，C 曲线可以出现两个鼻尖。图 6-10 为不同含铬量的合金钢的 C 曲线。

(3) 加热温度和时间的影响　随着奥氏体化的温度提高和保温时间延长，奥氏体成分越均匀，同时晶粒粗大，晶界面积减少。这样，会降低过冷奥氏体转变的形核率，不利于过冷奥氏体的分解，使其稳定性增大，C 曲线右移。因此，应用 C 曲线时，需要注意其奥氏体化

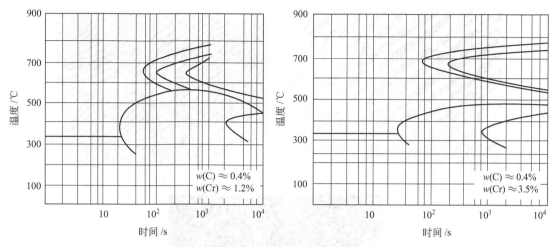

图 6-10　不同含铬量的合金钢的 C 曲线

条件的影响。

6.2.2.3　过冷奥氏体等温转变的组织和性能

（1）珠光体转变　共析钢过冷奥氏体在 C 曲线鼻温至 A_1 线之间较高温度范围内等温停留，将发生珠光体转变，形成含碳量和晶体结构相差悬殊并和母相奥氏体截然不同的两个固态新相：铁素体和渗碳体，因此，奥氏体到珠光体的转变，必然发生碳的重新分布与铁晶格的改组。由于相变在较高温度下发生，铁和碳原子都能够进行扩散，所以珠光体转变是典型的扩散型相变。

根据奥氏体化温度和奥氏体化程度不同，过冷奥氏体可以形成片层状珠光体和粒状珠光体两种组织状态。前者渗碳体呈片层状，后者呈粒状。它们的形成条件、组织和性能均不同。

① 片层状珠光体　在 A_1～550℃温度范围内，奥氏体等温分解为片层状的珠光体组织。其金相形态是铁素体与渗碳体交替排列成片层状。珠光体片层间距随过冷度的增大而减小。按其片层间距的大小，高温转变的产物可分为珠光体、索氏体（细珠光体）和屈氏体（极细珠光体）三种，如图 6-11 所示。实际上这三种组织都是珠光体，没有本质的区别，也没有严格的界限，只是片间距大小不同而已，而引起性能的差异。其硬度、强度与塑性随片层间间距的缩小而增大。

② 粒状珠光体　粒状珠光体是通过渗碳体球化获得的，如图 6-12 所示。当奥氏体化温度较低，形成成分不太均匀的奥氏体时，尤其是原始组织为片状珠光体或片状珠光体加网状二次渗碳体，加热温度略高于 A_1 温度时，便得到奥氏体加未溶渗碳体的组织。随后，缓慢冷却时易于形成粒状珠光体。在粒状珠光体组织中，渗碳体呈颗粒状分布在铁素体基体中。渗碳体颗粒的大小与奥氏体转变的温度有关，当转变温度较低时，渗碳体的颗粒更为细小。可见，渗碳体颗粒大小依奥氏体转变温度而定；而渗碳体的形态则取决于奥氏化的温度。在热处理工艺中常采用球化退火工艺使片层状渗碳体转变为粒状渗碳体。粒状珠光体的性能与渗碳体颗粒粗细有关。渗碳体颗粒越细，相界面越多，则钢的强度和硬度越高。渗碳体呈颗粒时，硬度和强度一般较片层状珠光体低。球状珠光体的硬度和强度较低，但塑性较好。

（2）贝氏体转变　钢在珠光体转变温度以下、马氏体转变温度以上的温度范围内，过冷

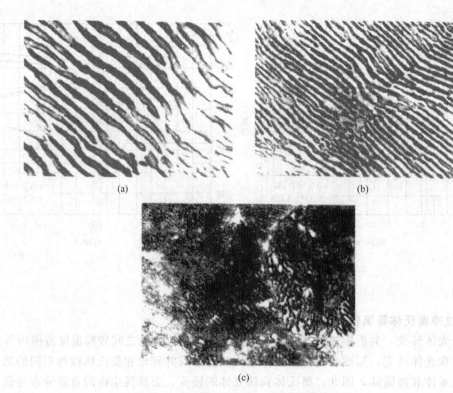

(a)   (b)

(c)

图 6-11　珠光体、索氏体、屈氏体的组织形态
(a) 珠光体；(b) 索氏体；(c) 屈氏体

奥氏体将发生贝氏体转变，又称中温转变。贝氏体转变具有珠光体转变和马氏体转变某些共同的特点，又有某些区别于它们的独特之处。同珠光体转变相似，贝氏体也是由铁素体和碳化物组成的机械混合物，在转变过程中发生碳在铁素体中的扩散。但由于贝氏体的转变温度较低，铁原子扩散困难，所以奥氏体向铁素体的晶格改组是通过切变方式进行的。因此贝氏体转变是半扩散型的转变。

根据组织形态和转变温度的不同，贝氏体一般可分为上贝氏体和下贝氏体两类。

① 上贝氏体　上贝氏体是在 550～350℃温度范围内形成的，其显微组织呈羽毛状，它是由许多成束的铁素体条和断续分布在条间的细小渗碳体组成的，如图 6-13 所示。

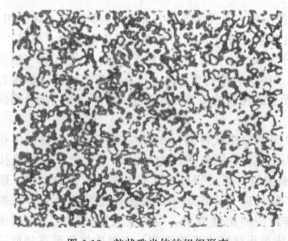

图 6-12　粒状珠光体的组织形态

② 下贝氏体　下贝氏体是在 350℃～M_s 点温度范围内形成的，其显微组织是黑色针叶状，所以它由针叶状铁素体和分布在针叶内的细小渗碳体粒子组成，如图 6-14 所示。

贝氏体的性能主要取决于贝氏体的组织形态，上贝氏体的硬度为 HRC40～45，下贝氏体的硬度为 HRC45～55。二者比较，下贝氏体不仅硬度、强度较高，而且塑性和韧性也较

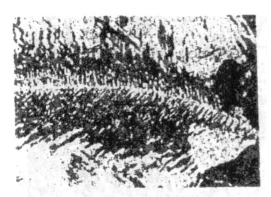

图 6-13　上贝氏体的组织形态

图 6-14　下贝氏体的组织形态

好，具有良好的综合力学性能。因此，在生产中常用等温淬火来获得下贝氏体组织。而上贝氏体虽然硬度较高，但脆性大，生产上很少应用。

(3) 马氏体转变　马氏体转变在低温（M_s 点以下）下进行。由于过冷度很大，奥氏体向马氏体转变时难以进行铁、碳原子的扩散，只发生 γ-Fe 向 α-Fe 的晶格转变，所以称为无扩散型相变。固溶在奥氏体中的碳全部保留在 α-Fe 晶格中，形成碳在 α-Fe 中的过饱和固溶体，称为马氏体。

① 马氏体转变特点　马氏体转变属无扩散型转变，马氏体转变前后的碳浓度没有变化。由于过饱和的碳原子被强制地固溶在体心立方晶格中，所以晶格严重畸变，成为具有一定正方度的体心正方晶格。马氏体含碳量越高，则晶格畸变越严重。α-Fe 的晶格致密度比 γ-Fe 的小，而马氏体是碳在 α-Fe 中的过饱和固溶体，质量、体积更大。因此，当奥氏体向马氏体转变时，体积要增大。含碳量越高，体积增大越多，这是工件淬火时产生淬火内应力、导致工件淬火变形和开裂的主要原因。

马氏体转变速度极快。马氏体随温度的不断降低而增多，一直到 M_f 点为止。马氏体转变一般不能进行到底，总有一部分奥氏体未能转变而残留下来，这部分奥氏体称为残余奥氏体。残余奥氏体的存在有两个原因：一是由于马氏体形成时伴随着体积的膨胀，对尚未转变的奥氏体产生了多向压应力，抑制奥氏体转变；二是因为钢的 M_f 点大多低于室温，在正常淬火冷却条件下，必然存在较多的残余奥氏体。钢中残余奥氏体的数量随 M_f 和 M_s 点的降低而增加。残余奥氏体的存在，不仅降低淬火钢的硬度和耐磨性，而且在工件长期使用过程中，残余奥氏体会继续成为马氏体，使工件尺寸发生变化。因此，生产中对一些高精度工件常采用深冷处理的方法，将淬火钢件冷至低于 0℃ 的某一温度，以减少残余奥氏体量。

② 马氏体的组织和性能　马氏体的组织类型主要与奥氏体的含碳量有关，主要有板条状和片状两种。含碳量较低的钢淬火时几乎全部转变为板条状马氏体组织，而含碳量高的钢转变为片状马氏体组织，含碳量介于中间的钢则转变为两种马氏体的混合组织。应该指出，马氏体形态变化没有严格的含碳量界限。图 6-15、图 6-16 是两种马氏体的显微组织。

板条状马氏体显微组织呈相互平行的细板条束状，束与束之间具有较大的位相差。片状马氏体呈针片状，在正常淬火条件下，马氏体针片十分细小，在光学显微镜下不易分辨其形态。

板条状马氏体不仅具有较高的强度和硬度，而且具有较好的塑性和韧性。片状马氏体的强度、硬度很高，但塑性和韧性较差。表 6-1 为 $w(C)=0.10\%\sim0.25\%$ 的碳钢淬火形成的板条状马氏体与 $w(C)=0.77\%$ 的碳钢淬火形成的片状马氏体的性能比较。

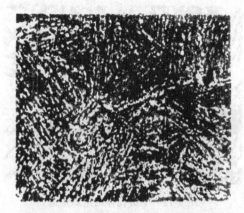

图 6-15　板条状马氏体的显微组织形态

图 6-16　片状马氏体的显微组织形态

表 6-1　板条状马氏体和片状马氏体的性能比较

淬火钢含碳量 $w(C)/\%$	马氏体形态	σ_b/MPa	σ_s/MPa	HRC	$\delta/\%$	$\psi/\%$	$a_K/(J/cm^2)$
0.10～0.25	板条状	1020～1330	820～1330	30～50	9～17	40～65	60～80
0.77	片状	2350	2040	65	约1	30	10

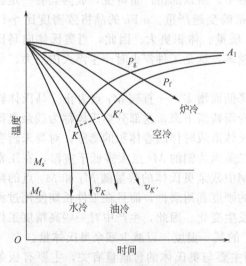

图 6-17　共析钢的连续冷却转变曲线

马氏体的硬度主要取决于含碳量。$w(C)<0.60\%$时，随含碳量的增加，马氏体硬度升高，但当 $w(C)>0.60\%$ 后，硬度升高不明显。马氏体的塑性和韧性与其含碳量及形态有着密切的关系。低碳板条状马氏体具有强韧性，在生产中得到了广泛的应用。

6.2.2.4　过冷奥氏体的连续冷却转变

在实际生产中，过冷奥氏体一般都是在连续冷却过程中进行的。因此，需要应用钢的连续冷却转变曲线（CCT 曲线）了解过冷奥氏体连续冷却转变的规律。对于确定热处理工艺和选材具有重要意义。CCT 曲线也是通过实验方法测定的。

图 6-17 是共析钢的连续冷却转变曲线，图中 P_s 线为珠光体的转变开始线，P_f 线为珠光体的转变终了线，KK' 线为珠光体转变的终止线。当实际冷却速度小于 $v_{K'}$ 时，只发生珠光体转变；当实际冷却速度大于 v_K 时，则只发生马氏体转变；当冷却速度介于两者之间，冷却曲线与 K 线相交时，有一部分奥氏体已转变为珠光体，珠光体转变终止，剩余的奥氏体在冷至 M_s 点以下时发生马氏体转变。图中的 v_K 为马氏体转变的临界冷却速度，又称上临界冷却速度，是钢在淬火时为得到马氏体转变所需的最小冷却速度；v_K 越小，钢在淬火时越容易获得马氏体组织。$v_{K'}$ 为下临界冷却速度，是保证奥氏体全部转变为珠光体的最大冷却速度；$v_{K'}$ 越小，则退火所需时间越长。

6.3 钢的热处理工艺

6.3.1 钢的退火和正火

退火和正火是生产中应用很广泛的预备热处理工艺。对于一些受力不大、性能要求不高的机器零件，也可以做最终热处理。铸件退火或正火通常就是最终热处理。

6.3.1.1 钢的退火目的及工艺

所谓退火是将钢加热到适当的温度，保温一定时间，然后缓慢冷却，以获得接近平衡状态组织的热处理工艺。

钢的退火工艺种类很多，根据工艺特点和目的不同，可分为：完全退火、不完全退火、等温退火、球化退火、扩散退火、再结晶退火及去应力退火等。正火可以看做是退火的一种特殊形式。正火与各种退火方法的加热温度与 Fe-Fe₃C 相图的关系如图 6-18 所示。

（1）完全退火　完全退火是将钢加热到 A_{c3} 温度以上 20～30℃，保温一定的时间，使组织完全奥氏体化后缓慢冷却（随炉或埋在砂中、石灰中冷却）至 500℃ 以下，再在空气中冷却，以获得接近平衡组织的热处理工艺。

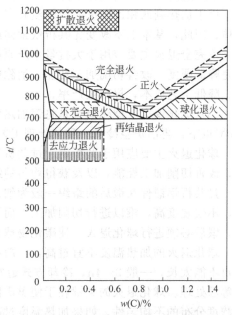

图 6-18　退火、正火加热温度示意图

完全退火的目的是为了细化晶粒、均匀组织、消除内应力和热加工缺陷、降低硬度、改善切削加工性能和冷塑性变形性能，或作为某些重要零件的预备热处理。

在中碳结构钢铸件和锻、轧件中，常见的缺陷组织有魏氏组织、晶粒粗大的过热组织和带状组织等。特别是在焊接工件中焊缝处的组织也不均匀，并且热影响区具有过热组织和魏氏组织，存在很大的内应力。这些组织使钢的性能变坏。经过完全退火后，组织发生重结晶，使晶粒细化，组织均匀，魏氏组织及带状组织基本消除。

对于锻、轧件，完全退火工序一般安排在工件热锻、热轧之后，切削加工之前进行；对于焊接件和铸钢件，一般安排在焊接、浇铸后（或扩散退火后）进行。

退火保温时间不仅取决于工件热透（即工件心部达到所要求的温度）所需要的时间，而且还取决于组织转变所需要的时间。完全退火保温时间与钢材的化学成分、工件的形状和尺寸、加热设备类型、装炉量以及装炉方式等因素有关。通常加热时间以工件的有效厚度来计算。一般碳素钢或低合金钢工件，当装炉量不大时，在箱式炉中的保温时间可按下式计算：

$$t = KD$$

式中　t——保温时间，min；

　　　D——工件有效厚度，mm；

　　　K——加热系数，一般 K 取 1.5～2.0min/mm。

若装炉量过大，则根据情况延长保温时间。对于亚共析钢锻、轧件，一般可用下列经验公式计算保温时间（单位为 h）：

$$t=(3\sim4)+(0.2\sim0.5)Q$$

式中　Q——装炉量，t。

退火后的冷却速度应缓慢，以保证奥氏体在 A_{r1} 温度以下不大的过冷条件下进行珠光体转变，避免硬度过高。一般碳钢的冷却速度应小于 200℃/h，低合金钢的冷却速度应为 100℃/h，高合金钢的冷却速度更小，一般为 50℃/h。出炉温度在 600℃ 以下。

（2）不完全退火　不完全退火是将钢加热至 $A_{c1}\sim A_{c3}$（亚共析钢）或 $A_{c1}\sim A_{ccm}$（过共析钢）之间，保温后缓慢冷却，以获得接近平衡组织的热处理工艺。

由于加热到两相区温度，组织没有完全奥氏体化，仅使珠光体发生相变重结晶转变为奥氏体，因此，基本上不改变先共析铁素体或渗碳体的形态及分布。

不完全退火主要应用于大批量生产原始组织中铁素体均匀、细小的亚共析钢的锻件。目的是降低硬度，改善切削加工性能，消除内应力。优点是加热温度比完全退火低，消耗热能少，降低工艺成本，提高生产率。

（3）球化退火　球化退火是将钢加热到 A_{c1} 以上 20～30℃，保温一定时间后随炉缓冷到 600℃ 以下，再出炉空冷的一种热处理工艺。

球化退火主要应用于共析钢、过共析钢和合金工具钢。其目的是使渗碳体球化，降低硬度，改善切削加工性能，以及获得均匀的组织，为以后的淬火作组织准备。

过共析钢锻件在锻后的组织一般为细片状珠光体，如果锻后冷却不当，还存在网状渗碳体，不仅硬度高，难以进行切削加工，而且增大钢的脆性，淬火时容易产生变形或开裂。因此，锻后必须进行球化退火，使碳化物球化，获得粒状珠光体组织。

球化退火的加热温度不宜过高，一般在 A_{c1} 温度以上 20～30℃，采用随炉加热。保温时间也不能太长，一般 2～4h。冷却方式通常采用炉冷，或在 A_{r1} 以下 20℃ 左右进行较长时间的等温处理。球化退火的关键在于使奥氏体中保留大量未溶的碳化物质点，并造成奥氏体中碳浓度分布的不均匀性。如果加热温度过高或保温时间过长，则使大部分碳化物溶解，并形成均匀的奥氏体，在随后冷却时球化核心减少，使球化不完全。渗碳体颗粒大小取决于冷却速度或等温温度，冷却速度快或等温温度低，珠光体在较低温度下形成，碳化物聚集作用小，容易形成片状碳化物，从而使硬度偏高。

常用的球化退火工艺主要有以下三种，如图 6-19 所示。

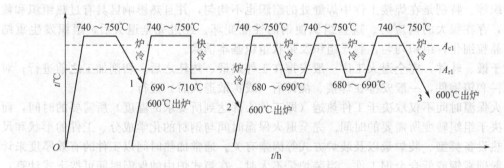

图 6-19　碳素工具钢的几种球化退火工艺
1——一次球化退火；2—等温球化退火；3—往复球化退火

① 一次球化退火　一次球化退火的工艺曲线如图 6-19 中曲线 1 所示。将钢加热到 A_{c1} 以上 20～30℃，保温一定时间后，缓慢冷却（20～60℃/h），待炉温降至 600℃ 以下出炉空冷。

② 等温球化退火　等温球化退火的工艺曲线如图 6-19 中曲线 2 所示。将钢加热到 A_{c1}

以上 20～30℃，保温 2～4h 后，快冷至 A_{r1} 以下 20℃左右，等温 3～6h，再随炉降至 600℃以下出炉空冷。等温球化退火工艺是目前生产中广泛应用的球化退火工艺。

③ 往复球化退火 往复球化退火的工艺曲线如图 6-19 中曲线 3 所示。将钢加热至略高于 A_{c1} 的温度，保温一定时间后，随炉冷至略低于 A_{r1} 的温度等温处理。如此多次反复加热和冷却，最后冷至室温，以获得球化效应更好的粒状珠光体组织。这种工艺特别适用于前两种工艺难于球化的钢种，但在操作和控制上比较烦琐。

球化退火前，钢的原始组织中，如果有严重的网状渗碳体存在时，应该事先进行正火，消除网状渗碳体，然后再进行球化退火。

(4) 等温退火 等温退火是将钢件加热到 A_{c3} 或 A_{c1} 以上温度，保温一定时间后，较快地冷却到稍低于 A_{r1} 的某一温度进行等温转变，使奥氏体转变为珠光体后再空冷的工艺方法。

等温退火主要用于 C 曲线的位置远离坐标纵轴的合金钢。其目的与完全退火相同。等温温度和时间则应根据对钢性能的要求，利用该钢种的 C 曲线来确定。等温退火与完全退火相比，不仅极大地缩短了退火时间，而且由于工件内外是在同一温度下进行的组织转变，所以组织与性能较为均匀。

(5) 扩散退火 扩散退火是将钢加热到略低于固相线温度（A_{c3} 或 A_{ccm} 以上 150～300℃），长时间保温（10～15h），然后随炉缓冷的热处理工艺。高温下原子的扩散作用，使钢的化学成分和组织均匀化，因此又称为均匀化退火。

扩散退火温度高、时间长，因此能耗高，易使晶粒粗大。为了细化晶粒，扩散退火后应进行完全退火或正火。这种工艺主要用于质量要求高的合金钢铸锭、铸件或锻坯。

(6) 去应力退火和再结晶退火 去应力退火又称低温退火，是将钢加热到 A_{c1} 以下某一温度（一般为 500～600℃），保温一定时间，然后随炉冷却至 200℃以下出炉空冷的退火工艺。去应力退火过程中不发生组织的转变，目的是为了消除铸、锻、焊件和冷冲压件的残余应力。

再结晶退火主要用于处理冷变形钢。将经过冷变形的钢件加热到再结晶温度以上 150～250℃，保温适当时间后缓慢冷却，使冷变形后被拉长、破碎的晶粒重新形核、长大成均匀的等轴晶粒，从而消除加工硬化和残余应力。

6.3.1.2 钢的正火目的及工艺

正火是将钢加热到 A_{c3} 或 A_{ccm} 以上 30～50℃，保温适当时间后，在静止的空气中冷却的热处理工艺，正火工艺的主要特点是完全奥氏体化和空冷。与退火相比，正火的冷却速度稍快，过冷度较大。因此，正火组织中先共析相的量较少，组织较细，其强度、硬度比退火高一些。

正火保温时间和完全退火相同，应以工件烧透，即心部达到要求的加热温度为准，还应考虑钢材成分、原始组织、装炉量和加热设备等因素。通常根据具体工件尺寸和经验数据加以确定。

正火冷却方式最常用的是将钢件从加热炉中取出并在空气中自然冷却。对于大件也可采用吹风、喷雾和调节钢件堆放距离等方法控制钢件的冷却速度，达到要求的组织和性能。

正火工艺是较简单、经济的热处理方法，主要用于以下几个方面。

① 改善钢的切削加工性能。$w(C) < 0.25\%$ 的碳素钢和低合金钢，退火后硬度较低，切削加工时易于"粘刀"，通过正火处理，可以减少铁素体，获得细片状珠光体，使硬度提高至 140～190HB，可以改善钢的切削加工性，提高刀具的寿命和工件的表面光洁程度。

② 消除热加工缺陷。中碳结构钢件、锻轧件以及焊接件在热加工后易于出现魏氏组织、粗大晶粒等过热缺陷和带状组织。通过正火处理可以消除这些组织缺陷，达到细化晶粒、均匀组织、消除内应力的目的。

③ 消除过共析钢的网状碳化物，便于球化退火。过共析钢在淬火之前要进行球化退火，以便于机械加工并为淬火做好组织准备。但过共析钢中存在严重网状碳化物时，将达不到良好的球化效果。通过正火处理可以消除网状碳化物。为此，正火加热时要保证碳化物全部溶入奥氏体中，需采用较快的冷却速度抑制二次碳化物的析出，获得伪共析组织。

④ 提高普通结构零件的力学性能。一些受力不大、性能要求不高的碳钢和合金钢零件采用正火处理，能达到一定的综合力学性能，可以代替调质处理，作为零件的最终热处理。

正火适用于中、高碳钢和中、低合金钢的热处理。它可以作为中碳钢和低合金结构钢淬火前的预先热处理，或者作为要求不高的普通结构件的最终热处理。

6.3.1.3 退火工艺与正火工艺选择

生产上退火和正火工艺的选择应当根据钢种，冷热加工工艺，零件的使用性能及经济性综合考虑。

$w(C)<0.25\%$ 的低碳钢，通常采用正火代替退火。因为较快的冷却速度可以防止低碳钢沿晶界析出游离二次渗碳体，从而提高冲压件的冷变形性能，用正火可以提高钢的硬度，改善低碳钢的切削加工性能，在没有其他热处理工序时，用正火可以细化晶粒，提高低碳钢强度。

$w(C)=0.25\%\sim0.5\%$ 的中碳钢也用正火代替退火，虽然接近上限含碳量的中碳钢正火后硬度偏高，但尚能进行切削加工，而且正火成本低，生产率高。

$w(C)=0.5\%\sim0.75\%$ 的高碳钢或工具钢，因含碳量较高，正火后的硬度显著高于退火的情况，难以进行切削加工，故一般采用完全退火，降低硬度，改善切削加工性。

$w(C)>0.75\%$ 的高碳钢或工具钢一般采用球化退火作为预备热处理。如有网状二次渗碳体存在，则应先进行正火消除。

随着钢中碳和合金元素的增多，过冷奥氏体稳定性增加，C 曲线右移。因此，一些中碳钢及中碳合金钢正火后硬度偏高，不利于切削加工，应当采用完全退火。尤其是含较多合金元素的钢，过冷奥氏体特别稳定，甚至在缓慢冷却条件下也能得到马氏体和贝氏体组织。因此应当采用高温回火来消除应力，降低硬度，改善切削加工性能。

此外，从使用性能考虑，如钢件或零件受力不大，性能要求不高，不必进行淬、回火，可用正火提高钢的力学性能，作为最终热处理。从经济原则考虑，由于正火比退火生产周期短，操作简便，工艺成本低。因此，在钢的使用性能和工艺性能满足要求的条件下，应尽可能用正火代替退火。

6.3.2 钢的淬火

将钢加热到 A_{c1} 或 A_{c3} 以上，保温一定时间后，以大于临界冷却速度 v_K 的冷却速度冷却，获得马氏体或贝氏体组织的热处理工艺称为淬火。淬火是强化钢的最有效手段之一。

6.3.2.1 淬火工艺的选择

（1）淬火加热温度的选择　钢的淬火温度主要根据钢的相变临界点来确定。一般情况下，亚共析钢的淬火加热温度为 A_{c3} 以上 $30\sim50℃$；共析钢和过共析钢的淬火温度为 A_{c1} 以上 $30\sim50℃$。碳钢淬火的加热温度范围如图 6-20 所示。在这样的温度范围内加热，奥氏体晶粒不会显著长大，并溶有足够的碳。淬火后可以得到细晶粒、高强度和高硬度的马氏体组织。

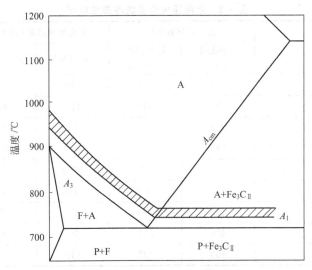

图 6-20　碳钢淬火的加热温度范围

亚共析钢加热到 A_{c3} 以下时，淬火组织中会出现自由铁素体，使钢的硬度降低。过共析钢加热到 A_{c1} 以上时，有少量的二次渗碳体未溶到奥氏体中，这有利于提高钢的硬度和耐磨性。而且，适当控制奥氏体中的含碳量，还可以控制马氏体的形态，从而降低马氏体的脆性，并减少淬火后的残余奥氏体量。

淬火温度太高时，形成粗大的马氏体，使力学性能恶化，同时也增加淬火应力，使变形和开裂的倾向增大。

对于含有阻碍奥氏体晶粒长大的强碳化物形成元素（如钛、锆、铌等）的合金钢，淬火加热温度可以高一些，以加速其碳化物的溶解，获得较好的淬火效果。而对于含促进奥氏体长大元素（如锰）等较多的合金钢，淬火加热温度则应低一些，以防晶粒长大。

（2）加热时间的确定　加热时间包括加热钢件所需的升温时间和保温时间。通常把钢件入炉后，炉温升至淬火温度的时间作为升温时间，并以此作为保温时间的开始；保温阶段是指钢件热透并完成奥氏体化所需的时间。

加热时间受钢的化学成分、工件尺寸、形状、装炉量、加热类型、炉温和加热介质等因素的影响，可根据热处理手册中介绍的经验公式来估算，也可由实验来确定。

（3）淬火冷却介质选择　冷却是淬火的关键工序，既要保证淬火钢件获得马氏体组织，又要保证钢件不开裂和尽量减小变形。因此，选择适宜的冷却方式非常关键。理想的淬火冷却曲线如图 6-21 所示。由图可见，在 C 曲线"鼻尖"附近快速冷却，使冷却曲线避开 C 曲线"鼻尖"，就可以获得马氏体组织。而在"鼻尖"以上及以下温度范围可以放慢冷却速度，以减小热应力。但是迄今为止，还没有完全满足理想冷却速度的冷却介质。最常用的冷却介质有水、盐水、碱水和油等，如表 6-2 所示。

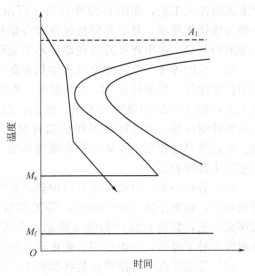

图 6-21　淬火时的理想冷却曲线示意图

表 6-2　常用淬火介质的冷却性能图

淬火介质	最大冷却速度[1]		平均冷却速度[1]/(℃/s)		备注
	所在温度/℃	冷却速度/(℃/s)	650～550℃	300～200℃	
静止自来水,20℃	340	775	135	450	冷却速度由$\phi 20mm$ 银球所测
静止自来水,40℃	285	545	110	410	
静止自来水,60℃	220	275	80	185	
10%NaCl 水溶液,20℃	580	2000	1900	1000	
10%NaOH 水溶液,20℃	560	2830	2750	775	
15%Na_2CO_3 水溶液,20℃	430	1640	1140	820	
10 号机油,20℃	430	230	60	65	
10 号机油,80℃	430	230	70	55	
3 号锭子油,20℃	500	120	190	50	

① 各冷却速度值均系根据有关冷却速度特性曲线估算的。

　　水是最廉价而冷却能力又强的一种冷却介质。但水淬时工件表面易形成蒸汽膜,降低冷却速度,淬火变形和开裂倾向较大,它仅适用于形状简单、尺寸不大的碳钢淬火。

　　油也是一种常用的淬火冷却介质。目前主要采用矿物油,如机油、柴油等。它的主要优点是在低温区的冷却速度比水小很多。从而可以显著降低淬火工件的应力,减小工件变形和开裂倾向。缺点是在高温区的冷却速度也比较小。所以,它适用于过冷奥氏体比较稳定的合金钢淬火。

　　此外,还有盐水、碱水、聚乙烯醇水溶液等冷却介质,它们的冷却能力介于水和油之间,适用于油淬不硬而水淬开裂的碳钢淬火。

6.3.2.2　常用的淬火方法

　　为了取得满意的淬火效果,除选择适当的淬火介质外,还要选择正确的淬火方法,常用的淬火方法有以下几种。

　　(1) 单液淬火　单液淬火是将加热至奥氏体状态的工件淬入到一种淬火介质中连续冷却至室温的淬火工艺,如图 6-22 中曲线 1 所示。例如,碳钢在水中淬火,合金钢在油中淬火。这种方法操作简单,易于实现机械化和自动化,不足之处是易产生淬火缺陷。水中淬火易出现变形和开裂,油中淬火易出现硬度不足或硬度不均匀等现象。

　　(2) 双液淬火　双液淬火是将加热至奥氏体状态的工件先淬入到一种冷却能力较强的介质中快速冷却,冷至接近 M_s 点温度时,然后再淬入冷却能力较弱的另一种介质中冷却的淬火工艺,如图 6-22 中曲线 2 所示。例如,形状复杂的碳钢工件采用水淬油冷,合金钢工件采用油淬空冷等。双液淬火可使低温转变时的内应力减少,从而有效防止工件的变形与开裂。能否准确地控制工件从一种介质转到第二种介质时的温度,是双介质淬火的关键,需要一定的实践经验。

　　(3) 分级淬火　分级淬火是将加热至奥氏体状态的工件先淬入温度稍高于 M_s 点的盐浴或碱浴中,稍加停留 (2～5min),等工件整体温度趋于均匀时,再取出空冷以获得马氏体的淬火工艺,如图 6-22 中曲线 3 所示。分级淬火能有效地避免变形和裂纹的产生,而且比双液淬火易于操作,一般适用于处理形状较复杂、尺寸较小的工件。

　　(4) 等温淬火　等温淬火是将加热至奥氏体状态的工件淬入稍高于 M_s 点温度的盐浴或碱浴中保温足够的时间,使其发生下贝氏体组织转变后取出空冷的淬火方法,如图 6-22 中曲线 4 所示。等温淬火的内应力很小，工件不易变形与开裂，而且具有良好的综合力学性能。等温淬火常用于处理形状复杂、尺寸要求精确并且硬度和韧性都要求较高的工件，如各种冷、热冲模，成型刃具和弹簧等。

（5）局部淬火　如果有些工件按其工作条件只是要求局部高硬度，则可进行局部加热淬火或整体加热局部淬火，以避免工件其他部分产生变形和裂纹。

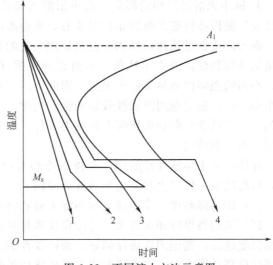

图 6-22　不同淬火方法示意图
1—单液淬火；2—双液淬火；3—分级淬火；4—等温淬火

6.3.2.3　钢的淬透性与淬硬性

对钢进行淬火希望得到马氏体组织，但一定尺寸和化学成分的钢件在某种介质中淬火能否得到全部的马氏体则取决于钢的淬透性。淬透性是钢的重要工艺性能，也是选材和制定热处理工艺的重要依据之一。

（1）钢的淬透性

① 钢的淬透性定义　钢的淬透性是指奥氏体化后的钢淬火获得马氏体的能力，其大小用钢在一定条件下淬火获得淬透层的深度表示。一定尺寸的工件在某介质中淬火，其淬透层的深度与工件截面各点的冷却速度有关。如果工件截面中心的冷却速度高于钢的临界淬火速度，工件就会淬透。然而工件淬火时表面冷却速度最大，心部冷却速度最小，由表面至心部冷却速度逐渐降低。只有冷却速度大于临界淬火速度的工件外层部分才能得到马氏体，这就是工件的淬透层，而冷却速度小于临界淬火速度的心部只能获得非马氏体组织，这就是工件的未淬透区。

② 淬透层深度的测定　因为实际工件淬火后从表面至心部马氏体数量是逐渐减少的，从金相组织上看，淬透层和未淬透区并无明显的界限，淬火组织中混入少量非马氏体组织，其硬度值也无明显变化。因此，金相检验和硬度测量都比较困难。当淬火组织中马氏体和非马氏体组织各占一半，即所谓半马氏体区时，显微观察极为方便，硬度变化最为剧烈。为测试方便，通常采用从淬火工件表面至半马氏体区距离作为淬透层的深度。半马氏体区的硬度称为测定淬透层深度的临界硬度。研究表明，钢的半马氏体的硬度主要取决于奥氏体中的含碳量，而与合金元素的含量关系不大。这样，根据不同含碳量钢的半马氏体区硬度，利用测定的淬火工件界面上硬度的分布曲线，即可方便地测定淬透层深度。

③ 影响淬透性的主要因素及应用　钢的淬透性主要取决于钢的临界冷却速度。钢的临界冷却速度越小，即奥氏体越稳定，则钢的淬透性越好。因此，凡是提高奥氏体稳定性的因素，都能提高钢的淬透性。

a. 合金元素的影响　除钴以外的大多数合金元素溶于奥氏体后，均使 C 曲线右移，降低临界冷却速度，提高钢的淬透性。

b. 含碳量的影响　亚共析钢随含碳量的增加，临界冷却速度降低，淬透性提高；过共析钢随含碳量的增加，临界冷却速度增高，淬透性下降。

c. 奥氏体化温度的影响　提高奥氏体化温度将使奥氏体晶粒长大，成分均匀，从而降低珠光体的形核率，降低钢的临界冷却速度，提高钢的淬透性。

d. 钢中未溶第二相的影响　钢中未溶入奥氏体的碳化物、氮化物及其他非金属夹杂物可以成为奥氏体转变产物的非自发核心，使临界冷却速度增大，降低淬透性。

钢的淬透性是选择材料和确定热处理工艺的重要依据。若工件淬透了，经回火后，由表及里均可得到较高的力学性能，从而充分发挥材料的潜力；反之，若工件没淬透，经回火后，心部的强韧性则显著低于表面。因此，对于承受较大负荷（特别是受拉、压、剪切力）的结构零件，都应选用淬透性较好的钢。当然，并非所有的结构零件均要求表里性能一致。例如，对于承受弯曲和扭转应力的轴类零件，由于表层承受应力大，心部承受应力小，故可选用淬透性低的钢。

此外，对于淬透性好的钢，在淬火冷却时可采用比较缓和的淬火介质，以减小淬火应力，从而减少工件淬火时的变形和开裂倾向。

（2）钢的淬硬性　淬透性表示钢淬火时获得马氏体的能力，它反映钢的过冷奥氏体稳定性，即与钢的临界冷却度有关。过冷奥氏体越稳定，临界淬火速度越小，钢在一定条件下淬透层深度越深，则钢的淬透性越好。而淬硬性表示钢淬火时的硬化能力，用淬成马氏体可能得到的最高硬度表示，它主要取决于马氏体中的含碳量。马氏体中含碳量越高，钢的淬硬性越高。显然，淬透性和淬硬性并无必然联系，例如高碳工具钢的淬硬性高，但淬透性很低；而低碳合金钢的淬硬性不高，但淬透性却很好。

实际工件在具体淬火条件下的淬透层与淬透性不同。淬透性是钢的一种属性，相同奥氏体化温度下的同一种钢，其淬透性是确定不变的。其大小用规定条件下的淬透层深度表示。而实际工件的淬透层深度是指具体条件下测定的马氏体区至工件表面的深度，它与钢的淬透性、工件尺寸及淬火介质的冷却能力等许多因素有关。例如，同一种钢种在相同介质中淬火，小件比大件的淬透层深；一定尺寸的同一钢种，水淬比油淬的淬透层深；工件的体积越小，表面积越小，则冷却速度越快，淬透层越深。决不能说，同一种钢种水淬时比油淬时的淬透性好，小件淬火时比大件淬火时淬透性好。淬透性是不随工件形状、尺寸和介质冷却能力而变化的。

6.3.2.4　常见的淬火缺陷及预防

在热处理生产中，由于淬火工艺不当，常会产生下列缺陷。

（1）过热和过烧　钢在淬火加热时，由于加热温度过高或高温下降停留时间过长而发生奥氏体晶粒显著粗大的现象，称为过热。当加热温度达到固相线附近时，使晶界氧化并部分熔化的现象称为过烧。工件加热后，晶粒粗大，不仅降低了钢的力学性能（尤其是韧性），而且也容易引起变形和开裂。过热可以用正火处理予以纠正，而过烧后的工件只能报废。为了防止工件的过热和过烧，必须严格控制加热温度和保温时间。

（2）氧化与脱碳　钢在加热时，炉内氧化气氛与钢材料表面的铁或碳相互作用，引起氧化脱碳。氧化不仅造成金属的损耗，还影响工件的承载能力和表面质量等。脱碳会降低工件表层的强度、硬度和疲劳强度，对于弹簧、轴承和各种工具、模具等，脱碳是严重的缺陷。为了防止氧化和脱碳，重要受力零件和精密零件通常应在盐浴炉内加热。要求更高时，可在工件表面涂覆保护剂或在保护气氛及真空中加热。

（3）应力、变形与开裂　工件在淬火过程中会发生形状和尺寸的变化，有时甚至要产生淬火裂纹。工件变形或开裂的原因是由于淬火过程中在工件内产生的内应力造成的。

淬火应力主要有热应力和组织应力两种。工件最终变形或开裂是这两种应力综合作用的结果。当淬火应力超过材料的屈服极限时，就会产生塑性变形，当淬火应力超过材料的强度极限时，工件则发生开裂。

工件加热或冷却时由于内外温度差异导致热胀冷缩不一致而产生的内应力叫做热应力。热应力是由于快速冷却工件表面温差造成的。因此，冷却速度越大，截面温差越大，则热应力越大。在相同冷却介质条件下，工作加热温度越高、截面尺寸越大、钢材热导率和膨胀系数越大，工件内外温差越大，则热应力越大。

工件在冷却过程中，由于内外温差造成组织转变不同时，引起内外质量、体积不同变化而产生的内应力叫做组织应力。如前所述，钢中各种组织的质量、体积是不同的，从奥氏体、珠光体、贝氏体到马氏体，质量、体积逐渐增大。奥氏体质量、体积最小，马氏体质量、体积最大。因此，钢淬火时由奥氏体转变为马氏体将造成显著的体积膨胀。零件从 M_s 点快速冷却的淬火初期，其表面首先冷却到 M_s 点以下发生马氏体转变，体积要膨胀，而此时心部仍为奥氏体，体积不发生变化。因此心部阻止表面体积膨胀使零件表面处于压应力状态，而心部则处于拉应力状态。继续冷却时，零件表面马氏体转变基本结束，体积不再膨胀，而心部温度才下降到 M_s 点以下，开始发生马氏体转变，心部体积要膨胀，此时表面已形成一层硬壳，心部体积膨胀将使表面受拉应力，而心部受压应力。可见，组织应力引起的残余应力与热力正好相反，表面为拉应力、心部为压应力。组织应力大小与钢的化学成分、冶金质量、钢件尺寸、钢的导热性及在马氏体温度范围的冷却速度和钢的淬透性等因素有关。

淬火内应力是造成工件变形和开裂的原因。对变形量小的工件采取某些措施予以矫正，而变形量太大或开裂的工件只能报废，为了防止变形或开裂的产生，可采用不同的淬火方法（如分级淬火或等温淬火等）或在设计上采取一些措施（如结构对称、截面积均匀、避免尖角等）。

（4）硬度不足与软点　钢件淬火硬化后，表面硬度偏低的局部小区域称为软点，淬火工件的整体硬度都低于淬火要求的硬度时称为硬度不足。

产生硬度不足或软点的原因有：淬火加热温度过低、淬火介质的冷却能力不够、钢件表面氧化脱碳等。一般情况下，可以采用重新淬火来消除。但在重新淬火前要进行一次退火或正火处理。

6.3.3　钢的回火

回火是紧接淬火以后的一道热处理工艺，大多数淬火钢件都要进行回火。它是将淬火钢再加热到 A_{c1} 以下某一温度，保温一定时间，然后冷却到室温的热处理工艺。

回火的目的是为了稳定组织，减小或消除淬火应力，提高钢的塑性和韧性，获得强度、硬度和塑性、韧性的适当配合，以满足不同的使用性能要求。

6.3.3.1　回火时的组织转变

淬火钢获得的组织处于不稳定状态，具有向稳定状态转变的自发倾向，回火加热加速了这种自发转变过程。根据组织变化，这一过程可分为四个阶段。

① 马氏体分解（200℃以下）。在加热温度为 100～200℃范围时，马氏体发生分解，过饱和的碳原子以 ε 碳化物形式析出，使马氏体过饱和度降低。弥散度极高的 ε 碳化物呈网状分布在马氏体基体上，这种组织称回火马氏体。此阶段内应力减小，韧性明显提高，硬度变化不大。

② 残余奥氏体分解（200～300℃）。随着加热回火温度的升高，马氏体的分解，降低了对残余奥氏体的压应力。在 200～300℃时残余奥氏体发生分解，转变为下贝氏体，使硬度升高，抵偿了马氏体分解造成的硬度下降，所以，此阶段钢的硬度未明显降低。

③ 渗碳体形成（250～400℃）。马氏体和残余奥氏体继续分解，直至过饱和碳原子全部

析出，同时，ε 碳化物逐渐转变为极细的稳定的渗碳体（Fe$_3$C）。这个阶段直到 400℃ 时全部完成，形成针状铁素体和细球状渗碳体组成的混合组织，这种组织称为回火屈氏体。此时内应力基本消除，硬度随之降低。

④ 渗碳体聚集长大和铁素体再结晶（400～650℃）。温度继续升高到 400℃ 以上时，铁素体发生回复与再结晶，由针片状转变为多边形；与此同时，渗碳体颗粒也不断聚集长大并球化。这时的组织由多边形铁素体和球化渗碳体组成，称回火索氏体。这种组织的强度、塑性和韧性较好。

6.3.3.2 回火工艺

制定回火工艺时，根据钢的化学成分、工件的性能要求以及工件淬火后的组织和硬度来正确选择回火温度、保温时间、回火后的冷却方式等工艺参数，以保证工件回火后能获得所需要的组织和性能。

决定工件回火后的组织和性能最重要因素是回火温度。根据回火温度高低可分为低温回火、中温回火和高温回火。

（1）低温回火　低温回火温度范围一般为 150～250℃。低温回火钢大部分是淬火高碳钢和淬火高合金钢。经低温回火后得到隐晶马氏体加细粒状碳化物组织，即回火马氏体，具有很高的强度、硬度和耐磨性，同时显著降低了钢的淬火应力和脆性。在生产中低温回火主要用于各种工具、滚动轴承、渗碳件、表面淬火工件等。

（2）中温回火　中温回火温度一般为 350～500℃。回火组织为回火屈氏体。中温回火后工件的内应力基本消除，具有高的弹性极限、较高的强度和硬度、良好的塑性和韧性。中温回火主要用于各种弹簧零件及模具等。

（3）高温回火　高温回火温度为 500～650℃，习惯上将淬火和随后的高温回火相结合的热处理工艺称为调质处理。高温回火的组织为回火索氏体。高温回火后钢具有强度、塑性和韧性都较好的综合力学性能，广泛用于中碳结构钢和低合金结构钢制造的各种重要结构零件，如各种轴、齿轮、连杆、高强度螺栓等。

除上述三种回火方法之外，某些不能通过退火来软化的高合金钢，可以在 600～680℃ 进行软化回火。

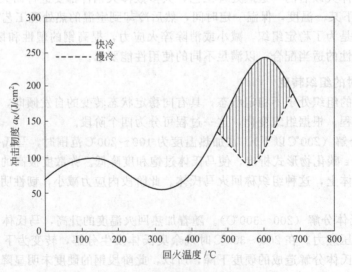

图 6-23　钢的冲击韧度与回火温度的关系

6.3.3.3 回火脆性

钢的冲击韧度随回火温度升高的变化规律如图6-23所示。由图看出，在250～400℃和450～650℃温度范围内，钢的冲击韧度明显降低，这种脆化现象称为回火脆性。

(1) 低温回火脆性（第一类回火脆性） 淬火钢在250～400℃范围内回火时出现的脆性称低温回火脆性。几乎所有钢都存在这类脆性，这是一种不可逆回火脆性。产生这种脆性的主要原因是，在250℃以上回火时，碳化物沿马氏体晶界析出，破坏了马氏体的连续性，降低了韧性。为了防止出现低温回火脆性，一般回火时都要避开这一温度范围。

(2) 高温回火脆性（第二类回火脆性） 淬火钢在450～650℃范围内回火时出现的脆性称高温回火脆性。一般认为这种脆性主要是一些元素的晶界偏聚造成的。同时也与回火时的加热、冷却条件有关。当加热至600℃以上后，以缓慢的冷却速度通过脆化区时，则出现脆性；快冷通过脆化区，则不出现脆性。这种脆性可通过重新加热至600℃以上快冷予以消除。所以，这种脆性又称为可逆回火脆性。

6.4 钢的表面热处理

一些工作条件往往要求机械零件具有耐蚀、耐热等特殊性能或要求表层与心部的力学性能有一定差异。这时仅从选材上着手和采用普通热处理都很难奏效，只有进行表面热处理，通过改善表层组织结构和性能，才能满足上述要求。表面热处理有表面淬火和化学热处理两大类。

6.4.1 钢的表面淬火

表面淬火是通过快速加热使钢件表面迅速奥氏体化，热量未传到钢件心部之前就快速冷却的一种淬火工艺。其目的在于使工件表面获得高的硬度和耐磨性，心部仍保持良好的塑性和韧性。根据热源的性质不同，表面淬火可分为感应加热表面淬火、火焰加热表面淬火、电接触加热表面淬火、电解加热表面淬火、激光和电子束加热表面淬火等。工业上应用最多的是前两种表面淬火。

6.4.1.1 感应加热表面淬火

(1) 感应加热的基本原理 感应加热的基本原理是感应线圈通以交流电时，即在它的内部和周围产生与电流频率相同的交变磁场。若把工件置于感应磁场中，则其内部将产生感应电流并由于电阻的作用被加热。感应电流在工件截面上的分布是不均匀的，靠近表面的电流密度最大，中心处几乎为零，如图6-24所示。这种现象称做交流电的集肤效应。电流透入工件表面的深度主要与电流频率有关。电流频率越高，电流透入工件表层就越薄。因此，通过选用不同频率可以得到不同的淬硬层深度。例如，在采用感应加热淬火时，对于淬硬层深度为0.5～2mm的工件，常选用频率范围为200～300kHz高频加热，适用于中小型齿轮、轴类零件等；对于淬硬层深度为2～10mm的工件，常选用频率范围为2500～8000Hz中频加热，适用于大中型齿轮、轴类零件等；对于要求淬硬层深度大于10～15mm的工件，宜选用电源频率50Hz的工频加热，适用于大直径零件，如轧辊、火车车轮等。

(2) 感应加热适用的材料 感应加热表面淬火一般适用于中碳钢和中碳低合金钢，如45，40Cr、40MnB等钢，这类钢经预先热处理（正火或调质处理）后进行表面淬火，使其

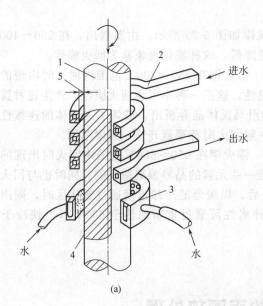

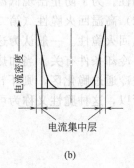

(a)　　　　　　　　　　　　　　　　　　(b)

图 6-24　感应加热表面淬火示意图

(a) 感应加热表面淬火原理；(b) 涡流在工件截面上的分布

1—工件；2—加热感应器；3—淬火喷水套；4—加热淬火层；5—间隙

表面具有较高的硬度和耐磨性，心部具有较高的塑性和韧性，因此其综合力学性能较高。

（3）感应加热表面淬火的特点　感应加热表面淬火与普通淬火相比，具有以下主要特点。

① 加热温度高，升温快。一般只需几秒到几十秒的时间就可把零件加热到淬火温度，因而过热度大。

② 加热时间短，工件表层奥氏体化晶粒细小，淬火后可获得极细马氏体，因而硬度比普通淬火提高 HRC2～3，且脆性较低。

③ 淬火后工件表面存在残余压应力，因此疲劳强度较高，而且变形小，工件表面易氧化和脱碳。

④ 生产率高，容易实现机械、自动化，适于大批量生成，而且淬硬层深度也易于控制。

⑤ 加热设备昂贵，不易维修调整，处理形状复杂的零件较困难。

6.4.1.2　火焰加热表面淬火

火焰表面淬火是用高温火焰直接加热工件表面的一种淬火方法。常用的火焰有乙炔-氧或煤气-氧等。火焰温度高达 3000℃ 以上，可将工件表面迅速加热到淬火温度，然后立即喷水冷却，获得所需的表面淬硬层。

这种表面淬火方法与感应加热表面淬火相比，具有设备简单、操作方便、成本低廉、灵活性大等优点；但存在加热温度不易控制，容易造成工件表面过热，淬火质量不稳定等缺点，这种方法主要用于单件、小批量及大型件和异形件的表面淬火。

6.4.1.3　激光加热表面淬火

激光热处理是利用高能量密度的激光束对工件表面扫描照射，使工件表层迅速升温而后自冷淬火的热处理方法。目前生产中大都使用 CO_2 气体激光器，它的功率可达 10kW 以上，效率高，并能长时间连续工作。通过控制激光入射功率密度、照射时间及照射方式，即可达到不同的淬硬层深度、硬度、组织及其他性能要求。

激光热处理的优点是：加热速度快，加热到相变温度以上仅需要百分之几秒；淬火不用冷却介质，而是靠工件自身的热传导自冷淬火；光斑小，能量集中，可控性好，可对复杂的零件进行选择加热淬火，而不影响邻近部位的组织和质量，如利用激光可对盲孔底部、深孔内壁进行表面淬火，而用其他热处理方法则是很困难的；能细化晶粒，显著提高表面硬度和耐磨性；淬火后几乎无变形且表面质量好。

6.4.1.4 电子束表面淬火

电子束表面淬火是利用电子枪发射的成束电子轰击工件表面，使它急速加热，而后自冷淬火的热处理方法。它在很大程度上克服了激光热处理的缺点，保持了其优点，尤其对零件深小狭沟处的淬火更为有利，不会引起烧伤。与激光热处理不同的是，电子束表面淬火是在真空室中进行的，没有氧化，淬火质量高，基本不变形，不需再进行表面加工，就可以直接使用。

电子束表面淬火的最大特点是加热速度和冷却速度都很快，在相变过程中，奥氏体化时间很短，能获得超细晶粒组织。电子束表面淬火后，表面硬度比高频感应加热表面淬火高HRC2~6，如45钢经电子束表面淬火后硬度可达 HRC62.5，最高硬度可达 HRC65。

6.4.1.5 磁场淬火

磁场淬火是指将加热好的工件放入磁场中进行淬火的热处理方法。磁场淬火可显著提高钢的强度，强化效果随钢中碳含量的提高而增加。直流磁场淬火时，磁化方向对强化效果有影响，在轴向磁场中淬火甚至略有降低。交流磁场淬火的强化效果比直流磁场淬火高。磁场强度越大，强化效果越好。

磁场淬火在提高钢的强度的同时，仍使钢保持良好的塑性及韧性，还可以降低钢材的缺口敏感性，减小淬火变形，并使零件各部分的性能变得均匀。

6.4.2 化学热处理

化学热处理是将钢件在一定介质中加热、保温，使介质中的活性原子渗入工件表层，以改变表层化学成分和组织，从而改善表层性能的热处理工艺。化学热处理可以强化钢件表面，提高钢件的疲劳强度、硬度与耐磨性等；改善钢件表层的物理化学性能，提高钢件的耐蚀性、抗高温氧化性等。化学热处理可使形状复杂的工件获得均匀的渗层，不受钢的原始成分的限制，能大幅度地多方面地提高工件的使用性能，延长工件的使用寿命。为碳素钢、低合金钢替代高合金钢拓宽了道路，具有很大的经济价值，受到人们的高度重视，发展很快。

化学热处理经历着分解、吸收、扩散三个过程。分解，是渗剂在一定温度下发生化学反应形成活性原子的过程；吸收，是活性原子被工件表面溶解，或与钢件中的某些成分形成化合物的过程；扩散，是活性原子向工件内部逐渐扩散，形成一定厚度扩散层的过程。三个过程都有赖于原子的扩散，受温度的控制，温度越高原子的扩散能力越强，过程完成得越快，形成的渗层越厚。按钢件表面渗入的元素不同，化学热处理可分为渗碳、渗氮、碳氮共渗等。

6.4.2.1 渗碳

渗碳是一种使用广泛、历史悠久的化学热处理。其目的是提高钢件表层的含碳量以提高其性能。根据热处理时渗碳剂的状态不同，渗碳分为固体渗碳、液体渗碳和气体渗碳。生产中用得最多的是气体渗碳。按渗碳的条件不同，渗碳可分为普通渗碳、可控气氛渗碳、真空渗碳、离子渗碳等。渗碳用钢，一般是含碳量 $[w(C)]$ 为 $0.1\%\sim0.25\%$ 的碳钢或合金钢。

渗碳后钢件表层的含碳量 $[w(C)]$ 一般为 $0.8\% \sim 1.10\%$，渗碳层厚度为 $0.5 \sim 2mm$，渗碳后的钢件必须经过淬火、低温回火，发挥渗碳层的作用，才能使钢件具有很高的硬度、耐磨性和疲劳强度。渗碳广泛用于形状复杂、在磨损情况下工作、承受冲击载荷和交变载荷的工件，如汽车、拖拉机的变速齿轮、活塞销、凸轮等。

6.4.2.2 渗氮

渗氮又称氮化，是向钢件表层渗入氮原子的化学热处理工艺。氮化温度比渗碳时低，工件变形小。氮化后钢件表面有一层极硬的合金氮化物，故不需要再进行热处理。按渗氮时渗剂的状态可将氮化分为：气体氮化、液体氮化、固体氮化。按其要达到的目的又可将氮化分为：强化氮化和耐蚀氮化两种。强化氮化需要采用含铝、铬、钼、钒等合金元素的中碳合金钢（即氮化用钢）。因为这些元素能与氮形成高度弥散、硬度极高的非常稳定的氮化物或合金氮化物，从而使钢件具有高硬度（HRC65～72）、高耐磨性和高疲劳强度。为了保证钢件心部有足够的强度和韧性，氮化前要对钢件进行调质处理。而耐蚀氮化的目的，是在工件表面形成致密的化学稳定性极高的氮化物，不要求表面耐磨，可采用碳钢件、低合金钢件以及铸铁件。渗氮主要用于耐磨性、精度要求都较高的零件（如机床丝杠等）；或在循环载荷条件下工作且要求疲劳强度很高的零件（如高速柴油机曲轴）；或在较高温度下工作的要求耐蚀、耐热的零件（如阀门等）。

6.4.2.3 碳氮共渗

碳氮共渗是同时向钢件表面渗入碳原子和氮原子的化学热处理工艺。碳氮共渗最早是在含氰根的盐浴中进行的，因而又称氰化。按共渗时介质的状态，碳氮共渗主要有液体碳氮共渗、气体碳氮共渗两种。目前采用最多的是气体碳氮共渗。按其共渗温度的高低，气体碳氮共渗分为低温、中温、高温气体碳氮共渗。其中以中温气体碳氮共渗和低温气体碳氮共渗用得较多。中温气体碳氮共渗以渗碳为主，共渗后要进行淬火和低温回火。其主要目的是提高钢件的硬度、耐磨性、疲劳强度，多用于低、中碳钢钢件或合金钢件。中温气体碳氮共渗使钢件的耐磨性高于渗碳，而且生产周期较渗碳短，因此不少工厂用它替代渗碳。低温气体碳氮共渗又称气体软氮化，以渗氮为主，与气体渗碳相比具有工艺时间短（一般不超过 4h），表层脆性低，共渗后不需研磨，既适用于各种钢材，又适应于铸铁和烧结合金等优点，能有效地提高钢件的耐磨性、耐疲劳、抗咬合、抗擦伤性能。

生产和科学技术的发展，对钢材性能的要求越来越高。为满足这种要求，有效途径之一是研制使用合金钢。但这势必要耗用大量的贵重稀缺元素而受到一定的限制。实际上，许多情况下只需将碳素钢、低合金钢钢件表层进一步合金化就能满足使用要求而且能节约大量贵重金属。如将碳钢件渗硼，能提高其表面硬度等。

6.5 钢的其他热处理工艺

6.5.1 钢的形变热处理

将塑性变形和热处理结合起来的加工工艺，称为形变热处理。形变热处理有效地综合利用形变强化和相变强化，将成型加工和获得最终性能统一在一起，既能获得由单一强化方法难以达到的强韧化效果，又能简化工艺流程，节约能耗，使生产连续化，收到较好的经济效益。因此，近年来在工业生产中得到了广泛的应用。

钢的形变热处理方法很多，根据形变与相变过程的相互顺序，可将其分为相变前形变、相变中形变和相变后形变三大类。相变前形变热处理，是一种将钢奥氏体化后，在奥氏体区和过冷奥氏体区温度范围内，奥氏体发生转变前，进行塑性变形后立即进行热处理的加工方法。根据其形变温度及热处理工艺类型分，有高温形变正火、高温形变淬火、低温形变淬火等。相变中形变热处理又称等温形变热处理，它利用奥氏体的变塑现象，在奥氏体发生相变时对其进行塑性变形。所谓变塑现象是一种因相变而诱发的塑性异常高的现象。这类形变热处理有珠光体转变中形变和马氏体转变中形变等，能改善钢的强度、塑性和其他力学性能。

相变后形变热处理是对奥氏体相变产物进行形变强化。形变前的组织可能是铁素体、珠光体、马氏体。常用的形变热处理方法主要有以下几种。

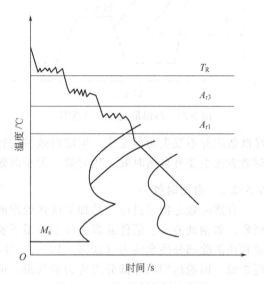

图 6-25　三级控制轧制示意图

6.5.1.1　高温形变正火

高温形变正火是通过控制热轧形变温度、形变速度、形变量，以获得微细晶粒，产生位错强化的一种工艺。它能提高钢的强韧性，降低钢的冷脆性和冷脆转化温度。主要用于低碳低合金钢板、线材生产。在生产中广泛应用的高温形变正火工艺是含铌铁素体珠光体钢的三级控制轧制。所谓三级控制轧制是指奥氏体再结晶温度范围（不小于 T_R）内的轧制，低于奥氏体再结晶温度的奥氏体区温度范围（$T_R \sim A_{r3}$）内的轧制，奥氏体和铁素体两相区温度范围（$A_{r3} \sim A_{r1}$）内的轧制，如图 6-25 所示。

6.5.1.2　高温形变淬火

高温形变淬火是将钢加热到奥氏体区温度范围内，在奥氏体状态进行塑性变形后立即淬火并回火的工艺，如图 6-26 所示。高温形变淬火能提高钢的强韧性、疲劳强度，降低钢的脆性转化温度和缺口敏感性。高温形变淬火对材料无特殊要求，常用于热锻、热轧后立即淬火，能简化工序，节约能源，减少材料的氧化、脱碳和变形，不需要大功率设备，因而获得了较快的发展。

6.5.1.3　低温形变淬火

低温形变淬火是将钢奥氏体化后，迅速冷至过冷奥氏体稳定性最大的温度区间（珠光体转变区和贝氏体转变区之间）进行塑性变形后立即淬火并回火的工艺，如图 6-27 所示。低温形变淬火能显著提高钢的强度极限和疲劳强度，还能提高钢的回火稳定性，但对钢的塑性、韧性改善不大。低温形变淬火要求钢具有高的淬透性，形变速度快，设备功率大，不及高温形变淬火应用广泛。目前仅用于强度要求很高的弹簧丝、小型弹簧、小型轴承零件等小型零件及工具的处理。

6.5.2　钢的时效处理

金属和合金经过冷、热加工或热处理后，在室温下保持（放置）或适当升高温度时常发生力学和物理性能随时间而变化的现象，这种现象统称为时效。在时效过程中金属和合金的

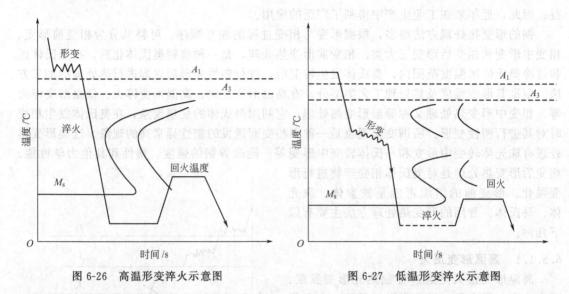

图 6-26　高温形变淬火示意图　　　　图 6-27　低温形变淬火示意图

显微组织并不发生明显变化。但随时效的进行，残余应力会大部或全部消除。工业上常用的时效方法主要有自然时效、热时效、形变时效和振动时效等。

6.5.2.1　自然时效

自然时效是指经过冷、热加工或热处理的金属材料，在室温下发生性能随时间而变化的现象。如钢铁铸件、锻件或焊接件于室温下长期堆放在露天或室内，经过半年或几年后可以减轻或消除部分残余应力（10%～12%），并稳定工件尺寸。其优点是不用任何设备，不消耗能源，即能达到消除部分内应力的效果；但周期太长，应力消除率不高。

6.5.2.2　热时效

随温度不同，α-Fe 中碳的溶解度发生变化，使钢的性能发生改变的过程称为热时效。低碳钢加热到 650～750℃（A_1 附近）并迅速冷却时，使来不及析出的 Fe_3C_{III} 可以保持在固溶体（铁素体）内成为过饱和固溶体。在室温放置过程中，碳有从固溶体析出的自然趋势。由于碳在室温下有一定的扩散速度，长时间放置（保存）时，碳又呈 Fe_3C_{III} 析出，使钢的硬度、强度上升，而塑韧性下降，如图 6-28 所示。虽然低碳钢中含碳量不高，但硬度的提高可达 50%，这对低碳钢压力加工性能是不利的。加热温度越高，热时效过程中，碳的扩散速度越大，则热时效时间也大为缩短。

就某些使用性能和工艺性能而言，热时效现象并不总是有利的，需要加以控制和利用。例如，经过淬火回火或未经淬火回火的钢铁零件（包括铸锻焊件），长时间在低温（一般小于 200℃）加热，可以稳定尺寸和性能；但是冷变形（冷轧等）后的低碳钢板，加热到 300℃左右发生的热时效过程，却使钢板的韧性降低，这对低碳钢板的成型十分有害。

6.5.2.3　形变时效

钢在冷变形后进行时效称为形变时效。室温下进行自然时效，一般需要保持（放置）15～16 天（大型工件需放置半年甚至 1～2 年）；而热时效（一般在 200～350℃）仅需几分钟，大型工件需几小时。

在冷塑性变形时，α-Fe（铁素体）中的个别体积被碳、氮所饱和，在放置过程析出碳化物和氮化物。形变时效可降低钢板的冲压性能，因而低碳钢板（特别是汽车用板）要进行形变时效倾向试验。

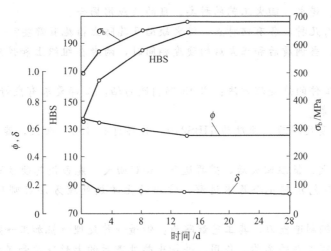

图 6-28　时效后碳钢力学性能的变化

6.5.2.4　振动时效

振动时效即通过机械振动的方式来消除、降低或均匀工件内应力的一种工艺。主要是使用一套专用设备、测试仪器和装夹工具对需要处理的工件（铸、锻、焊件等）施加周期性的动载荷，迫使工件（材料）在共振频率范围内振动并释放出内部残余应力，提高工件的抗疲劳强度和尺寸精度的稳定性。工件在振动（一般选在亚共振区）过程中，材料各点的瞬时应力与工件固有残余应力相叠加，当这两项应力幅值之和大于或等于材料屈服强度时（即 $\sigma_b +$ $\sigma_r \geqslant \sigma_s$），在该点的材料就产生局部微塑性变形，使工件中原来处于不稳定状态的残余应力向稳定状态转变，经一定时间振动（从十几分钟到 1h 左右）后，整个工件的内应力得到重新分布（均匀），使它在较低的能量水平上达到新的平衡。其主要优点是：不受工件尺寸和重量限制（大到几百吨），可以露天就地处理；节能效率达 98% 以上；内应力消除率达 30% 以上；一般可以代替人工时效和自然时效，因而在国内外已获得广泛的工业应用。

思考与练习

1. 什么是钢的热处理，常用的热处理工艺有哪些？

2. 名词解释：淬透性、淬硬性、临界冷却速度、调质处理、实际晶粒度、本质晶粒度。

3. 试比较 B、M、P 转变的异同。

4. 简述获得粒状珠光体的两种方法。

5. 钢中碳含量对马氏体硬度有何影响，为什么？

6. 将 T10 钢、T12 钢同时加热到 780℃ 进行淬火，问：（1）淬火后各是什么组织？（2）淬火马氏体的碳含量及硬度是否相同，为什么？（3）哪一种钢淬火后的耐磨性更好些，为什么？

7. 马氏体的本质是什么，其组织形态分哪两种，各自的性能特点如何，为什么高碳马氏体硬而脆？

8. 比较 TTT 图与 CCT 图的异同点。

9. 影响 C 曲线的因素有哪些，并比较过共析钢、共析钢、亚共析钢 C 曲线。

10. 简述正火、退火、回火工艺的种类、目的及应用场合。

11. 淬火方法有几种，各有何特点，淬火缺陷及其防止措施有哪些？

12. 同一钢材，当调质后和正火后的硬度相同时，两者在组织上和性能上是否相同，为什么？

13. 确定下面工件的热处理方法：用 45 钢制造的轴，心部要求有良好的综合力学性能，轴颈处要求硬而耐磨。

14. 45 钢经调质处理后，硬度为 HBS240，若再进行 180℃回火，能否使其硬度提高，为什么？

15. 45 钢经淬火、低温回火后，若再进行 560℃回火，能否使其硬度降低，为什么？

16. 化学热处理包括哪几个基本过程，常用的化学热处理方法有哪几种，各适用哪些钢材？

17. 拟用 T12 钢制造锉刀，其工艺线路为：锻造→热处理→机加工→热处理→柄部热处理，试说明各热处理工序的名称、作用，并指出热处理后的大致硬度和显微组织。

18. 根据下列零件的性能要求及技术条件选择热处理工艺方法：用 45 钢制作的某机床主轴，其轴颈部分和轴承接触要求耐磨，HRC52～56，硬化层深 1mm。

19. 某一用 45 钢制造的零件，其加工路线如下：备料→锻造→正火→机械粗加工→调质→机械精加工→高频感应加热表面淬火加低温回火→磨削。请说明各热处理工序的目的及处理后的组织。

工程材料及成型基础
GONGCHENG CAILIAO JI
CHENGXING JICHU

·第7章·

金属工程材料

动脑筋

动脑筋想一想载重汽车的变速箱齿轮和变速箱壳体应该选用什么材料制作呢?

学习目标

- 通过对工业用钢、铸铁、有色金属及合金的学习,熟悉钢、铸铁、有色金属及合金的分类和编号方法。
- 通过本章相关知识的学习,能够根据牌号判断金属材料的种类、化学成分及其主要用途。

金属工程材料是机械工程上应用很广泛的一类材料,按成分可分为碳素钢和合金钢;按用途可分为结构钢、工具钢和特殊性能钢,其中结构钢的用途最为广泛,2008年我国北京奥运会的主场馆,即主赛场——鸟巢就采用了大量的Q460建筑用结构钢,这种钢的强度是普通钢材的两倍,性能达到很高的级别,而这种钢材完全由我国自主创新研究出来。鸟巢的整个建筑,抛弃了传统意义的支撑立柱,而大量采用由钢板焊接而成的箱形构件,24根桁架柱托起了世界最大的屋顶结构,成就了全世界建筑业的一大壮举,所以,又被称为"人类建筑文明史上的惊人杰作"。其中超高性能结构钢的应用功不可没。

7.1 工业用钢

工业用钢中用于制造机器零件(机械制造用钢)、结构和工程建筑(工程用钢)的钢称为"结构钢"。一些特殊用途的钢如耐磨钢、弹簧钢、耐腐蚀钢、耐热钢、热强钢等也属于结构钢。

工业用钢中具有高硬度（60～65HRC）、高强度和高耐磨性，并能用于加工各种工具的碳素钢和合金钢称为"工具钢"。一般来说，工具钢都是过共析钢或莱氏体钢，淬火和低温回火后的组织是回火马氏体和碳化物。

7.1.1 碳素钢

7.1.1.1 碳素结构钢

碳素结构钢根据钢的冶金质量可分为普通碳素结构钢和优质碳素结构钢。根据脱氧的程度，又可分为镇静钢、沸腾钢和半镇静钢。

炼钢时在炉中进行彻底脱氧，然后倒入盛钢桶，即得到镇静钢。镇静钢中FeO的含量最低。这能保证钢在钢锭模中的凝固时所引起的体积缩小，而处于"镇静"状态。钢锭的上部形成大的缩孔，大缩孔附近是一些小缩孔，轧钢前切去缩孔部分。

沸腾钢则未用硅铁进行彻底脱氧，因此，在液体钢中含有很多FeO，在钢锭模中凝固时，FeO要和碳进行反应，形成CO，CO气泡的析出形成了钢的沸腾状态，在钢锭中保留了大量的气孔，这些气孔就补偿了体积收缩时形成的大缩孔，因此，沸腾钢的钢锭上不存在大缩孔。如果这些小气孔表面没有氧化，则在热轧时，气孔就在变形的过程中被焊合。沸腾钢更便宜，因为轧钢时，不需要切掉缩孔部分，即成材率高。同镇静钢和半镇静钢相比，沸腾钢的冷脆性大，焊接性能差，但沸腾钢具有高的塑性，在冷状态下很容易拉伸成型。

（1）普通碳素结构钢 普通碳素结构钢比优质钢便宜。这类钢是用代表屈服强度的字母Q、屈服强度值、质量等级符号（A，B，C，D）以及脱氧方法符号（F，b，Z）等四部分按顺序组成。如Q235—AF，表示屈服强度为235MPa的A级沸腾钢。质量等级符号反映碳素结构钢中硫、磷含量的多少，按A、B、C、D质量依次增高。在熔炼的过程中，从钢中清除的有害杂质（P，S，O，N）较少，液体的钢倒入钢锭模中，由于在钢锭模中，随着结晶过程的进行，偏析过程也在发展，钢锭中就含有大量的非金属夹杂物。

① 碳元素和夹杂物对钢性能的影响 钢其实是一种多元合金，除铁元素之外还含有碳元素和含Mn、Si、S、P、O、H、N等元素的一系列不可避免的夹杂物，这些都能影响到钢的性能。

a. 碳元素的影响 钢经缓慢冷却之后，其组织一般由两相组成——铁素体和渗碳体。钢中渗碳体的数量与其碳含量呈正比的增长关系。

由于渗碳体硬而脆，其微粒提高了位错的移动抗力，即提高强度，并降低塑性与韧性。因此，钢中增加碳，能提高钢的硬度、瞬时强度和屈服极限，而要降低塑性和韧性。

研究表明每增加0.1%的碳，钢的冷脆性起点温度平均提高20℃。

钢中碳含量大于1.0%～1.2%时，退火状态下能够提高钢的硬度，但瞬时强度降低。这是由于沿着原来的奥氏体晶粒的晶界析出了二次渗碳体的原因。拉伸试验时，渗碳体是脆性的，立即破坏，并能降低瞬时强度。

b. 硅和锰的影响 在碳钢中，硅的含量作为夹杂物，一般是不超过0.35%～0.4%，而锰不超过0.5%～0.8%。硅和锰是钢的熔炼过程中，在脱氧的时候进入钢的。

脱氧后在固溶体（铁素体）中存在的硅急剧地提高屈服强度，这就要降低钢的拉伸能力，特别是冷拉伸。因此，用作冷压和冷拉的钢中，含硅量应该低。

锰明显地能提高强度，实际上不降低塑性，但能急剧地降低钢的热脆性，即高温下的脆性，是由硫的影响引起的。

c. 硫、磷、氮、氧和氢的影响 硫的影响。在钢中硫是有害杂质。它和铁能形成化合物 FeS，硫化铁在固体状态下实际上是不溶解在铁中，硫化铁和铁形成低熔点的共晶体（熔化温度 988℃），这种共晶体沿着晶界分布，把钢加热到轧制和锻造温度时（1000～1200℃），共晶体熔化，破坏了金属晶粒之间的结合，由此，钢在变形时，在有共晶体的地方就产生裂纹，这种现象称为"热脆性。"

钢中锰的存在，就能与硫形成高熔点的化合物——硫化锰（MnS），在钢中，硫化锰微粒以夹杂物的形式分布在晶粒中，在变形的硫化锰夹杂物上产生了亚共析铁素体的晶粒，这就要引起条状组织的形成。有条状组织的热轧钢，横向上的力学性能就更低，硫还能降低裂纹的扩展功，降低疲劳极限，除此之外，硫还能降低焊接性能和抗腐蚀性能。

因此，在钢中硫的含量限制在 0.035%～0.06%。

磷的影响。磷能溶解在 α-Fe 和 γ-Fe 中，而高含量时（大于 1.0%～1.2%）形成磷化铁 Fe_3P，它含有 15.62% P，溶解在铁素体中的磷能急剧地降低塑性和韧性。钢中碳愈多，降低韧性就愈严重，磷能提高冷脆性，并降低裂纹扩展功，每 0.01%P 就能提高钢的冷脆性起点 20～25℃。

磷具有大的偏析倾向性，磷的偏析，在存在 MnS 时，就引起条状组织的形成。

在大多数钢中，磷是有害杂质，取决于钢的质量，允许 0.025%～0.08%P。

氮、氧和氢的影响。氮和氧在钢中以脆性非金属夹杂物（例如，FeO、SiO_2、Al_2O_3、Fe_4N 等）的形式、固溶体的形式，或者以自由的形式存在于缩孔中，裂纹中，及其他金属的缺陷部位。间隙夹杂物（氮，氧）以氮化物、氧化物的形式沿着晶界集中，就提高了冷脆性起点温度，降低了钢的疲劳极限。钢中溶解了氢不仅使钢变脆，而且能够引起在大锻件中形成氢脆。氢脆就是一些很细小的裂纹。氢脆急剧地使钢的性能变坏。有氢脆的钢工业上是不允许使用的。

② 普通碳素结构钢的应用 普通碳素结构钢通常都是轧成一系列的型材：方钢，棒材，槽钢，角钢以及板材，管材和工作时受力不大的一些锻件。普通碳素钢，广泛用于建筑结构、焊接结构、铆接结构等。

加工焊接结构时，就使用镇静钢和半镇静钢。用于焊接结构，热时效敏感性要小，要进行冷校正和冷弯曲的钢，变形时效的敏感性要小。

不同碳素结构钢的主要成分、力学性能及用途如表 7-1 所示。

表 7-1 碳素结构钢的主要成分、力学性能及用途

牌号	等级	化学成分/%			力学性能			用 途
		w_C	w_S ≤	w_P ≤	σ_s /MPa	σ_b /MPa	δ_5/% ≥	
Q195	—	0.06～0.12	0.050	0.045	195	315～390	33	
Q215	A	0.09～0.15	0.050	0.045	215	335～410	31	塑性好,有一定的强度,用于制造受力不大的零件,如螺钉、螺母、垫圈等,焊接件、冲压件及桥梁建设等金属结构件
	B		0.045					
Q235	A	0.14～0.22	0.050	0.045	235	375～460	26	
	B	0.12～0.20	0.045					
	C	≤0.18	0.040	0.040				
	D	≤0.17	0.035	0.035				
Q255	A	0.18～0.28	0.050	0.045	255	410～510	24	强度较高,用于制造承受中等载荷的零件,如小轴、销子、连杆等
	B		0.045					
Q275	—	0.28～0.38	0.050	0.045	275	490～610	20	

（2）优质碳素结构钢　这类钢的钢号是用钢中平均碳质量分数的两位数字表示，单位为万分之一。如钢号 45，表示平均碳质量分数为 0.45% 的钢。

对于锰的质量分数比较高的钢，须将锰元素标出，如 $w_C = 0.50\%$、$w_{Mn} = 0.70\% \sim 1.00\%$ 的钢，其钢号为 50Mn。专门用途的优质碳素结构钢，应在钢号后特别标出，如 $w_C = 0.15\%$ 的锅炉用钢，其钢号为 15g。

实际中对这一类钢的化学成分提出了更高的要求：硫的含量要小于 0.04%；磷的含量也要小于 0.04%，以及非金属夹杂物含量要少。

优质碳素结构钢的碳量范围较大，碳量不同，力学性能就不同。这样，根据碳量的不同，又分成了：低碳（<0.25%C）优质结构钢；中碳（0.25%～0.6%C）优质结构钢；高碳（>0.6%C）优质结构钢。

低碳优质结构钢具有低的强度，高的韧性。用这种钢加工成承受小载荷的零件，就不进行热处理。薄板低碳钢板用于冷冲压零件，钢中的碳量愈高，冷冲压性能就愈差，硅能提高屈服极限，降低冲压性能，因此，一些冲压成型的零件，就更广泛地使用半镇静和镇静钢。

优质低碳钢也用于一些焊接结构。钢中碳量愈高，焊接性能就愈差，焊接时形成热裂纹和冷裂纹的倾向性就愈大。

中碳钢可在机械制造的各个领域加工各种各样的零件。根据不同性能要求，可进行正火处理、调质处理和表面淬火。这些钢在退火状态下，很好进行切削加工，片状珠光体的亚共析钢最好加工。这些钢的淬透性不大，水中淬火的临界尺寸不超过 10～12mm（95% 马氏体）。因此，使用这种钢可以加工成小零件，或较大的零件，但不需要淬透。

高碳钢具有更高的强度、耐磨性和弹性，用高碳钢加工的零件可在淬火和回火后使用；也可在正火和回火后使用；也可在表面淬火后使用。表 7-2 为常用优质碳素结构钢的牌号、主要成分、力学性能及用途。

表 7-2　常用优质碳素结构钢的牌号、主要成分、力学性能及用途

牌号	主要成分/%			力学性能			用途
	w_C	w_{Si}	w_{Mn}	σ_b/MPa	σ_s/MPa	δ_5/%	
				不小于			
08F	0.05～0.11	≤0.03	0.25～0.50	295	175	35	
08	0.05～0.12	0.17～0.37	0.35～0.65	325	195	33	受力不大但要求高韧性的冲压件、焊接件、紧固件等，渗碳淬火后可制造要求强度不高的耐磨零件，如凸轮、滑块活塞销等
10	0.07～0.14	0.17～0.37	0.35～0.65	335	205	31	
15	0.12～0.19	0.17～0.37	0.35～0.65	375	225	27	
20	0.17～0.24	0.17～0.37	0.35～0.65	410	245	25	
30	0.27～0.35	0.17～0.37	0.50～0.80	490	295	21	
35	0.32～0.40	0.17～0.37	0.50～0.80	530	315	20	
40	0.37～0.45	0.17～0.37	0.50～0.80	570	335	19	负荷较大的零件，如连杆、曲轴、主轴、活塞销、表面淬火齿轮、凸轮等
45	0.42～0.50	0.17～0.37	0.50～0.80	600	355	16	
50	0.47～0.55	0.17～0.37	0.50～0.80	630	375	14	
55	0.52～0.60	0.17～0.37	0.50～0.80	645	380	13	
65	0.62～0.70	0.17～0.37	0.50～0.80	695	410	10	
65Mn	0.62～0.70	0.17～0.37	0.90～1.2	735	430	9	要求弹性极限或强度较高的零件，如轧辊、弹簧、钢丝绳、偏心轮等
70	0.67～0.75	0.17～0.37	0.50～0.80	715	420	9	
75	0.72～0.80	0.17～0.37	0.50～0.80	1080	880	7	

优质碳素结构钢可分为渗碳钢、调质钢和弹簧钢。

7.1.1.2 碳素工具钢

用于制造各种刃具、模具、量具和其他工具的钢称为工具钢。

碳素工具钢平均碳质量分数比较高（$w_C = 0.65\% \sim 1.35\%$），S、P 杂质的质量分数比较低。经淬火、低温回火后钢的硬度比较高，耐磨性好，但塑性比较低。主要用于制造各种低速切削的刀具、量具和模具。

为了不与优质碳素结构钢的牌号发生混淆，碳素工具钢的牌号由代号"T"（"碳"字汉语拼音首字母）后加数字组成。数字表示钢中平均碳质量分数的千分数。如 T8 钢，表示平均碳的质量分数为 0.8% 的优质碳素工具钢。若是高级优质碳素工具钢，则在牌号末尾加字母"A"，如 T12A，表示平均碳的质量分数为 1.2% 的高级优质碳素工具钢。

表 7-3 为碳素工具钢的牌号、主要成分、力学性能及用途。

表 7-3　碳素工具钢的牌号、主要成分、力学性能及用途

牌号	w_C/%	w_{Si}/%	w_{Mn}/%	硬　度		用　　途
				退火后 HBS≤	淬火后 HRC≥	
T7, T7A	0.65~0.74	≤0.40	≤0.35	187	62	用作受冲击的工具，如手锤、剪刀、螺丝刀、凿子、冲头、风动工具等
T8, T8A	0.75~0.84	≤0.40	≤0.35	187	62	用作低速切削刀具，如锯条、木工刀具、虎钳钳口、饲料机刀片等
T9, T9A	0.85~0.90	≤0.40	≤0.35	192	62	
T10, T10A	0.95~1.04	≤0.40	≤0.35	197	62	低速切削刀具、小型冷冲模、形状简单的量具。如车刀、刨刀、丝锥、钻头、锯条落料冲孔模、卡板等
T11, T11A	1.05~1.14	≤0.40	≤0.35	207	62	
T12, T12A	1.15~1.24	≤0.40	≤0.35	207	62	用作不受冲击的工具，但要求硬、耐磨。如锉刀、刮刀、刻字刀、量规、拉丝模等
T13, T13A	1.25~1.35	≤0.40	≤0.35	217	62	

若需要高韧性的工具，例如，热锻模，就使用亚共析钢，淬火成马氏体，进行高温回火，得到屈氏体组织，甚至是索氏体组织。这些钢的硬度和耐磨性，比过共析钢要低。红硬性是工具钢的一个最主要特点。红硬性，即加热时能保持高硬度的能力。淬透性是工具钢的另一重要特点。碳素工具钢是小淬透性钢。

退火状态的碳素工具钢具有粒状珠光体的组织，低硬度（170~180HB），和良好切削加工性。碳素工具钢（T9~T13）的淬火加热温度 760~780℃，即略高于 A_{c1}，但低于 A_{cm}。这种淬火的目的是为了既能够得到马氏体组织，也能保留细小晶粒，并使二次碳化物不溶解。水中或盐的水溶液中进行淬火。T9~T12 钢的小工具，为了减小变形，进行分级淬火。

为了保留高硬度（62~63HRC），在 150~170℃下进行回火。

T7 钢淬火加热温度 800~820℃，在 275~325℃下进行回火（48~58HRC），或 400~500℃下回火（44~48HRC）。

用碳素钢加工的工具只能进行低速切削，因为当切削温度高于 190~200℃时，工具的高硬度就急剧地降低。

7.1.2 合金钢

7.1.2.1 合金结构钢

(1) 普通低合金结构钢　普通低合金结构钢的成分特点是低碳（$w_C < 0.20\%$）、低合金（一般合金元素总量 $w_{Me} < 3\%$）、以 Mn 为主加元素。Mn、Si 的主要作用是强化铁素体；V、Ti、Nb 等主要是细化晶粒，提高钢的塑性和韧性；少量的 Cu 和 P 可以提高钢的耐蚀性；加入少量的稀土元素主要是起脱硫、除气作用，进一步改善钢的性能。

这类钢具有高的屈服强度、良好的韧性和塑性，其屈服强度比碳钢提高 30%～50% 以上。这类钢还具有良好的焊接性能，用它来制作金属结构可以减轻重量，节约钢材。

这类钢通常是在热轧退火（或正火）状态下使用，其组织为铁素体＋珠光体。被广泛用于桥梁、船舶、车辆、建筑、锅炉、高压容器、输油输气管道等。

表 7-4 列出了我国生产的几种常用普通低合金结构钢的成分、性能及用途。

表 7-4　常用普通低合金结构钢的成分、性能及用途

牌号	钢材厚度或直径/mm	力学性能			使用状态	用　途
		σ_b/MPa	σ_s/MPa	δ_5/%		
09MnV (Q295)	≤16	430～580	≥295	≥23	热轧或正火	车辆中的冲压件、建筑金属构件、冷弯型钢
	>16～25		≥275			
09Mn2 (Q295)	≤16	440～590	≥295	≥22	热轧或正火	低压锅炉、中低压化工容器、输油管道、储油罐等
	>16～30	420～570	≥275	≥22		
16Mn (Q345)	≤16	510～660	≥345	≥22	热轧或正火	各种大型钢结构、桥梁、船舶、锅炉、压力容器、电站设备等
	>16～25	490～640	≥325	≥21		
15MnV (Q390)	>4～16	530～680	≥390	≥18	热轧或正火	中高压锅炉、中高压石油化工容器、车辆等焊接构件
	>16～25	510～660	≥375	≥18		
16MnNb (Q390)	≤16	530～680	≥390	≥20	热轧	大型焊接结构,如容器、管道及重型机械设备、桥梁等
	>16～20	510～660	≥375	≥19		
14MnVTiRE (Q440)	≤12	550～700	≥440	≥19	热轧或正火	大型船舶、桥梁、高压容器、重型机械设备等焊接结构件
	>12～20	530～680	≥410	≥19		

(2) 合金渗碳钢　渗碳钢通常是指经渗碳、淬火、低温回火后使用的钢，主要用于制造表面承受强烈摩擦和磨损，同时承受动载荷，特别是冲击载荷的机器零件。这类零件都要求表面具有高的硬度、耐磨性和接触疲劳强度，心部要有较高的强度和足够的韧性。

渗碳钢可分为碳素渗碳钢和合金渗碳钢。碳素渗碳钢的平均碳质量分数一般在 0.10%～0.20%，淬透性低，仅能在表面获得高的硬度，而心部得不到强化，只适用截面比较小的渗碳件。合金渗碳钢的平均碳质量分数一般在 0.10%～0.25% 之间，加入 Ni、Mn、B 等合金元素，以提高钢的淬透性，使零件在渗碳淬火后表面和心部都能得到强化。加入少量的 V、W、Mo、Ti 等碳化物形成元素，可防止高温渗碳时晶粒长大，起到细化晶粒的作用。

合金渗碳钢热处理后渗碳层的组织由回火马氏体＋粒状合金碳化物＋少量残余奥氏体组成，表面硬度一般为 58～64HRC。心部组织与钢的淬透性及工件截面尺寸有关，完全淬透时为低碳回火马氏体，硬度为 40～48HRC；多数情况下，是由托氏体＋回火马氏体＋少量铁素体组成，硬度为 25～40HRC，这样就可以达到"表硬里韧"的性能。

常用渗碳钢的牌号、热处理、性能及用途见表 7-5。

表 7-5 常用合金渗碳钢的牌号、热处理、性能及用途

牌号	试样尺寸/mm	热处理/℃				力学性能（不小于）					用途
		渗碳	第一次淬火	第二次淬火	回火	σ_b/MPa	σ_s/MPa	δ_5/%	ψ/%	a_K/(J/cm²)	
20Cr	15	930	880 水油	780 水~820 油	200	835	540	10	40	60	用于 30mm 以下受力不大的渗碳件
20CrMnTi	15	930	880 油	870 油	200	1080	853	10	45	70	用于 30mm 以下承受高速中载荷的渗碳件
20SiMnVB	15	930	850~880 油	780~800 油	200	1175	980	10	45	70	代替 20CrMnTi
20Cr2Ni4	15	930	880 油	780 油	200	1175	1080	10	45	80	用于承受高负荷的重要渗碳件如大型齿轮

（3）合金调质钢 合金调质钢一般指经过调质处理后使用的合金结构钢。大多数调质钢属于中碳钢。调质处理后，钢的组织为回火索氏体。调质钢具有高的强度和良好的塑性与韧性，常用于制造一些要求具有良好综合力学性能的重要零件，如轴类、齿轮等。

① 调质钢的化学成分、特点

a. 碳质量分数介于 0.27%～0.50% 之间。碳质量分数过低时不易淬硬，回火后不能达到所需要的强度；碳质量分数过高将造成韧性偏低。

b. 合金调质钢中的主加合金元素有 Cr、Mn、Ti、Si 等，目的是提高调质钢的淬透性。

c. 加入能防止第二类回火脆性的合金元素，如 Mo、W 等。

② 调质钢的淬透性 按钢的淬透性高低，合金调质钢大致可分为三大类。

a. 低淬透性合金调质钢 这类钢的油淬临界直径为 30～40mm，典型的钢种是 40Cr，广泛用于制造一般尺寸的重要零件。

b. 中淬透性合金调质钢 这类钢的油淬临界直径为 40～60mm，典型钢种有 35CrMo 等，用于制造截面较大的零件，如曲轴、连杆等。

c. 高淬透性合金调质钢 这类钢的油淬临界直径为 60～100mm，如 40CrNiMo，用于制造大截面、重载荷的重要零件，如汽轮机和航空发动机轴等。

③ 调质钢的热处理特点 将调质钢加热至约 850℃（>A_{c3}）然后淬火。淬火介质可以根据钢件尺寸大小和钢的淬透性高低加以选择。除碳钢外，一般合金调质钢零件可以在油中淬火；合金元素的质量分数较高、淬透性特别大的钢件，甚至在空冷都能获得马氏体组织。

淬火后的调质钢必须进行回火处理，以便消除应力，增加韧性。调质钢一般在 500～650℃ 的高温进行回火处理。

常用合金调质钢的牌号、热处理、性能及用途见表 7-6 所示。

（4）合金弹簧钢 弹簧是各种机械和仪表中的重要零件。由于弹簧都是在动负荷下使用，因此要求弹簧钢必须有高的抗拉强度、高的屈强比（σ_s/σ_b）和高的疲劳强度，同时还要求有较好的淬透性和低的脱碳敏感性，在冷热状态下容易卷绕成型。

表 7-6　常用合金调质钢的牌号、热处理、性能及用途

牌　号	试样尺寸/mm	热处理/℃		力学性能(不小于)					用　途
		淬火	回火	σ_b/MPa	σ_s/MPa	δ_5/%	ψ/%	a_K/(J/cm²)	
40Cr	25	850 油	520 水油	980	785	9	45	60	作重要调质件,如轴类、连杆螺栓、汽车转向节、齿轮等
40MnB	25	850 油	500 水油	930	785	10	45	60	代替 40Cr
30CrMnSi	25	880 油	520 水油	1100	900	10	45	50	用于飞机重要件,如起落架、螺栓、对接接头、冷气瓶等
35CrMo	25	850 油	550 水油	980	835	12	45	80	用作重要的调质件,如锤杆、轧钢曲轴,是 40CrNi 的代用钢
38CrMoAlA	25	940 水油	640 水油	980	835	14	50	90	作氮化的零件,如镗杆、磨床主轴、精密丝杠、量规等
40CrMnMo	25	850 油	600 水油	1000	800	10	45	80	作受冲击载荷的高强度件,是 40CrNiMo 钢的代用钢
40CrNiMoA	25	850 油	600 水油	980	835	12	55	78	作重型机械中高负荷的轴类、直升飞机的旋翼轴、汽轮机轴等

弹簧钢的碳质量分数一般在 0.6%～0.9% 之间。碳素弹簧钢（如 65、75 钢等）的淬透性比较差,当其截面尺寸超过 12mm 时,在油中就不能淬透;若用水淬则容易产生裂纹。因此,对于截面尺寸较大、承受较重负荷的弹簧都是用合金弹簧钢制造。

合金弹簧钢的碳质量分数一般在 0.45%～0.75% 之间,钢中合金元素有 Si、Mn、Cr、W、V 等,主要是提高钢的淬透性和回火稳定性,强化铁素体和细化晶粒,提高弹性极限和屈强比。

弹簧钢按加工工艺可分为热成型弹簧和冷成型弹簧两种。

① 热成型弹簧　在加热状态下成型,成型后利用余热立即淬火。淬火后的弹簧根据使用要求采用 450～550℃ 中温回火处理,最终得到回火托氏体组织。热成型法一般用来制作截面比较大的弹簧。

② 冷成型弹簧　小尺寸弹簧通常用冷拔弹簧钢丝（片）绕制而成。用这种钢丝冷绕制成的弹簧只需进行一次 200～300℃ 的去应力回火,使弹簧定型即可使用。

常用合金弹簧钢的牌号、热处理、性能和用途见表 7-7。

表 7-7　常用合金弹簧钢的牌号、热处理、性能和用途

牌号	热处理/℃		力学性能(不小于)				用　途
	淬火	回火	σ_b/MPa	σ_s/MPa	δ_{10}/%	ψ/%	
55Si2Mn	870 油	480	1300	1200	6	30	用于工作温度低于 230℃,ϕ20～30mm 的减振弹簧、螺旋弹簧
60Si2Mn	870 油	480	1300	1200	5	25	用于工作温度低于 230℃,ϕ20～30mm 的减振弹簧、螺旋弹簧
50CrVA	850 油	500	1300	1150	δ_5 10	40	用于 ϕ30～50mm,工作温度低于 400℃ 的弹簧、板簧
60Si2CrVA	850 油	410	1900	1700	δ_5 6	20	用于 ϕ<50mm 的弹簧,工作温度低于 250℃ 的重型板簧与螺旋弹簧
55SiMnMoVNb	880 油	550	1400	1300	7	35	用于 ϕ<75mm 的弹簧或重型汽车板簧

（5）滚动轴承钢　滚动轴承在工作时，滚动体（滚珠或滚柱）和轴承内外套圈均承受周期性交变载荷，循环受力次数每分钟可达数万次。由于它们之间接触面积很小，接触应力可高达数千兆帕。另外，轴承的滚动体和套圈之间不仅存在着滚动摩擦，而且也存在相对滑动摩擦。因此，滚动轴承一般都是因为疲劳破坏或磨损而失效。另外，滚动轴承一般工作在润滑油中，所以要具有一定的抗蚀能力。

① 化学成分　滚动轴承钢一般都是高碳铬钢，其 $w_C \approx 0.95\% \sim 1.10\%$、$w_{Cr} \approx 0.40\% \sim 1.65\%$，尺寸较大的轴承可采用铬锰硅钢。

碳质量分数高是为了保证轴承钢的高强度、高硬度和高耐磨性。铬的主要作用是增加钢的淬透性，铬与碳所形成的 $(Fe，Cr)_3C$ 能阻碍奥氏体晶粒长大，减小钢的过热敏感性，使淬火后能获得细针状或隐晶马氏体组织。铬还有利于提高回火稳定性。

对于大型轴承钢，在 GCr15 的基础上加入适量的 Si（0.40%～0.65%）和 Mn（0.90%～1.20%），可以进一步改善钢的淬透性，在提高钢的强度和弹性极限的同时，不降低韧性。

② 热处理特点　轴承钢的热处理工艺主要为球化退火、淬火和低温回火。

球化退火的目的是使锻造后的轴承钢降低硬度，以利于切削加工，并为零件的最终热处理作组织准备。退火后的金相组织为球状珠光体和均匀分布细粒状碳化物，硬度低于 210HBS。

轴承钢对淬火温度要求十分严格，淬火温度过高将会增加残余奥氏体量，并会因过热而得到粗片状马氏体，以致急剧降低钢的冲击韧性和疲劳强度。

轴承钢淬火＋低温回火后的金相组织为极细的回火马氏体、分布均匀的细粒状碳化物和少量的残余奥氏体，硬度为 61～65HRC。

常用滚动轴承钢的牌号、成分、热处理工艺及用途见表 7-8。

表 7-8　常用滚动轴承钢的牌号、成分、热处理工艺及用途

牌号	化学成分/%				热处理/℃		硬度 HRC	用　　途
	w_C	w_{Cr}	w_{Si}	w_{Mn}	淬火	回火		
GCr9	1.00～1.10	0.90～1.20	0.15～0.35	0.25～0.45	810～820 水油	150～170	62～66	直径小于 20mm 的滚动体及轴承内、外圈
GCr9SiMn	1.00～1.10	0.90～1.25	0.45～0.75	0.95～1.25	810～830 水油	150～160	6～264	直径小于 25mm 的滚柱，壁厚小于 14mm、外径小于 250mm 的套圈
GCr15	0.95～1.05	1.40～1.65	0.15～0.35	0.25～0.45	820～840 油	150～160	62～64	直径小于 25mm 的滚柱，壁厚小于 14mm、外径小于 250mm 的套圈
GCr15SiMn	0.95～1.05	1.40～1.65	0.45～0.75	0.95～1.25	810～830 油	160～200	61～65	直径大于 50mm 的滚柱，壁厚≥14mm、外径大于 250mm 的套圈
GMnMoVRE	0.95～1.05		0.15～0.40	1.10～1.40	770～810 油	170±5	≥62	代替 GCr15 钢用于军工和民用方面的轴承

7.1.2.2　合金工具钢

能用于加工各种工具的合金钢称为"合金工具钢"。比如合金工具钢 Cr06、9Cr2、9CrSi、CrWMn 等，钢号前面的数字表示千分之几的平均含碳量，如果钢中的含碳量是＞

1%，则钢号中的数字就不表示。化学元素后面的数字表示这种合金元素含量的百分数。

合金工具钢的淬透性和红硬性均比碳素工具钢要高。

（1）低合金工具钢 这类钢比碳素工具钢具有更高的硬度、耐磨性、淬透性和热硬性。此外，合金工具钢还具有一定的强度、韧性和塑性，可以避免工具在使用过程中受压力、冲击力或振动而发生断裂。因而合金工具钢可以用于制造截面大、形状复杂、性能要求高的工具。

低合金工具钢成分特点是，碳质量分数 0.80%～1.50%，以保证刃具有高的硬度和耐磨性。合金元素总量＜5%。其中 Cr、Mn、Si 主要是提高钢的淬透性，Si 还能提高回火稳定性；W、V 能提高钢的硬度和耐磨性，并防止淬火加热时过热，阻止晶粒长大。其热处理主要有球化退火、淬火和低温回火。

常用低合金刃具钢的牌号、成分、热处理及用途见表 7-9。

表 7-9 常用低合金刃具钢的牌号、成分、热处理及用途

牌号	化学成分/%					热处理/℃				用　途
						淬火		回火		
	w_C	w_{Si}	w_{Mn}	w_{Cr}	$w_{其他}$	温度/℃	HRC ≥	温度/℃	HRC >	
9Mn2V	0.85～0.95	≤0.40	1.70～2.00		V0.10～0.25	780～810 油	62	150～200	60～62	丝锥、板牙、铰刀、量规、块规、精密丝杠
9CrSi	0.85～0.95	1.20～1.60	0.30～0.60	0.95～1.25		820～860 油	62	180～200	60～63	耐磨性高、切削不剧烈的刀具，如板牙、齿轮铣刀等
CrWMn	0.90～1.05	≤0.40	0.80～1.10	0.90～1.20	W1.20～1.60	800～830 油	62	140～160	62～65	要求淬火变形小的刀具，如拉刀、长丝锥、量规等
Cr2	0.95～1.10	≤0.40	≤0.40	1.30～1.65		830～860 油	62	150～170	60～62	低速、切削量小、加工材料不很硬的刀具，测量工具，如样板
9Cr2	0.85～0.95	≤0.40	≤0.40	1.30～1.70		820～850 油	62			主要做冷轧辊、钢印冲孔凿、尺寸较大的铰刀

其中 9CrSi 钢具有较高耐热性（200～260℃），良好切削性能，淬火后工具变形比较小。用这种钢可以加工成较大截面尺寸的工具（钻头、铰刀、板牙等），油中淬火或分级淬火。但是，9CrSi 钢加热过程中容易脱碳，在退火状态具有高硬度（187～241HBS），这就给切削加工和压力加工带来困难。

（2）高速钢 高速钢是一种高合金工具钢。高速钢与其他工具钢的不同之处在于高的红硬性，即高速切削时，刃部产生高温，仍能保留马氏体组织，和相应的高硬度、高强度及高耐磨性的能力。这些钢在加热到 600～650℃时，硬度不降低，使切削速度大大提高，又能长时间保持刃口锋利，故又称为"锋钢"。高速钢具有高淬透性，淬火时在空气中冷却即可得到马氏体组织，因此又俗称为"风钢"。高速钢工具的寿命和不具有红硬性的钢相比提高10～30 倍。

高速钢中包含 W、Cr、Mo、V 等合金元素，其中钨和钼是保证高速钢红硬性的主要元素。它们能急剧地提高红硬性（到 650℃）。钒能形成很硬的碳化物 VC，提高工具的耐磨性。合金元素总量超过 10%。碳质量分数高达 0.70%～1.60%。它一方面要保证能与 W、Cr、V 形成足够数量的碳化物，又要保证有一定量的碳溶于高温奥氏体中，以获得过饱和碳的马氏体，使其具有高硬度和高耐磨性，以及良好的红硬性。

高速钢属于碳化物类钢（莱氏体类钢）。在退火状态下，组织主要是合金铁素体和各种碳化物 M_6C、$M_{23}C_3$、MC、M_3C。其中 M_6C 是高速钢的主要碳化物，大部分钨（钼）和大部分钒存在于各种碳化物中。大部分铬溶解在铁素体中，18-4-1 钢中碳化物相的数量达到 25%～30%。这些碳化物往往分布不均匀，无法用热处理的方法消除，只有通过锻造的方法将其击碎，并使它分布均匀。因为碳化物分布不均匀，将使刀具的强度、硬度、耐磨性、韧性和热硬性都下降，在使用过程中容易发生崩刃或加速磨损，导致刀具早期失效。为了降低硬度，改善切削加工性，为高速钢的淬火作组织准备，锻造后要进行 860～880℃ 的球化退火。

要使高速钢具有足够的红硬性，高速钢刀具要进行高温淬火和多次高温回火（图 7-1）。W18Cr4V 高速钢的淬火加热温度 1270～1290℃。淬火的高温是为了碳化物能够全部溶解在奥氏体中，并得到铬、钨、钼和钒的高合金化的奥氏体。这才能保证淬火后得到的马氏体具有高的抗回火稳定性，即高的红硬性。对高速钢来说，具有许多残余（共晶的和二次的）碳化物，才能保留细晶粒。高速钢导热性比较差，淬火温度又高，为了避免在工具上形成裂纹，所以淬火加热时必须进行一次或两次预热。

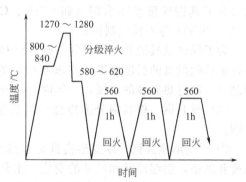

图 7-1　高速钢热处理示意图

高速钢淬火后的组织是含有 0.3%～0.4% C 的高合金马氏体，约 16% 没有溶解的残余碳化物和 30% 残余奥氏体。残余奥氏体的存在要降低钢的切削性能和力学性能，并使钢的磨削加工性变差，也影响工具尺寸的稳定性。因此，淬火后要进行三次 550～570℃ 的回火，回火过程中使残余奥氏体转变成马氏体，同时，合金碳化物的析出又引起了弥散强化。第一次回火后残余奥氏体的数量可降低到 15% 左右；第二次回火后可降低到 5% 左右。淬火后高速钢的硬度是 62～63HRC，而三次回火后可达到 63～65HRC。

高速钢淬火、回火后的组织由回火马氏体＋少量残余奥氏体＋碳化物组成。

最常用的高速钢一般包括钨系 W18Cr4V 和钨-钼系 W6Mo5Cr4V2。W6Mo5Cr4V2 钢的热塑性、韧性、耐磨性和热硬性均优于 W18Cr4V 钢，并且碳化物细小，分布均匀，密度小，价格也比较便宜，但磨削加工性不如 W18Cr4V 钢，热处理时的脱碳敏感性也较大。这种钢可用于制造耐磨性和韧性很好配合的高速切削刀具如丝锥、钻头等；尤其是适合用热轧制、扭制变形加工成型工艺制造的钻头等刀具。W18Cr4V 钢用于制造一般高速切削车刀、刨刀、铣刀、插齿刀等。

（3）量具钢　量具用钢没有专用钢种。一般地，量具的工作部分应有高的硬度（≥56HRC）与耐磨性；同时有些量具要求热处理变形小，在存放和使用的整个过程中，尺寸不发生变化，始终保持其高精度；而且量具还要求有好的加工工艺性，一般量具光洁度要求达到 ▽10（R_a 0.100）。因此，量具用钢的化学成分中，碳的质量分数高达 0.90%～1.50%，以保证高硬度和耐磨性；常加入合金元素 Cr、W、Mn 等，以提高淬透性；减小淬火变形；形成合金渗碳体，进一步提高硬度和耐磨性。

量具用钢的热处理关键在于减少变形和提高尺寸稳定性。因此，在淬火和低温回火时要采取措施提高组织的稳定性。即在保证硬度的前提下，尽量降低淬火温度，以减少残余奥氏体；淬火后立即进行-70～-80℃的冷处理，使残余奥氏体尽可能地转变为马氏体，然后进行低温回火；精度要求高的量具，在淬火、冷处理和低温回火后，尚需进行120～130℃，几小时至几十小时的时效处理，使马氏体正方度降低、残余的奥氏体稳定和消除残余应力。为了去除磨加工中所产生的应力，有时还要在磨加工后进行120～130℃保温8h和时效处理，甚至进行多次。

对于形状简单、尺寸较小、精度要求不高的量具，如一般量规与块规、卡钳、标尺、直尺，可用T10A、T12A制造；或用20、15Cr制造，并经渗碳等热处理；或用50、60钢等制造，并经高频表面淬火处理。精度要求高或形状复杂的量具，如高精度量规与块规，一般用合金工具钢或滚动轴承钢（如9CrSi、Cr2、CrWMn、GCr15等）制造。耐蚀量具可用4Cr13、9Cr18等不锈钢制作。

为了保证量具的精度，必须正确选材和采用正确的热处理工艺。例如高精度块规，是作为校正其他量具的长度标准，要求有极好的尺寸稳定性。因此常采用GCr15（或CrWMn）钢制造。经过热处理的块规，一年内每10mm长度的尺寸变量不超过0.1～0.2μm。

（4）模具钢　模具钢分为冷变形模具钢和热变形模具钢，也称为冷作模具钢和热作模具钢。

① 冷变形模具钢　冷变形模具是在高交变载荷下工作，承受很大压力、弯曲力、冲击载荷和摩擦，引起形状和尺寸的变化。主要损坏形式是磨损，也常出现崩刃、断裂而提前失效。因此，用于制造冷塑性变形模具的钢，应该具有高硬度、高耐磨性，和在保证足够韧性下的高强度。在高速变形的过程中，模具要加热到200～350℃，因此，冷变形模具钢也要求能耐热。对大型模具还必须保证大的淬透性，和淬火时小的体积变化。

冷变形模具钢中碳的质量分数多在1.0%以上，有时高达2.0%以上。高碳是要保证能与铬、钼、钒形成足够数量的碳化物；又要有一定的碳量溶于高温奥氏体中，从而获得碳过饱和的马氏体，以保证高硬度、高耐磨性和一定的热硬性。加入铬、钼、钨、钒等合金元素，能强化基体，形成合金碳化物，进一步提高硬度和耐磨性等。

常用的高铬钢Cr12V和Cr12Mo均属于莱氏体类钢，含有16%～17%的碳化物（Cr，Fe）$_7$C$_3$。钢中的钼和钒能够细化奥氏体的晶粒。这些钢具有高的耐磨性，淬透性很大，油中淬火变形很小，这对形状复杂的模具来说更为重要。高铬钢的缺点是退火状态下（207～269HBS）切削加工困难，并出现碳化物不均匀性（碳化物的大面积集结，碳化物网，碳化物带等），会降低钢的力学性能。Cr6WV钢碳化物的分布就比较均匀，往往都使用Cr6WV钢加工高强度和高耐磨性的冷变形模具。但Cr6WV钢的淬透性较小，不超过70～80mm。

要求不高的冷变形模具可用低合金刃具钢制造。大型冷作模具用Cr12型钢如Cr12V、Cr12MoV等。冷变形模具钢用于制造各种冷冲模、冷镦模、冷挤压模和拉丝模等，工作温度不超过200～300℃。目前应用最普遍、性能较好的为Cr12MoV钢，这种钢热处理变形很小，适合于制造重载和形状复杂的模具。用T10和T12加工小尺寸的拉深模（直径到25mm），而大尺寸的模具则用淬透性大的Cr钢等加工。

冷变形模具钢的热处理特点是：对于Cr12Mo钢模具，淬火加热温度1000～1050℃，Cr12V钢模具，淬火加热温度1040～1070℃，回火温度150～170℃。经该处理后模具的硬度达60～63HRC。若需要模具具有高韧性，则应提高回火温度（200～275℃），此时模具硬度降低到58～59HRC。

② 热变形模具钢 热变形模具钢是在重载荷条件下进行工作的，承受很大的冲击载荷、强烈的塑性摩擦、剧烈的冷热循环所引起的不均匀热应变和热应力以及高温氧化，常出现崩裂、塌陷、磨损、龟裂等失效现象。因此，用于制造热变形模具的钢应该具有在高温下的高力学性能（强度和韧性），并具有高耐磨性、高抗氧化性和高的热疲劳性，即在多次反复的加热和冷却中不形成热裂纹的能力。除此之外，这些钢还应具有高的耐磨性和高的热传导性。很多模具是大尺寸的，因此，该钢还应具有大的淬透性。对热变形模具来说，要求模具的整个截面都淬透，才能保证整体截面都具有高的力学性能。

热变形模具钢中碳含量规定为 0.50%～0.60%。从热锻模的工作条件出发，钢中含碳量不能过高，否则将降低钢的导热性和韧性，使其达不到性能要求，钢中含碳量也不能过低，否则就不能保证必要的强度、硬度和耐磨性。加入铬、镍、锰等元素，提高钢的淬透性，提高强度等性能。加入钨、钼、钒等元素，防止回火脆性，提高热稳定性及热硬性。适当提高铬、钼、钨在钢中的含量，可提高钢的抗热疲劳性。

热作模具钢的最终热处理一般为淬火后高温（或中温）回火，以获得均匀的回火索氏体组织，硬度在 40HRC 左右，并具有较高的韧性。

5CrNiMo、5CrMnMo、5CrNiW 等都是热变形模具钢。5CrMnMo 钢中的钼能提高耐热性、淬透性和降低出现回火脆性的倾向性。5CrNiMo 钢的过冷奥氏体具有高的稳定性，淬透性好。模具可在油中淬火。大型模具在 550～580℃下回火（35～38HRC），而小型模具则在 500～540℃下回火（40～45HRC）。

承受冲击载荷的锻锤模具就是用 5CrNiMo（0.5%～0.6% C；0.5%～0.8% Cr；1.1%～1.8%Ni；0.15%～0.3%Mo）或 5CrMnMo 加工的，在其成分中加上锰（1.2%～1.6%）取代贵重的镍加工的。820～860℃油中淬火后，模具在 500～580℃下回火，得到索氏体组织，具有高的韧性。钢的硬度范围是 35～45HRC。

热作模具钢用于制造各种热锻模、热镦模、热挤压模、精密锻造模、高速锻模等，工作时型腔表面温度可达 600℃以上。

7.1.2.3 特殊性能钢

所谓特殊性能钢是指不锈钢、耐热钢、耐磨钢等一些具有特殊的化学和物理性能的钢。

(1) 不锈钢 在环境介质作用下金属的破坏称为"腐蚀"。由于外部介质的作用，金属的力学性能急剧变差，有时，甚至表面的外部形态看不出任何变化。腐蚀是金属制件经常发生的一种现象。它会给国民经济造成巨大损失。钢的生锈，高温下的氧化，石油管道、化工设备和船舶壳体的损坏都与钢的腐蚀有关。据不完全统计，全世界因腐蚀而损坏的金属制件约占其产量的 10%。因此采取必要的措施提高金属抗蚀或耐蚀性具有非常重要的现实意义。

腐蚀分为化学腐蚀和电化学腐蚀。当气体（气体腐蚀）对金属作用时，所发生的腐蚀称为"化学腐蚀"。比如钢在高温下的氧化属于典型的化学腐蚀。但化学腐蚀不单是氧化问题，除了钢的高温氧化外，钢的脱碳、钢在石油中的腐蚀、氢和含氢气体对普通碳钢的强烈腐蚀（氢蚀）等，都属于化学腐蚀范畴。当电解质（酸、碱和盐）对金属作用时，所引起的腐蚀称为"电化学腐蚀"。比如钢在室温时的氧化（生锈）主要是属于电化学腐蚀。大气腐蚀和土壤腐蚀也属于电化学腐蚀。

电化学腐蚀的机理在于，若把两种不同金属连接并放到电解质（潮湿的空气，酸、碱、盐等的水溶液）中，即形成微电池，金属容易失去电子的为阳极，则另一极就是阴极。微电池的工作过程中，阳极被破坏。在合金的不同相之间，甚至在纯金属中也能产生微电池。晶界和其他缺陷区域就起到阳极的作用，而晶粒本身就是阴极。珠光体组织中有电极电位不同的两个相——铁素体及渗碳体，在硝酸酒精溶液中的腐蚀主要就是一种原电池（或微电池）电化学腐蚀作用的结果。

总之，提高金属的耐蚀性，一是尽量使合金在室温下呈单一均匀的组织，二是提高合金本身的电极电位。一般在合金钢中常加入较多数量的 Cr、Ni 等合金元素，能达到目的。研究表明，钢中加入一定量的合金元素铬，会使电极电位提高。在铁中加入大于 13％ 的铬后，铁的电极电位由 $-0.56V$ 突然升高至 $0.2V$。因此其抗蚀性显著提高。在不锈钢中同时加入铬和镍，可能形成单一奥氏体组织。

常用不锈钢主要包括铬不锈钢和铬镍不锈钢。铬不锈钢的化学成分、热处理工艺、力学性能及用途见表 7-10。

表 7-10　常用铬不锈钢的类别、主要成分、热处理、力学性能及用途

类别	牌号	化学成分/%		热处理/℃	力学性能					用　途
		w_C	w_{Cr}		σ_b/MPa	σ_s/MPa	δ/%	ψ/%	HRC	
马氏体型	1Cr13	0.08 ~ 0.15	12 ~ 14	1000～1050 油或水淬，700～790 回火	≥600	≥420	≥20	≥60	187 HBS	制作能抗弱腐蚀性介质、能承受冲击负荷的零件，如汽轮机叶片、水压机阀、结构架、螺栓、螺帽等
	3Cr13	0.25 ~ 0.34	12 ~ 14	1000～1050 油淬，200～300 回火	—	—	—	—	48	制作具有较高硬度和耐磨性的医疗工具、量具、滚珠轴承等
铁素体型	1Cr17	≤0.12	16 ~ 18	750～800 空冷	≥400	≥250	≥20	≥50	—	制作硝酸工厂设备如吸收塔、热交换器、酸槽、输送管道及食品工厂设备等

Cr13 型不锈钢中平均含 Cr 量为 13％。铬在不锈钢中作用是多方面的，最主要的作用是提高钢的耐蚀性。实践指出，铬钢要有高的耐蚀性，其基体中的含铬量至少要达到 11.7％（质量分数）。前面一节曾提到的 Cr12MoV 钢，其钢中平均含铬量虽然大于 11.7％，但由于其含碳量很高，所以其基体中的含铬量却远远低于 11.7％，因而 Cr12MoV 钢不属于不锈钢。

不锈钢主要在氧化性介质中耐蚀。如 1Cr13 钢在大气、水蒸气中具有良好的耐蚀性，在淡水、海水、温度不超过 30℃ 的盐水溶液、硝酸、食品介质以及浓度不高的有机酸中，也具有足够的耐蚀性，但在硫酸、盐酸、热硝酸、熔融碱中，因不能建立钝化状态，造成耐蚀性很低。因而不锈钢的耐蚀是相对的。

铬镍不锈钢（18-8 型）在我国标准钢号中被认为是 18-9 型铬镍不锈钢，此类钢化学成分、热处理、力学性能及用途见表 7-11。

此类钢一般具有奥氏体组织。其强度和硬度很低，没有磁性；其塑性、韧性及耐蚀性均比 Cr13 型不锈钢好。奥氏体型不锈钢也较适合于冷成型；其焊接性也较好。一般采取冷加工变形强化措施来提高其强度。与 Cr13 型钢比较，它的切削加工性较差；在一定条件下还会产生晶间腐蚀现象，其应力腐蚀倾向也较大。

表 7-11　18-8 型铬镍不锈钢的化学成分、热处理、力学性能及用途

牌号	化学成分/%				热处理 /℃	力学性能				用途
	w_C	w_{Cr}	w_{Ni}	w_{Ti}		σ_b MPa	σ_s MPa	$\delta_5/\%$	$\psi/\%$	
0Cr18Ni9	≤0.08	17 ~ 19	8 ~ 12	—	1050～1100 水淬（固溶处理）	≥490	≥180	≥40	≥60	具有良好的耐蚀及耐晶间腐蚀性能，在化学工业中常用
1Cr18Ni9	≤0.14	17 ~ 19	8 ~ 12	—	1100～1150 水淬（固溶处理）	≥550	≥200	≥45	≥50	可制造耐硝酸、冷磷酸、有机酸及盐、碱溶液腐蚀的设备零件
1Cr18Ni9Ti	≤0.12	17 ~ 19	8 ~ 11	$5(w_C-0.02)~0.8$	1100～1150 水淬（固溶处理）	≥550	≥200	≥40	≥55	作耐酸容器及设备衬里，输送管道等设备和零件

　　18-8 型不锈钢中碳的质量分数都很低，属于超低碳范围。钢中约有 18%Cr 和 9%Ni，其主要作用是产生钝化，提高阳极电极电位，增加耐蚀性；扩大 γ 相区，使钢的 M_s 点降至室温以下，因而钢在室温时具有单相奥氏体组织。铬和镍共同作用，进一步改善了钢的耐蚀性。钢中 Ti 的主要作用是为抑制 $(Cr,Fe)_{23}C_6$ 在晶界上析出，消除钢晶间腐蚀倾向。

　　(2) 耐热钢　在高温下（高于 550℃）对气体腐蚀是稳定的钢称为"耐热钢"。它包括高温抗氧化钢和热强钢。耐热钢就是在高温下不发生氧化，并对机械负荷作用具有较高抗力的钢。

　　金属抵抗高温氧化性气氛腐蚀作用的能力称为抗氧化性。含铝或铬等的合金钢在高温时能形成比较致密的氧化铝和氧化铬等氧化膜保护层（称保护膜）阻挡外界氧原子往里扩散，增强了钢的抗氧化性。金属的抗氧化性是保证零件在高温下能持久工作的重要条件。

　　高温强度是金属材料在高温下对机械负荷作用的抗力。金属在高温下表现出的力学性能与室温下大相径庭，当温度高于钢的再结晶温度时，除受力的作用产生塑性变形和加工硬化之外，钢还会发生再结晶和软化的现象。当零件的工作温度高于金属的再结晶温度，工作应力大于金属在该温度下的弹性极限时，随时间的延长金属将发生缓慢变形，称为"蠕变"。金属对蠕变抗力愈大，表明金属高温强度愈高。通常加入能升高钢的再结晶温度的合金元素来提高钢的高温强度。

　　在高温下有良好的抗氧化性而有一定强度的钢称为抗氧化钢，又称耐热不起皮钢。它多用来制造锅炉用零件和热交换器等，如燃气轮机的燃烧室、锅炉吊挂、加热炉底板和辊道以及炉管等。高温炉用零件的氧化剥落是零件损坏的主要原因。锅炉过热器等受力零件的氧化还会削弱零件的结构强度，因此在设计时要增加氧化余量。高温螺栓氧化会造成螺纹咬合，因此该类零件都要求高的抗氧化性。

　　要提高钢的抗氧化性主要是向钢中加铬，以及铝或硅，即能溶入固溶体，并能在加热过程中形成氧化物 $(Cr,Fe)_2O_3$，$(Al,Fe)_2O_3$ 保护膜的元素。向钢中加入 5%～8% Cr，钢的抗氧化性能提高到 700～750℃；铬的含量增加到 15%～17%，钢的抗氧化性就提高到 950～1000℃；加上 25% Cr，钢的抗氧化性提高到 1100℃。

　　含有 25% Cr，再加上 5% Al 的合金钢，其抗氧化性就提高到 1300℃。钢的抗氧化性取决于钢的化学成分，与组织无关。同时，铁素体钢和奥氏体钢的抗氧化性，在含铬量相同的

情况下，实际上是一样的。

要制造各种高温设备、炉子零件、汽轮机等，就得使用耐热铁素体（12Cr17，15Cr25Ti 等）和耐热奥氏体（20Cr23Ni13，12Cr25Ni16Mn7N，36Cr18Ni25Si2 等）钢。

高温下有一定抗氧化能力和较高强度以及良好组织稳定性的钢种称为热强钢。汽轮机、燃气轮机的转子和叶片，锅炉过热器，高温工作的螺栓和弹簧，内燃机进、排气阀等用钢均属此类。

常用的热强钢有珠光体钢、马氏体钢、奥氏体钢等几种。

① 珠光体钢　这类热强钢在 600℃ 以下温度范围内使用；它们含合金元素最少，其总量一般不超过 3%～5%，广泛用于动力、石油等工业部门作为锅炉用钢及管道材料。常用的珠光体钢有 15CrMo、12Cr1MoV 等。

② 马氏体钢　前面提到的 Cr13 型马氏体不锈钢除具有较高的抗蚀性外，还具有一定的耐热性。所以 1Cr13 及 2Cr13 等钢既作为不锈钢，又可作为热强钢来使用。1Cr13 钢的含碳量较低，因此它的热强性比 2Cr13 钢稍优，它们用作汽轮机叶片。1Cr13 可在 450～475℃ 使用，而 2Cr13 只能用到 400～450℃。

③ 奥氏体钢　这类热强钢在 600～700℃ 温度范围内使用；它们含大量合金元素，尤其是含有较多的 Cr 和 Ni，其总量大大超过 10%，广泛应用于汽轮机、燃气轮机、航空、舰艇、火箭、电炉、石油及机化工等工业部门中。常用的奥氏体钢有 1Cr18Ni9Ti、4Cr14Ni14W2Mo 等。

1Cr18Ni9Ti 既是奥氏体不锈钢，又是一种广泛应用的奥氏体热强钢，它的抗氧化性可达 700～900℃，在 600℃ 左右有足够的热强性，在锅炉及汽轮机制造方面用来制造 610℃ 以下的过热器管道及构件等。钢中含约 18%Cr，主要用以提高钢的抗氧化性和热强性；约 9% Ni，主要用以形成稳定的奥氏体组织。铬镍奥氏体钢的组织稳定，高温下长期使用也不会脆化。镍不能提高铁素体的蠕变抗力，也不是有效的抗氧化元素。钛形成碳化物的能力很强烈，与钒有类似的作用，它通过形成细小弥散的碳化物来提高钢的高温强度。

以上介绍的耐热钢仅适用于 650～750℃ 以下的工作温度。如果零件的工作温度超过 750℃，则应考虑选用镍基、钴基等耐热合金。工作温度超过 900℃ 可考虑选用铌基、钼基、陶瓷合金等。

（3）耐磨钢　所谓耐磨钢主要是指在冲击载荷作用下产生加工硬化的高锰钢。其主要成分有 1.0%～1.3%C，11%～14%Mn（[Mn]/[C]＝10～12）。因该钢机械加工比较困难，大都铸造成型，所以其牌号为 ZGMn13。高锰钢铸件硬而脆，耐磨性也差，很难应用于实际。这是因为其铸态组织中存在着碳化物，而当高锰钢全部获得奥氏体组织时才表现出良好的韧性和耐磨性。

为使高锰钢获得奥氏体组织，常对高锰钢进行"水韧处理"。所谓水韧处理是把钢加热至临界温度以上（在 1000～1100℃），保温一段时间，使钢中碳化物能全部溶解到奥氏体中，然后迅速把钢淬入水中冷却。因冷速非常快，碳化物来不及从奥氏体中析出，而保持了均匀的奥氏体状态。水韧处理后，高锰钢组织是单一奥氏体，其硬度并不高。当它在受到剧烈的冲击或较大压力作用时，表层奥氏体将迅速产生加工硬化，并有马氏体及 ε 碳化物沿滑移面形成，从而使表层硬度提高，并且使表层获得高的耐磨性。而其心部则仍维持原来的奥氏体状态。

水韧处理后的高锰钢不能加热到 250℃ 以上。因为加热温度超过 300℃ 时，极短时间内即开始析出碳化物，使钢性能变差。所以高锰钢铸件水韧处理后一般不回火。

高锰钢广泛应用于既耐磨损又耐冲击的一些零件。在铁路交通方面，高锰钢用于铁道上的辙岔、辙尖、转辙器及小半径转弯处的轨条等。高锰钢用于这些零件，不仅由于它具有良好的耐磨性，而且由于它材质坚韧，不容易突然折断。即使有裂纹开始发生，由于加工硬化作用，也会抵抗裂纹的继续扩展，使裂纹扩展缓慢而易被发觉。另外高锰钢在寒冷气候条件下，还有良好的力学性能，不会冷脆。高锰钢使用于挖掘机之类的铲斗、各式碎石机的颚板、衬板，显示非常优越的耐磨性。高锰钢在受力变形时，能吸收大量的能量，受到弹丸射击时也不易穿透。因此高锰钢也用于制造防弹板以及保险箱钢板等。高锰钢还大量用于挖掘，也可用于既耐磨损又抗磁化的零件，如吸料器的电磁铁罩。

7.2　铸铁

在铁-渗碳体相图中，把碳质量分数大于 2.11％的铁碳合金称为铸铁，是以铁、碳、硅为主的多元合金，在铸铁的组织中存在共晶体，因此，铸铁具有优良的铸造性、切削加工性、减摩性、吸震性和低的缺口敏感性，铸铁熔炼铸造工艺简单，价格低廉，在各类机械中占机器总质量的 45％～90％，使得铸铁材料成为在机械工程上应用仅次于钢材的金属材料。

在各类铸铁中，它们的组织都是由金属基体和石墨两部分组成，铸铁的性能都同石墨的数量与形态有关。因此，铸铁的石墨化过程，就是铸铁的一个重要理论问题。

7.2.1　铸铁的石墨化与分类

7.2.1.1　铸铁的石墨化

所谓铸铁的石墨化是指在铸铁的组织中，石墨的形成过程。在铸铁中，碳可能以渗碳体和石墨两种形式存在，从热力学上来说，其中渗碳体是一个亚稳定相，而石墨则是稳定相。因此，根据铸铁结晶条件的不同，铁碳二元合金可能会出现铁-渗碳体和铁-石墨两种不同的结晶方式。图 7-2 就是绘制在同一坐标系中的铁-渗碳体和铁-石墨双重相图。

从铁-渗碳体状态图上可以看出，当冷速较大时，由于形成渗碳体的条件比较有利，所以，结晶是按 Fe-Fe_3C 状态图进行，只有在很缓慢的冷却条件下，碳原子能够得到充分的扩散，以及铁原子的自扩散能力增大时，才能从液相中或奥氏体中形成石墨，即结晶按 Fe-G 状态图进行。根据铁水从高温冷却的情况，可以把铸铁的石墨化分为三个阶段。

第一阶段：液相冷却至 $C'D'$ 线后，开始从液相中析出石墨（G_I）。随着温度的降低，石墨数量不断增多，液相相应减少，在 $1154℃$ 时剩余液相发生共晶转变，结晶出奥氏体和共晶石墨（$G_{共晶}$），共晶反应为：

$$L_{C'} \xrightarrow{1154℃} A_{E'} + G_{共晶}$$

第二阶段：在 1154～$738℃$ 之间，即共晶温度和共析温度之间时，碳在奥氏体中的溶解度随着温度降低沿 $E'S'$ 减少，过饱和的碳以石墨（G_{II}）形式析出，其反应式为：

$$A_{E'} \xrightarrow{1154～738℃} A_{S'} + G_{II}$$

第三阶段：在共析温度（$738℃$）时，发生共析转变的反应式为：

$$A_{S'} \xrightarrow{738℃} F_{P'} + G_{共析}$$

一般地，铸铁在高温冷却过程中，由于原子扩散能力较强，第一、第二阶段石墨化容易完全进行，即按照 Fe-G 相图进行结晶，但在石墨化转变的第三阶段，由于温度较低，石墨

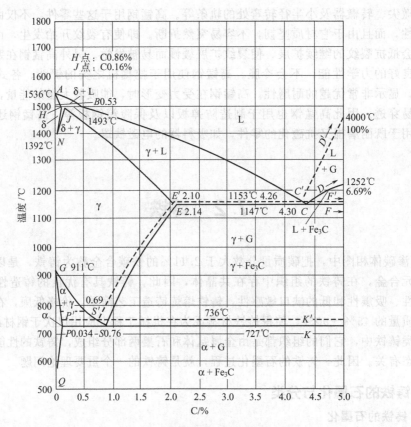

图 7-2　铁-碳合金双重相图

L—液态合金；γ—奥氏体；α，δ—铁素体；G—石墨

化过程被部分或全部抑制。所以，根据不同阶段的石墨化程度，即铸铁成分及冷却速度等条件的不同，可以获得不同基体组织的铸铁。

7.2.1.2　铸铁的分类

根据上述分析，按石墨化过程的不同，即可得到各种基体组织的铸铁，通常铸铁的分类方法较多，可按石墨化程度、石墨形态、断口特征等进行分类，最常用的是将铸铁分成五大类。

① 灰口铸铁：铸铁中的石墨以片状形式存在，其断口呈暗灰色，因此得名。

② 球墨铸铁：在铁水中加入球化剂，使石墨结晶时全部或大部分呈球状，分布于基体中。

③ 可锻铸铁：白口铸铁通过高温石墨化退火或氧化脱碳的可锻化处理，石墨呈团絮状。

④ 白口铸铁：碳除少量溶于铁素体外，其余全部以渗碳体形式存在，其断口呈亮白色。

⑤ 蠕墨铸铁：铸铁中的石墨以蠕虫状形态存在，通过蠕化剂与铁水反应后凝固得到。

7.2.2　常用铸铁

7.2.2.1　灰口铸铁

灰口铸铁中的石墨是以片状形式存在，片状石墨会降低断裂抗力，降低强度，特别是急剧地降低塑性。灰口铸铁的延伸率不取决于金属基体的性能，几乎等于零。片状石墨对抗压强度和硬度的影响很小，铸铁的抗压强度和硬度的大小，主要决定于铸铁金属基体的组织。

受压时，铸铁能够承受较大的变形，抗压强度比抗拉强度高 3～5 倍。因此，铸铁优先使用于承受压力的零部件上。

片状石墨对弯曲强度的影响也不大，因为工件也是承受压缩应力。弯曲强度是抗拉强度和抗压强度的中间值。铸铁的硬度一般是 143～255HBS。片石墨的存在破坏了金属基体的完整性，成为应力集中源。因此，灰口铸铁不管是简单形状的铸件，还是平板铸件，也不管是带切口的复杂形状铸件，还是表面加工很差的铸件，其结构强度都一样。因为石墨能起到润滑作用，并提高润滑剂膜层的强度。所以石墨能提高铸铁的耐磨性和抗摩擦性能，同时片石墨改善了铸铁的切削加工性。

灰口铸铁按照性能和用途可以分为铁素体灰口铸铁、铁素体-珠光体灰口铸铁、珠光体灰口铸铁、变质铸铁。铁素体灰口铸铁中，石墨数量多，而且粗大，因此，在几种铸铁中，铁素体灰口铸铁的力学性能最差。所以只能用于制造负荷低和不重要的零件。铁素体-珠光体灰口铸铁中，组织是铁素体＋珠光体＋片石墨。在这种铸铁中，石墨的数量少，而且细小，分布也较均匀，力学性能也较好，一般用于制造承受中等应力的零件，如支柱、底座、齿轮箱等。珠光体灰口铸铁中，组织是由细小的片状珠光体和尺寸细小、分布又均匀的石墨组成。珠光体灰口铸铁的力学性能最好。这种铸铁用于制造承受较大应力的零件，如床身、活塞、汽缸、大压力下工作的磨损零件等。变质铸铁是在浇铸前，向铁水中加入变质剂（75％硅铁合金，0.3％～0.8％硅钙合金等）得到的。加入变质剂的目的是在铸铁的结晶过程中能够产生大量的结晶核心，以促进石墨的形核和结晶，这样不仅可以防止白口，也可使片状石墨的结晶显著细化，提高力学性能。变质铸铁广泛使用于工业生产中，用来制造力学性能要求较高且截面尺寸变化较大的大型机械零件。

灰口铸铁的碳质量分数大多在 2.7％～3.8％，硅的质量分数在 0.9％～2.7％。碳和硅对灰口铸铁力学性能的影响可用碳当量 C_E 表示。根据所希望获得的力学性能，可以选取合适的碳当量。还有一定量的硫、磷、锰等元素。

铸铁的牌号由代号、合金元素符号及其质量分数、力学性能所组成。牌号中以铸铁的代号开始，取汉语拼音字母，其后为合金元素的符号及其质量分数，最后为铸铁的力学性能。力学性能若为一组数据时表示其抗拉强度值；为两组数据时，第一组表示抗拉强度值，第二组表示伸长率值，两组数字之间用"-"隔开。

常用的灰口铸铁分类、牌号、组织、性能及用途如表 7-12 所示。

表 7-12　常用的灰口铸铁分类、牌号、组织、性能及用途

分类	铸铁牌号	显微组织	毛坯直径/mm	抗拉强度/MPa≥	抗压强度/MPa≥	硬度 HBS	用途举例
普通灰铸铁	HT100	F+P（少）+粗片 G	30	100	500	143～229	负荷很小的不重要件或薄件,如重锤、防护罩、盖板等
	HT150	F+P+较粗片 G	30	150	650	143～241	承受中等载荷件,如机座、支架、箱体、法兰、泵体、缝纫机件、阀体
	HT200	P+中等片 G	30	200	750	163～255	承受中等载荷重要件,如汽缸、齿轮、机床床身、飞轮、底架、中等压力阀阀体
变质铸铁	HT250	细 P+细片 G	30	250	1000	163～255	机体、阀体、油缸、床身、凸轮、衬套等
	HT300	S(T)+细小片 G	30	300	1100	170～255	齿轮、凸轮、剪床、压力机床身、重型机械床身、液压件等
	HT350		30	350	1200	170～269	

为消除铸造过程产生的内应力和稳定尺寸，灰口铸件要进行 $500\sim600℃$ 的退火。保温时间取决于铸件的形状和尺寸，一般选取 $2\sim10h$，尺寸较大、形状复杂的铸件，保温时间采用上限。退火后随炉冷却。经退火之后，力学性能变化不大，而内应力能消除 $80\%\sim90\%$。有时为消除铸件的内应力可采用铸件的自然时效（一般用于大型铸件），即把铸件放到仓库或在露天条件下 $6\sim10$ 个月的时间，这种自然时效也能使铸件的内应力降低到 $40\%\sim50\%$。对于需要提高表面耐磨性的铸铁，在机械加工后可以用快速加热的方法对铸铁表面进行淬火热处理。淬火后铸铁表面为马氏体＋石墨的组织。珠光体基体铸铁淬火后的表面硬度可以达到 50HRC 左右。

7.2.2.2 球墨铸铁

铁水经过球化处理（加入 $0.03\%\sim0.07\%$ 镁处理液体金属的方法，或者加上 $8\%\sim10\%$ 的镁镍合金，或者硅铁处理液体金属的方法）后，石墨可以呈球状分布于基体中。铸铁的组织中，在结晶过程中形成球状石墨的铸铁称为球墨铸铁。

球状石墨在一定的容积下具有最小的表面，这样就比片状石墨大大地降低了对金属基体的弱化，并不能成为应力集中源，基体强度利用率可达 $70\%\sim90\%$。和灰口铸铁相比，球墨铸铁具有高得多的强度、韧性和塑性，同时还保留了灰口铸铁所具有的耐磨、减震、易切削、对缺口不敏感等特性。

碳和硅是对球墨铸铁力学性能和基体组织影响最大的化学元素，球墨铸铁的碳当量一般在 $4.5\%\sim4.7\%$，等于或略高于共晶成分，有利于球化和防止出现白口。增加碳当量可以增加球墨铸铁铸态铁素体量，减少珠光体量，此时硅的质量分数一般为 $2.4\%\sim2.9\%$。如果要求珠光体基体时，硅的质量分数应控制在 $2.0\%\sim2.6\%$。

在球墨铸铁中，球化元素（一般用镁或稀土镁合金）的脱硫能力比锰强得多，所以锰在球墨铸铁中主要起合金化作用，一般 w_{Mn} 为 $0.3\%\sim0.8\%$。对于铁素体球铁，w_{Mn} 在 $0.3\%\sim0.5\%$。贝氏体球铁的 w_{Mn} 也应在 0.5% 以下。

球墨铸铁牌号中 QT 是"球铁"汉语拼音的第一个字母，后面的第一组数字代表抗拉强度的最低值，第二组数字代表延伸率。如 QT600-3；QT400-18 等。常用的球墨铸铁牌号、组织、力学性能和用途如表 7-13 所示。

表 7-13　球墨铸铁的主要牌号、力学性能和用途举例

牌号	σ_b/MPa	$\sigma_{r0.2}$/MPa	δ/%	硬度 HBS	组织	用途举例
QT400-18	400	250	18	$130\sim180$	F＋球 G	汽车和拖拉机的底盘零件,减速器,
QT450-10	450	310	10	$160\sim210$	F＋球 G	高压阀门阀体、阀盖,农机具及牵引架
QT500-7	500	320	7	$170\sim230$	P＋F＋球 G	机油泵齿轮,水轮机阀门体,车辆瓦
QT500-3	600	370	3	$190\sim270$	P＋F＋球 G	轴
QT700-2	700	420	2	$225\sim305$	P＋球 G	柴油机和汽油机的曲轴,连杆缸套,起重机滚轮

为了提高球墨铸铁铸件的力学性能（塑性和韧性）和消除内应力，铸件要进行热处理（退火，正火，淬火和回火）。球墨铸铁的石墨化退火主要是使铸态组织中的自由渗碳体和珠光体中的共析渗碳体分解，从而得到高塑性的铁素体球墨铸铁。石墨化退火工艺有两种：高温石墨化退火和低温石墨化退火。当铸态组织中不仅有珠光体，而且渗碳体 $\geq3\%$ 时，应进行高温退火。当铸态组织仅为铁素体＋珠光体时，为获得铁素体基体，则只需进行低温石墨化退火。

球墨铸铁的正火是为了得到以珠光体为主的基体组织，并细化晶粒，提高球墨铸铁的强度和硬度。铸态组织无渗碳体时，可采用正火工艺，使其获得珠光体球墨铸铁。当铸态组织中渗碳体≥3％时，应采用高温分解碳化物，使基体组织全部奥氏体化，然后再出炉空冷，得到珠光体球墨铸铁。正火后，为了消除内应力，可增加一次消除内应力的退火或回火处理。

球墨铸铁的淬火和回火是为了得到回火马氏体、回火托氏体或回火索氏体组织，提高球墨铸铁的强度、硬度和耐磨性。球墨铸铁的淬火是将铸件加热到860～880℃保温1～4h，然后放入油或水中淬至200～300℃立即取出。复杂铸件可淬入80～100℃油中，以防止出现裂纹。为了获得所需要的基体组织，对淬火后的球墨铸铁要进行回火处理。

球墨铸铁的铸件广泛使用于国民经济的各个领域。在汽车制造业和柴油机制造业中用于制造曲轴、汽缸盖等其他零件，在重型机器制造业中，用于制造轧钢机的许多零件，在锻压设备中（如，锻锤底座，轧钢机轧辊等），在化学工业中和石油工业中用于制造泵的壳体，阀门等，球墨铸铁也用于制造在高压下（1200MN/m²）工作的机床、锻压设备的轴承和其他摩擦组合件。

7.2.2.3 可锻铸铁

将白口组织的铸件，在高温下（退火）进行长时间的加热即可得到可锻铸铁。也即白口铸铁经退火后而获得的一种铸铁，又称为玛钢。由于退火则形成了团絮状的石墨，这种石墨同片状石墨相比，对铸铁组织的金属基体的强度和塑性降低影响小。可锻铸铁的金属基体有铁素体和珠光体，铁素体基体可锻铸铁具有更高的塑性。

实际生产中需进行两个阶段的退火才能使白口铸铁变成可锻铸铁（图7-3），铸件首先在950～970℃保温，在这段时间内进行第一阶段石墨化，即使莱氏体中的渗碳体进行分解，莱氏体是奥氏体和渗碳体的机械混合物，在950～970℃的温度下，渗碳体要分解成奥氏体和石墨，并建立奥氏体＋石墨的稳定平衡，由于在高温下通过碳原子的扩散和铁原子的自扩散，使渗碳体分解，形成团絮状的石墨。

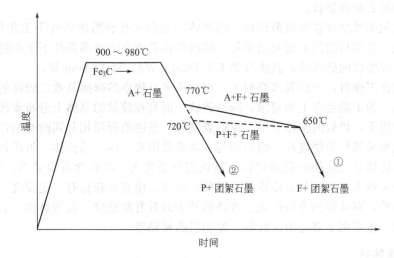

图7-3 可锻铸铁退火示意图

经退火可得到可锻铸铁的白口铸铁的化学成分应为2.5％～3.0％C；0.7％～1.5％Si；0.3％～1.0％Mn；≤0.12％S；≤0.18％P（取决于对金属基体组织的要求）。该铸铁具有低的碳当量。更低的碳含量能够提高塑性，因为退火中析出的石墨的数量少；而降低硅含量，就能减少冷却时铸件组织中的片状石墨形成，这均有利于提高铸件的塑性。

铁素体可锻铸铁因其断口中心呈暗灰色，故有"黑心可锻铸铁"之称。其牌号是"KTH"，它们是"可"、"铁"、"黑"汉语拼音的第一个字母。后面的第一组数字表示最低抗拉强度，第二组表示最低延伸率，如 KTH300-06 等。

珠光体可锻铸铁的牌号中再加"珠"字的汉语拼音第一个字母，以"KTZ"表示，其后面数字意义与铁素体可锻铸铁相同。如 KTZ450-06 等，常用的可锻铸铁的牌号、组织、力学性能和应用如表 7-14 所示。

表 7-14 可锻铸铁的牌号、组织、力学性能和用途

牌号	抗拉强度/MPa	伸长率/%	硬度 HBS	应用举例
KTH300-06	300	6	≤150	水暖管件(如三通、弯头、阀门)，机床扳手，汽车、拖拉
KTH350-10	350	10		机转向结构、后轿壳，农机件等
KTZ450-06	450	6	150～200	曲轴、凸轮轴、连杆、轴套、万向接头、扳手等零件
KTZ650-02	650	2	200～260	

注：试样直径为 12mm 或 15mm。

7.2.3 合金铸铁

工业生产的快速发展对铸铁的性能提出了特殊要求，通过合金化处理开发了耐磨铸铁、耐热铸铁、耐蚀铸铁等合金铸铁。

合金铸铁是指铸铁内除碳、硅元素外还有其他合金元素。合金元素的质量分数小于 5% 的铸铁称为低合金铸铁；合金元素质量分数在 5%～10% 之间的铸铁称为中合金铸铁；合金元素质量分数大于 10% 的铸铁称为高合金铸铁。

7.2.3.1 耐磨铸铁

耐磨铸铁用于制造滑动轴承、衬套及其他一些用于同金属发生摩擦的零件，这种铸铁应该具有低的摩擦系数，即耐磨性要好。铸铁的耐磨性决定于在基体中的珠光体和铁素体的比例，以及石墨的数量和形状。

耐磨铸铁包括减摩铸铁和抗磨铸铁。减摩铸铁是指在有润滑的条件下工作的耐磨铸铁，如机床的导轨、发动机的汽缸套及活塞等。抗磨铸铁是指在干摩擦条件下工作的各种耐磨铸铁，如轧辊、球磨机的磨球等，其牌号如 KMTBMn5W3，MQTMn6 等。

减摩铸铁在工作时，不仅要求磨损少，而且还要有较小的摩擦系数、较高的导热性以及良好的加工性。为了满足以上的要求，减摩铸铁一般是在较软的基体上分布着硬质相，在摩擦副的相互作用下，较软的基体下凹，保持着油膜；坚硬的硬质相起到耐磨的作用。

抗磨铸铁要求铸件的硬度高，组织均匀，通常采用莱氏体、马氏体、贝氏体或奥氏体组织。普通白口铸铁是最简便的抗磨铸铁，其缺点是脆性大。若将含有少量 B、Cr、Mo、Ni 等元素的低合金铁水，注入放有冷铁的金属模中成型，使表面获得一定深度的白口层，而内部为灰口铸铁，则可得到冷硬铸铁。冷硬铸铁表面具有高硬度、高耐磨性，心部具有一定的韧性和强度，主要用于制造冶金轧辊、发动机凸轮轴等。

7.2.3.2 耐热铸铁

耐热铸铁属于特种铸铁，耐热铸铁具有高的抗氧化性，晶粒不易长大，耐热铸铁要具有热强性，即在高温下，要长时间地具有高强度和高的抗蠕变性，也是高温下的一种耐腐蚀的铸铁。加上合金元素硅和铬可以提高灰口铸铁和球墨铸铁的耐热性。这种铸铁的特征是高耐热性（抗氧化性）可以达到 700～800℃。奥氏体铸铁就具有高的耐热性和抗氧化性。因此，奥氏体球墨铸铁广泛地作为耐热铸铁使用。其牌号如 RTCr16、RTSi5 等。

为了提高耐热性，奥氏体球墨铸铁要进行 1020～1050℃空气中冷却的退火，和随后的 550～600℃的回火。退火后，合金碳化物成为细小的圆形颗粒，而 M_3C 碳化物就溶解在奥氏体中。向铸铁中加硅就可以提高铸铁的抗腐蚀性能，加硅的铸铁，它们在硫酸、硝酸和一系列的有机酸中，都具有高的抗腐蚀性。为了提高硅铸铁的抗腐蚀性还要加钼。含镍的奥氏体铸铁在碱中就具有高的抗腐蚀性。

奥氏体铸铁也当作非磁性材料使用。当需要最小的功率损失时，或需要避开磁场歪扭时，就要使用非磁性铸铁。

7.2.3.3 耐蚀铸铁

铸铁是一多相组织，耐蚀性很差，为提高其耐蚀能力，一是可以加入 Si、Al、Cr 等元素，使铸件表面形成连续、致密、牢固的保护膜；二是可以加入 Cr、Ni、Cu、Mo 等元素，提高铸铁基体的电极电位，降低原电池的电动势，从而防止或减缓铸铁的电化学腐蚀。铸铁中石墨含量越少，形状越接近球形，腐蚀介质越难渗入铸铁内部，则耐腐蚀性越好。其牌号如 STSi15R，STSi15Mo3R 等。

7.3 有色金属及合金

有色金属是指除铁、铬、锰之外的其他所有金属，有色金属及其合金也称为非铁合金，它具有一系列在物理、化学及力学等方面不同于钢铁材料的特殊性能，它包括重金属、轻金属、贵金属、半金属和稀有金属等，在机械、交通、石油化工、电力、航空等领域得到广泛的应用，亦成为现代工业中不可缺少的、重要的工程材料。

7.3.1 铝及铝合金

铝及其合金在工业生产中的应用量仅次于钢铁，居有色金属的首位，其最大特点是质量轻，比强度和比刚度高，导热、导电性好，耐腐蚀，广泛用于飞机制造业，成为宇航、航空等工业的主要原材料，在民用工业中，广泛用于食品、电力、建筑、运输等各个领域。

7.3.1.1 工业纯铝

铝是银灰色金属，熔化温度 658℃，铝具有面心立方晶格。无同素异晶转变。密度小（2.7g/cm³）是铝的最重要特征。铝具有高的导电性和导热性，其导电性仅次于 Ag、Cu、Au。因此，可用来制造电线、电缆等各种导电材料和各种散热器等导热元件。

工业纯铝含有 Fe 和 Si 等杂质，随着杂质的质量分数的增高，纯铝的强度提高，塑性、导电性和耐蚀性降低。工业纯铝牌号是用"铝"的汉语拼音字首"L"加顺序号数字表示，牌号有 L1、L2、L3、L4、L5、L6 六种，数字越大，表示杂质的含量越高。

工业纯铝可加工成板材、型材、棒材、线材及其他半成品。Fe、Si、Cu、Mn、Zn 作为铝中的杂质存在。由于在铝的表面上能形成一层薄的，并且和基体结合很牢的 Al_2O_3 的保护膜，因此，铝具有高的抗腐蚀性。铝的纯度愈高，它的抗腐蚀性也愈好。冷塑性变形能提高工业纯铝的强度极限到 $150MN/m^2$，但相对延伸率下降到 6%。铝容易进行压力加工，但切削加工困难，可以用各种焊接方法进行焊接。

由于工业纯铝的低强度，可以加工成需要高塑性，良好焊接性能，抗腐蚀，高导热性和高的电传导性的零件和结构元件。但工业中更广泛使用的还是铝合金。大部分工业纯铝用来配制铝合金。

7.3.1.2 铝合金

(1) 铝的合金化　人们在实践中发现，在铝中加入适量的某些合金元素，再经过冷变形或热处理，可大大提高其力学性能。固态铝无同素异构转变，因此不能像钢一样借助于热处理相变强化。在铝中加入适量的合金元素，如 Cu、Zn、Mg、Ti 等配制成铝合金，可以改变铝的组织结构，提高其力学性能。合金元素对铝的强化作用主要表现为固溶强化、沉淀强化、过剩相强化和细化组织强化。

(2) 铝合金的分类　最广泛使用的铝合金是：Al-Cu；Al-Si；Al-Mg；Al-Cu-Mg；Al-Cu-Mg-Si；Al-Mg-Si；Al-Zn-Mg-Cu。在平衡状态下，这些合金都是低合金固溶体和金属间化合物相 $CuAl_2$（θ 相），Mg_2Si，Al_2CuMg（S 相），Al_6CuMg_4，$Al_2Mg_3Zn_3$（T 相），Al_3Mg_2 等。所有的铝合金根据其成分和生产加工方法，可分为两大类：变形铝合金和铸造铝合金。变形铝合金又分为热处理不能强化的变形铝合金和热处理能够强化的变形铝合金（如图 7-4）。

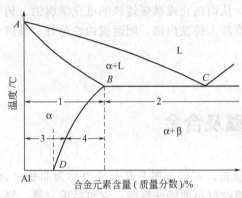

图 7-4　铝合金分类示意图
1—变形铝合金；2—铸造铝合金；3—不能热处理强化的铝合金；4—能热处理强化的铝合金

① 变形铝合金　成分位于 D 点以左的合金加热到固溶线以上时，可得到均匀的单相固溶体，其塑性变形能力很好，适宜于压力加工，因此这种铝合金称为变形铝合金。

根据变形铝合金的强化特点，可将其分为两类，即可热处理强化的变形铝合金和不能热处理强化的变形铝合金。成分在 D 点以左的铝合金，因其固溶体成分不随温度而变化，不能通过时效处理强化，称为不可热处理强化的变形铝合金。成分在 B、D 之间的合金，其固溶体的成分将随温度而变化，可以进行时效处理强化，称为可热处理强化的变形铝合金。

a. 防锈铝　防锈铝合金的代号为"L"、"F"，是"铝"、"防"的汉语拼音首字母。防锈铝合金主要有 Al-Mn 系和 Al-Mg 系两种合金，属于不能热处理强化的变形铝合金，只能通过加工硬化方法来提高强度。这类铝合金塑性高，强度低，焊接性好，且有优良的抗蚀性能，因此称为防锈铝。

这些合金容易进行压力加工（模锻、弯曲等），好焊接，并具有高的抗腐蚀性能。切削加工困难。合金用于承受不太大的载荷，而要求高的抗腐蚀性能结构的焊接和铆接件。例如，LF2，LF3 用于加工液体容器（汽油罐），海船和河船导管，建筑行业中的门、窗框等。

对于中等载荷的零件和结构用 LF5 和 LF6 合金，例如，车辆的车体、机架、电梯、船的壳体和船桅等。

b. 硬铝　硬铝合金的代号为"L"、"Y"，是"铝"、"硬"的汉语拼音首字母。硬铝一般属 Al-Cu-Mg-Mn 系合金，根据硬铝合金的特性和用途，可将其分为低强度硬铝（LY1、LY10）、中强度硬铝（LY11）、高强度硬铝（LY12、LY6）、耐热硬铝（LY2）等。

硬铝合金属于可热处理强化的变形铝合金，可以通过淬火和时效处理进行强化。但是硬铝固溶处理的加热温度范围很窄，一般不超过±5℃。若淬火加热温度过高，零件容易过烧；若淬火加热温度过低，则固溶体过饱和程度不足，不能获得良好的时效强化效果。

硬铝淬火后进行自然时效，自然时效后硬铝具有更高的抗腐蚀性。LY1和LY16合金挤压成半成品比轧制成板材的强度更高，这是由于挤压效应的原因。为了提高抗腐蚀性能，硬铝可进行电化学氧化（阳极氧化）。硬铝在淬火状态、时效状态都可进行切削加工，但在退火状态切削加工性不好，很好进行点焊，而不容易进行熔化焊，因为有产生裂纹的倾向。用LY16加工成飞机的蒙皮、隔框、桁条和机翼梁、受力骨架等。

加工成板材的硬铝，为了避免海水腐蚀，进行包铝，即覆盖上一层高纯度铝（不低于99.5％），覆盖层的厚度是板材厚度的4％。包铝要明显地降低硬铝的强度。

c. 超硬铝　超硬铝合金的代号为"L"、"C"，是"铝"、"超"的汉语拼音首字母。

超硬铝的强度极限可达到550～700MPa，但塑性比硬铝低。有代表性的高强度铝合金是LC4。在这种合金中，θ 相（$CuAl_2$）、η 相（$MgZn_2$）、T 相（$Al_2Mg_3Zn_3$）和 S 相（Al_2CuMg）是强化相。锌和镁的含量增多时，合金的强度提高，而它们的塑性和抗腐蚀性降低。加锰和铬能改善抗腐蚀性。合金从460～470℃淬火（冷水或热水中冷却），并进行135～145℃、16h 的人工时效。和硬铝相比，这些合金具有大的应力集中敏感性，和低的抗应力腐蚀性。它们的疲劳极限（σ_{-1}）比硬铝低。LC4的型材比板材的强度高，这都是由于合金中存在锰和铬所引起的挤压效应。

超硬铝在加热状态下具有好的塑性，而在退火后的冷状态下也比较容易变形。为了提高抗腐蚀性，LC4合金板材要用含有 0.9％～1.3％Zn 的铝合金包覆。LC4 铝合金很好切削加工和点焊。这种合金用于飞机制造的在温度低于120℃下的长时间工作的受力结构中（蒙皮、隔框、桁条、受力骨架等）。超硬铝合金经时效处理后强度和硬度都很高，但耐热、耐蚀性较差，一般也采用包铝的办法提高其耐蚀性。

d. 锻铝　锻铝的代号为"L"、"D"，是"铝"、"锻"的汉语拼音首字母。

锻铝是高塑性，也具有能得到优质铸锭的良好铸造性能。LD6合金用于加工在加热状态下（管接头、支架件、叶片等）要求高塑性，复杂形状和中等强度的零件。LD8合金用于重载荷的模锻件（接插件、直升机的螺旋桨等）。LD8 的工艺性能比 LD6 差。

热加工时在 450～475℃的温度下进行合金的自由锻和模锻。锻后要进行淬火和150～165℃ 6～15h 的时效。Mg_2Si、$CuAl_2$ 和 ω 相（$Al_xMg_5Cu_5Si_4$）化合物是时效时的强化相。LD6 和 LD8 合金很好切削加工，也可以进行接触焊和氩弧焊。但这种合金有应力腐蚀和晶界腐蚀的倾向。

② 铸造铝合金　铸造铝合金具有良好的铸造性能、抗腐蚀性能和切削加工性能，可制成各种形状复杂的零件，并可通过热处理改善铸件的力学性能。同时由于熔炼工艺和设备比较简单，成本低廉，尽管其力学性能水平不如变形铝合金，但仍在许多工业领域获得广泛应用。

在铸造合金中，合金元素的含量比硬铝中高。经常使用 Al-Si，Al-Cu，Al-Mg 合金，这些合金可以用少量的铜和镁合金化（Al-Si），用锰、镍、铬（Al-Cu）合金化。为了细化晶粒，提高力学性能，合金中还应该加 Ti，Zr，B，V 等。其牌号用"铸"、"铝"二字的汉语拼音首字母"Z"、"L"加三位数字表示，第一位代表合金系，后两位为顺序号。表 7-15 是铸造铝合金的牌号、代号、化学成分、性能和用途。

a. Al-Si 合金，也称为"硅铝明"。按成分来看，它接近共晶成分，铸造性能好，铸件的密度大。

最广泛使用的是含有 10％～13％Si（ZL102），具有高抗腐蚀性的合金。ZL102合金组织中含有 $\alpha+\beta$ 共晶体，经常还有硅的一次晶体。共晶体凝固时，硅以粗大的针状晶体析出，针状晶体在塑性的 α 固溶体中起到内部切口的作用。这种组织就具有低的力学性能。

表 7-15　部分铸造铝合金的牌号、代号、化学成分、力学性能及用途

牌号	代号	化学成分	力学性能			用途举例
			σ_b/MPa	δ/%	HBS	
ZAlSi12	ZL102	10%～13%Si，余为 Al	143	4	50	化油器、泵壳、仪表壳等中载荷薄壁复杂件
ZAlSi7Mg	ZL101	6.5% ～ 7.5% Si，1.25%～0.45% Mg，余为 Al	153	2	50	低载荷薄壁复杂件及要求耐蚀、气密性的零件，如活塞
ZAlCu10	ZL202	9%～11%Cu，余为 Al	104	—	50	较高工作温度的零件，如活塞、缸头

为了细化共晶体组织，和消除多余的硅晶体，就得到向液体合金中加 67%NaF 和 33%NaCl 的混合物（变质剂），对合金进行变质处理，即在浇铸前，向合金中加入重量为合金重量的 2%～3% 的变质剂。

Al-Si 合金比较容易切削加工，可以对缺陷进行气焊和氩弧焊。

b. Al-Cu 系铸造铝合金的耐热性高，但铸造性能和耐蚀性较差，易产生热裂和缩松倾向。由于铜在铝中具有较大固溶度，并随着温度变化而变化，因此这类合金可以通过固溶时效强化提高其强度。由于随着铜的质量分数的增加，合金的脆性增加，因此 w_{Cu} 一般不超过 14%。一般多用来制造在 200～300℃ 条件下工作，要求强度比较高的零件，如内燃机汽缸头、活塞等。

这些合金（ZL201，ZL202）热处理后在室温和高温下都具有高的力学性能，并好切削加工。如果铸造需要高强度，则淬火后，它们要进行 150℃、2～4h 的人工时效。

Al-Cu 合金的抗腐蚀性能低，因此，铸件要进行阳极氧化处理。

7.3.2　铜及铜合金

铜及其合金是人类最早使用、至今也是应用最广泛的金属材料之一。其最大特点是导电性和导热性好，耐腐蚀，有优良的塑性，可以焊接或冷、热压力加工成型。是电力、化工、航空、交通等领域不可缺少的重要金属材料。

7.3.2.1　工业纯铜

铜是红色金属，它的断口呈粉红色。熔化温度 1083℃。面心立方晶格。铜的密度是 8.94g/cm³。铜具有高的导电性和导热性。

铜的牌号取决于铜的纯度，分成了 T1（99.95%Cu），T2（99.90%Cu），T3（99.70%Cu），T4（99.50%Cu），无氧铜 TU1（99.97%Cu）。存在于铜中的杂质对铜的性能有很大的影响，工业纯铜中常含有 0.1%～0.5% 的杂质元素（Pb、Bi、O、S、Se、P 等），使铜的导电性下降。另外，Pb、Bi 等杂质能与铜形成低熔点共晶体，在铜加热时，这些共晶体脆化，破坏了晶界的结合，容易造成热脆。S、O 也能与铜形成共晶体，冷加工时易产生破裂，造成冷脆。因此，铜材中 w_S 和 w_O 应分别控制在 0.01% 和 0.05% 以下。

纯铜的塑性好，但强度、硬度低。所以铜很好进行压力加工，但不好进行切削加工，铜的铸造性能不太好，因为要产生大的缩孔。铜不好焊接，但容易进行钎焊。铜以板材、棒材、管材和线材的形式使用。

在电工生产中和电真空技术中使用无氧铜。

7.3.2.2　铜合金

（1）铜的合金化　纯铜强度较低，通过对铜进行合金化处理，可提高铜的性能。

锌、铝、镍、锡等金属元素加入铜中，可起到较大的固溶强化效果。铍、钛、锆、铬等金属元素在固态铜中的溶解度随温度的降低而剧烈减小，因而具有时效强化效果，最突出的是铜-铍合金，热处理后最高强度可达 1400MPa。过剩相强化在铜合金中应用也十分普遍。如黄铜和青铜中的 $CuZn$ 相和 $Cu_{31}Sn_3$ 相等均具有高的强化作用。

（2）铜合金的分类 根据化学成分，铜合金可分为黄铜、青铜、白铜三大类。黄铜是以锌为主加元素的铜合金，加锌后呈金黄色，故称为黄铜。根据黄铜中所含其他元素的种类，黄铜分为普通黄铜和特殊黄铜。只含锌的黄铜称为普通黄铜，用"黄"字汉语拼音字首"H"表示，其后数字表示平均铜的质量分数。如 H62，表示平均铜的质量分数为 62％的普通黄铜。特殊黄铜的牌号表示方法是"H"加上除锌以外的主加元素符号，再加上铜的质量分数和主加元素的质量分数。如 HSi80-3 表示 w_{Cu} 为 80％、w_{Si} 为 3％、其余为锌的硅黄铜。

白铜是以镍为主加元素的铜合金，以"白"字的汉语拼音字首"B"表示，后面的数字为镍的平均质量分数，如 B19 表示 w_{Ni} 为 19％的普通白铜。

青铜是除锌和镍以外的其他元素作为主加元素的铜合金。根据添加的元素不同，青铜分为锡青铜、铝青铜、铍青铜等。青铜的牌号表示方法是用"青"字的汉语拼音字首"Q"，加上主加元素的化学符号和其质量分数来表示。如 QAl5 表示 w_{Al} 为 5％的铝青铜。

按成型方法可将铜合金分为变形铜合金和铸造铜合金。铸造铜合金的牌号表示方法与变形铜合金的方法基本相同，仅在牌号的前面冠以"铸"字的汉语拼音字首"Z"表示。如 ZH62 表示 w_{Cu} 为 62％的铸造黄铜；ZQSn10-1 表示为 w_{Sn} 为 10％，其他合金元素的质量分数为 1％的铸造锡青铜。

① 黄铜 铜和以锌为主加元素的合金称为"黄铜"。按照工艺特征，所有的黄铜可分成两种：一是变形黄铜，用它加工成板材、箔材、管材、线材等半成品；二是铸造黄铜，即浇铸成型。常用黄铜的类别、牌号、成分、力学性能及用途如表 7-16 所示。

表 7-16 常用黄铜的类别、牌号、化学成分、力学性能及用途

类别	牌号	化学成分/%		力学性能			用途
		w_{Cu}	$w_{其他}$	σ_b /MPa	δ /%	HBS	
变形黄铜	H70	69.0～72.0	Zn余量	660	3	150	弹壳、机械及电器零件
	H62	60.5～63.5	Zn余量	500	3	164	螺母、垫圈、散热器
	HPb59-1	57.0～60.0	Pb0.8～1.90，Zn余量	650	16	140	销子、螺钉等冲压或加工件
	HAl59-3-2	57.0～60.0	Al2.5～3.50，Ni2.0～3.0，Zn余量	650	15	150	船舶、化工机械等常温下工作的高强度耐蚀零件
	HMn58-2	57.0～60.0	Mn1.0～1.20，Zn余量	700	10	175	船舶零件及轴承等耐磨零件
铸造黄铜	ZCuZn38	60.0～63.0	Zn余量	295 295	30 30	590 685	机械、热轧制零件
	ZCuZn40Pb2	58.0～63.0	Pb0.50～2.50，Al0.20～0.80，Zn余量	220 280	150 20	785 885	制作化学稳定的零件
	ZCuZn16Si4	79.0～81.0	Si2.50～4.50，Zn余量	345 390	15 20	885 980	轴承、轴套

最常见的黄铜组织是 α 或 α＋β' 相：α 相是锌在铜中的固溶体，锌在铜中的极限溶解度

是 39%，而 β′相是以 CuZn 电子化合物为基的有序固溶体。

变形黄铜中，H96、H80 和 H68 属于在冷状态和热状态下能变形的单相（塑性的）α 黄铜，它们都具有最大的塑性。α+β′两相黄铜，H59 和 H60 在冷状态下塑性更低。这些合金，在相应的 α 相区或 α+β 相区的温度下，进行热压力加工，α+β′黄铜和 α 黄铜相比，就具有高强度和高耐磨性，但塑性更低。

当需要高塑性、高传热性和不存在腐蚀破坏倾向时，就得使用高含铜量的 α 黄铜（H96 和 H90）。含锌量高的 H62、H60、H59（α+β′黄铜）黄铜具有更高的强度，更好的切削加工性，便宜，但抗腐蚀性不好。H68 黄铜相对具有较大的塑性，往往用它加工模锻件。

压力加工前要降低硬度，就得进行再结晶退火，经常使用 600～700℃的再结晶退火。深拉伸之前，要得到细晶粒，板材和带材要进行更低温度的退火（450～550℃）。

铸造黄铜要具有好的液体流动性，偏析倾向要小，并具有耐磨性。

② 青铜　根据添加的化学成分不同，青铜可分为锡青铜、铝青铜、铍青铜等，其中，工业用量最大的是锡青铜和铝青铜，强度最大的是铍青铜。

锡青铜中含有 4%～5%Sn 的青铜，变形和退火后得到多边形结构，并基本上是 α 固溶体。浇铸后，甚至这种低合金青铜，由于严重的偏析，就能有共析夹杂物（α+Cu$_{31}$Sn$_8$）。

含锡量多时，在平衡状态下，青铜的组织中存在共析体（α+Cu$_{31}$Sn$_8$）和 α 固溶体。铸造青铜力学性能与含锡量之间的关系如图 7-5 所示。随着含锡量的增加，强度提高。含锡量高时，由于组织中存在大量的含有脆性化合物 Cu$_{31}$Sn$_8$ 的共析体，强度极限急剧下降。

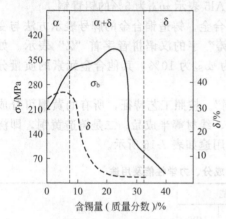

图 7-5　铸态锡青铜力学
性能与含锡量的关系

青铜中含有 4%～6%Sn 时，相对延伸率略微提高，但形成共析体时，就急剧降低。锡青铜通常是用 Zn、Fe、P、Pb、Ni 等元素进行合金化。锌能改善铜的工艺性能。磷能改善铸造性能。镍能提高力学性能，抗腐蚀性和铸件的密度，并减少偏析。铁能细化晶粒，但使青铜的工艺性能和抗腐蚀性能变坏。铅要降低青铜的力学性能，但能提高铸件的密度，主要的是容易切削加工，并改善耐磨性。

锡青铜分为变形锡青铜和铸造锡青铜。变形锡青铜加工成棒材、带材和线材，供货状态有加工硬化状态的，也有退火状态的。这些青铜常用于加工成各工业领域用的弹簧或弹簧件。变形锡青铜的组织是 α 固溶体。含有大量锌、磷的铸造青铜是两相组织：α 固溶体和硬而脆的 δ 相。

锡青铜具有良好的铸造性能，用于浇铸复杂形状的零件。两相青铜具有高的耐磨性，因此，经常用于耐磨零件。

铝青铜中，含铝 9%以下的青铜都是单相的，它的组织是铝溶解在铜中的 α 固溶体。温度高于 565℃时存在的 β 相是 Cu$_3$Al 电子化合物为基的固溶体。含铝量大于 9%时，组织中出现共析体 α+γ′（γ′——电子化合物 Cu$_{32}$Al$_9$）。α 相是塑性的，但它的强度不高。两相合金 α+γ′具有较高的强度，但塑性明显降低。铁能细化晶粒，并能提高铝青铜的力学性能和耐磨性。镍能改善低温下和高温下（500～600℃）的力学性能和耐磨性。

铝青铜在海水和热带环境条件下有很好的抗腐蚀性，具有高的力学性能和工艺性能。具有高塑性的单相青铜用于深冲压。两相青铜进行热变形或用于模型浇铸。

铝青铜的铸造性能较低，但铸件的密度高。

铍青铜中，866℃的温度下，铍在铜中的极限溶解度是 2.7%，600℃时是 1.5%，而 300℃时是 0.2%。这说明了可用弥散硬化的方法来强化铍青铜。QBe2 青铜加热到 760～780℃时形成单相的 α 固溶体，由于水中快冷，室温下就保留下来这种单相 α 固溶体的组织。

淬火后，青铜强度低，塑性高，并能在淬火后直接时效强化，或淬火状态下进行塑性变形后再进行时效强化。时效在 300～350℃的温度下进行。时效时，从过饱和的 α 固溶体中析出弥散的 γ 相（CuBe）微粒，就能急剧地提高青铜的强度。预先加工硬化的青铜时效时，强化进行得更快，强化程度更高。如 QBe2 青铜淬火和时效后的状态，$\sigma_b = 1250 MN/m^2$，而淬火，冷塑性变形（压缩 30%）和时效，$\sigma_b = 1400 MN/m^2$。

经常添加钛（0.10%～0.25%）使青铜合金化（QBe1.9），这种青铜具有高的强度和屈服强度及弹性。铍青铜耐腐蚀、好焊接、好切削加工。铍青铜用于加工磨损工作条件下的弹簧、弹簧件等。

7.3.3 钛及钛合金

钛在地球中的储藏量居铝、铁、镁之后占第四位，钛及其合金的主要特点是比强度高、耐腐蚀、中低温性能好，同时还具有超导、记忆、储氢等特殊性能，在航空、化工、电力、医疗等领域得到日益广泛的应用。作为尖端科学技术材料，将具有强大的生命力。

7.3.3.1 工业纯钛

纯钛呈灰色，有金属光泽，纯钛的熔点 1668℃。密度 $4.507 g/cm^3$，介于铁和铝之间。钛在固态下有两种同素异形体，882.5℃以下是 α-Ti，是密排六方晶格，而在该温度以上是 β-Ti，是体心立方晶格。钛的导电、导热性较低，无磁性。

工业纯钛中含有的杂质元素主要有氮、碳、氧、氢、铁和硅，氮、碳、氧都能提高钛的硬度和强度，但会降低塑性，焊接性能变差，并降低抗腐蚀性。特别是氢，由于氢化物的析出，会使钛变脆。在钛合金中，氢的含量不应超过 0.015%。

钛在室温下较稳定，在钛的表面很容易形成稳定的氧化膜，能提高在海水中、在一些酸中或其他的腐蚀介质中的抗腐蚀性。

工业纯钛可进行压力加工，在保护气氛中进行电弧焊和接触焊，因为钛在高温下会与卤族、氧、硫、碳、氮等元素发生强烈的化学反应。但切削加工性不好。钛可以以板材、管材、棒材、线材及其他半成品的形式供货。

7.3.3.2 钛合金

钛基合金比工业纯钛得到了更大的应用。Fe、Al、Mn、Cr、Sn、V、Si 等元素对钛的合金化，能提高它的强度，但同时会降低塑性和韧性。

根据钛在室温下的组织，钛合金可以分为三大类：α 钛合金；β 钛合金和（α＋β）钛合金。α 型钛合金的牌号有 TA1，TA2，TA3，…，TA8。β 型钛合金的牌号有 TB1，TB2。α＋β 型钛合金的牌号有 TC1，TC2，TC3，…，TC10。

（1）α 钛合金 当钛中加入 Al、O、N、C 等 α 相稳定化元素时，可以提高钛的同素异晶转变温度，扩大 α 相区，使钛合金在室温为单相 α 固溶体组织，即所谓 α 钛合金。

α 钛合金的稳定性好，耐热性高，焊接性能好。但常温强度没有其他钛合金高，并且不能进行热处理强化，只能进行冷变形强化。

α 钛合金主要用来制作超音速飞机的涡轮机匣以及使用温度不超过 500℃的一些零部件。

（2）β钛合金　当钛中加入 Cr、Mo、V、Fe、Ni 等 β 相稳定化元素时，可以降低钛的同素异晶转变温度，扩大钛的 β 相区，合金在退火或淬火状态下，组织为单相的 β 固溶体，即所谓 β 钛合金。

β钛合金具有良好的塑性，易于冲压加工成型。β 钛合金的焊接性能好，但热稳定性较差。β 钛合金都要经过固溶处理，淬火时效后具有很高的强度。

β钛合金主要用于制造航空发动机压气机叶片、轴等重载荷的旋转件及构件等。

（3）α＋β钛合金　α＋β钛合金的室温组织为 α 固溶体和 β 固溶体的混合组织，即所谓 α＋β钛合金。α＋β钛合金具有较高的力学性能和优良的高温抗变形能力，并可进行淬火时效强化，是应用最广泛的一种钛合金。

在 α＋β钛合金的牌号中，TC4 是当前国内外应用最多的 α＋β 型钛合金，其名义成分为 Ti-6Al-4V。钒不仅在 β 相中能完全固溶，而且在 α 相中也有较大固溶度，以提高钛合金的强度和塑性。TC4 合金可以在 −196～400℃ 范围内使用，可用于制造火箭发动机外壳、航空发动机压气机叶片和在低温下使用的压力容器。

各种钛合金主要是因其密度小，比强度高，耐热性和抗腐蚀性高而被人们关注，从而使钛合金广泛用于飞机、导弹、化工机械制造等领域。

钛合金可以进行退火、淬火、时效和化学热处理。α 单相合金一般在 800～850℃ 下进行退火，而 α＋β 双相合金一般在 750～800℃ 进行退火。板材和板材半成品在 740～760℃ 下进行退火，也可等温淬火，将合金加热到 870～980℃，在 530～660℃ 下等温。随着 β 相数量增多，退火温度要降低。α＋β 双相合金的退火温度不应该超过 α＋β ⟶ β 的转变温度，因为晶粒随着温度的升高急剧长大。在 β 相区温度下退火对强度的影响很小，但急剧地降低了塑性。在 α＋β 双相区提高热处理温度，在保持高塑性的前提下，断裂韧性提高了。为了保证高的结构强度，退火温度应该比 α＋β ⟶ β 的转变温度低 20～30℃。近几年更广泛地使用真空退火，真空退火能够减少氢在钛合金中的含量，从而使断裂韧性更高，减小缓慢破坏和腐蚀破坏的倾向。

要消除 α 单相合金和 α＋β 双相合金因机械加工产生的内应力，则用 550～650℃ 的不完全退火。随着 β 相数量的增多，退火合金强度增大，当达到 50%α 相和 50%β 相时，强度达到了最大值。α＋β 双相合金可以用淬火和随后的时效处理进行强化。

把加热到 β 区的合金，以大于临界冷却速度进行冷却，在 M_s 和 M_f 的温度范围内发生马氏体转变。α′ 马氏体相是合金元素在面心立方晶格的 α 钛中的过饱和固溶体。

为了避免晶粒的急剧长大，经常选取加热温度为 850～950℃，进行淬火。在 α＋β 的两相区淬火时，α 相不发生相变，而 β 相进行相变，且 β 相的成分和在 β 区淬火时的成分一样。

淬火合金随后在 500～600℃ 的温度下进行时效，产生 α′ 相、α″ 相以及亚稳定的 β 相的分解，并引起淬火合金的强化。α′ 分解时，强度提高不大。强化同形成 α 相的弥散析出有关。含 β 相多的合金，淬火和时效后才能产生最大的强化。

大型钛合金零件的强化热处理很少用，因为钛合金的淬透性很小，断裂韧性（K_{IC}）值很小，零件容易出现大的翘曲。

钛合金的耐磨性很低，用作摩擦件时，需要进行化学热处理。钛合金在 850～950℃ 下进行 30h 的氮化，氮化层厚度 0.05～0.15mm，750～900HV。

7.3.4　镁及镁合金

7.3.4.1　镁的基本性质

镁的资源十分丰富，在地壳中的含量为 2.35%。镁是一种灰白色金属。其主要性能特点是密度小（1.74g/cm³），熔点650℃，密排六方晶格。镁具有很高的化学活泼性，在空气中镁很容易着火。镁用于制造焰火和化学工业。镁的室温塑性很差，纯镁多晶体的强度和硬度也很低。因此应用范围受到很大限制。

7.3.4.2 镁合金

（1）镁合金的特点 镁合金密度小，比强度高，良好消振性，因此，镁合金是航空工业和导弹工业中的理想材料。但是，镁合金的抗腐蚀性能差，弹性模量低。镁不和铀发生作用，并具有较低的吸收热中子的能力。因此，镁可用于制造原子反应堆的热释放元件套管。镁合金的缺点是压力加工困难。镁合金可以在保护气氛中进行氩弧焊、接触焊，并能很好地进行切削加工。铸造性优良，常使用的镁合金成分主要包括10％铝，5％～6％锌，2.5％锰，1.5％锆。

6％～7％铝和锌能和镁形成固溶体和化合物（Mg_4Al_3 和 $MgZn_2$），以提高镁的力学性能。锰和镁能形成α固溶体。温度降低时，锰在镁中的溶解度降低，并从α固溶体中析出锰。锰不能改善力学性能，只能提高镁合金的抗腐蚀性能和焊接性能。

（2）镁合金的分类 镁合金按成型工艺划分，包括铸造镁合金——以成型浇铸的方法得到零件的镁合金，铸造镁合金的牌号是（ZM）；变形镁合金——能进行挤压、轧制、锻压等压力加工处理的镁合金，变形镁合金的牌号是（MB）；压铸镁合金（YM）和航空镁合金（ZM-）。其牌号标记方法简单，用两个汉语拼音字母及其后的合金顺序号（阿拉伯数字）组成。航空铸造镁合金在 ZM 两字母与代号的连接加一个横杠。

（3）镁合金的热处理 镁合金和铝合金一样，也可以进行热处理——扩散退火（均匀化）、淬火和时效。铸锭和成型铸件一般进行扩散退火（均匀化），加热温度400～490℃，保温10～24h。镁合金扩散退火时，沿晶界析出的多余相被溶解，并使整个晶粒的成分均匀，容易进行压力加工，并提高力学性能。若消除加工硬化，并降低力学性能的各向异性，镁合金则需进行250～350℃的再结晶退火。

很多镁合金可以进行淬火和时效强化。扩散速度很小是镁合金的特点，因此，镁合金的相变进行得很慢，其淬火加热和人工时效则需要更长的保温时间。由于这种原因，淬火即可在空气中冷却。很多合金的铸件或热压力加工的制品在空气中冷却就产生了淬火，这样它们就可以不预先淬火，直接进行人工时效强化。

（4）镁合金的牌号和应用

① 铸造镁合金 生产实际中广泛使用的 ZM5 镁合金（7.5％～9.0％Al，0.2％～0.8％Zn，0.15％～0.5％Mn）既具有高的力学性能，也具有良好的铸造性能，用它可以浇铸大尺寸铸件。

ZM6 镁合金比 ZM5 镁合金的铸造性能更好，用它加工承受重载荷的零件。

ZM5 和 ZM6 镁合金的力学性能可以用均匀化（420℃，12～14h）和淬火空冷的办法（T4）来提高。ZM5 镁合金在 175℃时效之后，而 ZM6 镁合金在 190℃、4～8h 的时效之后（T6），就具有更高的屈服强度。

ZM10 镁合金属于热强合金，用于加工在 300℃以下工作的铸件。这种合金均匀化后，要进行 593℃的淬火和 200℃、12～16h 的时效（T6）。

ZM12 镁合金除高的力学性能外，还具有更高的抗腐蚀稳定性和良好的铸造性能。这种合金可以用均匀化和 400℃的空冷淬火和 150℃下长时间（50h）时效（T6）进行强化。

镁合金的熔炼和浇铸时，要采取专门的防火措施。镁合金是在生铁坩埚中，上面加上一层溶剂进行熔化，而浇铸时，要向金属流上撒硫，以形成二氧化硫，预防金属着火。

② 变形镁合金　变形镁合金可加工成热轧棒材、板材、型材以及锻件和模锻件。

具有密排六方晶格的镁合金，低温时，塑性很小，加热到 200～300℃时，塑性提高，因此，镁合金是在高温下进行压力加工。镁合金的工艺塑性愈高，变形速度就愈小。挤压取决于镁合金的成分，一般是在 300～480℃的温度范围内进行，而轧制是从 340～440℃的温度范围开始，到 225～250℃的温度范围终止。在 280～480℃的温度范围内进行模锻。由于镁合金半成品（板材、棒材、型材等）的变形织构，力学性能出现明显的各向异性。冷轧后需要进行再结晶退火。

MB1 镁合金（1.3%～2.5%Mn）具有比较高的工艺塑性，良好的焊接性和抗腐蚀性。但它属于低强度合金。向 Mg-Mn 合金中加 0.2%Ce（MB8），细化晶粒，提高了力学性能。

MB2-1 镁合金（3.8%～5.0%Al，0.8%～1.5%Zn，0.3%～0.7%Mn）属于 Mg-Al-Zn 系，具有足够高的力学性能，良好的焊接性能，但倾向于应力腐蚀。

MB14 镁合金（5%～6%Zn，0.2%～0.9%Zr）具有高的力学性能，热强性到 250℃，还没有应力腐蚀倾向。但形成热轧裂纹的倾向性是这种合金的缺点，在 160～170℃的人工时效（T5）过程中，可强化该合金。挤压之后，在空气中冷却就进行了淬火。由于镁合金制品的耐腐蚀稳定性很小，还应进行氧化处理。

思考与练习

1. 钢中化学元素 S、P 的质量分数对钢的质量有何影响？

2. 说明下列材料牌号中符号和数字所代表的意义及材料的类别。

T10A、55、Q235、ZG270-550、40Cr、20CrMnTi、60Si2Mn、9CrSi、GCr15、W6Mo5Cr4V2、Cr12MoV、1Cr13、0Cr19Ni9、5CrMnMo

3. 合金结构钢大致可分为哪几种？试说明它们的碳质量分数范围及主要用途。

4. 试比较碳素工具钢、低合金工具钢和高速钢的热硬性，并说明高速钢热硬性高的主要原因。

5. 高速钢为什么选择高的淬火温度和三次 560℃ 回火的最终热处理工艺？

6. 常见的不锈钢有哪几种？其用途如何？

7. 灰口铸铁、球墨铸铁和可锻铸铁，这三者的成分、组织和性能有何主要区别？

8. 下列工件宜选择何种特殊铸铁制造？

（1）磨床导轨；（2）1000～1100℃加热炉底板；（3）盛硝酸的容器。

9. 不同铝合金可通过哪些途径达到强化目的？

10. 何谓硅铝明？它属于哪一类铝合金？为什么硅铝明有良好的铸造性能？

11. 黄铜属于什么合金？举例说明普通黄铜和复杂黄铜的牌号。

工程材料及成型基础
GONGCHENG CAILIAO JI
CHENGXING JICHU

第8章

非金属工程材料

动脑筋

在我们生活周围有哪些东西是非金属材料制成的？是什么非金属材料？

学习目标

- 通过学习塑料、橡胶和陶瓷材料的相关知识，了解非金属材料的相关特性。
- 熟悉几种常用的非金属材料的性能特点及其应用。
- 通过本章相关知识的学习，在日后的学习中及时了解新型非金属材料的发展动态。

现代科学技术的突飞猛进，促进了非金属工程材料如塑料、橡胶等高分子材料和陶瓷材料的日益广泛应用与发展。本章简要介绍有关非金属工程材料的初步知识，以便为深入学习该类材料奠定知识基础。

8.1 聚合物材料

聚合物材料种类很多，性能各异。工程上常根据力学性能和使用状态将其分为：塑料、橡胶、合成纤维、黏合剂和涂料等，其中塑料和橡胶的应用更为广泛。

8.1.1 塑料

塑料的品种很多，产量最大的是聚氯乙烯、聚乙烯、聚苯乙烯、酚醛塑料和氨基塑料等通用塑料，主要应用于日常生活用品和包装材料。随着科学技术的发展和对新材料的需求，出现了一些力学性能、耐热耐寒性能、耐蚀、绝缘等综合工程性能良好的新型塑料。为了与通用塑料有所区别，称这类新型塑料为工程塑料，如聚酰胺、聚甲醛、聚碳酸酯、ABS 塑料、氟塑料等，可用于工程结构、机械零部件、工业容器等新型结构材料。

8.1.1.1　塑料的成分、分类和性能

塑料是由树脂和添加剂组成的。

（1）塑料的成分　黏结剂是塑料的主要成分，多数塑料都使用合成树脂作为黏结剂。很多热塑性塑料是由一种黏结剂组成的，例如，聚乙烯、有机玻璃等。

填充剂（粉末状的、纤维状的及其他有机物质或无机物质）是塑料的另外一种重要组成。黏结剂浸润填充剂后，加压成型就得到了黏结剂和填充剂牢固结合在一起的塑料制品。填充剂能提高制品的力学性能，降低挤压成型时的收缩量，并能保证制品具有某些特殊性能要求。

增塑剂是为提高材料的弹性，使材料便于加工，常添加的增塑剂有油酸、甘油、三硬脂酸酯、酸二丁酯等。

固化剂是为了加快热固性塑料的固化过程，固化剂的作用在于通过交联，使树脂具有网状结构，成为坚硬的制品。

稳定剂是为了避免在热和光的作用下，使塑料过早老化而在成分中添加的，例如，加上炭黑后能成为紫外线的吸收剂。

塑料制品为了具有需要的颜色，要加入着色剂，可用有机染料或无机材料作为着色剂。

塑料制品，根据不同需要，有时也加入抗静电剂、稀释剂、发泡剂等。

（2）塑料的分类　根据黏结剂的性质不同，把塑料分成热塑性塑料和热固性塑料。以热塑性聚合物为基的塑料就是热塑性塑料；以热固性树脂为基的塑料就是热固性塑料。

热塑性塑料可以进行重复加工成型，成型时的收缩量也小（1%～3%），这种材料的特点是高弹性，低脆性。在一般情况下，热塑性塑料中不加填充剂，近几年来也开始使用加填充剂的热塑性塑料。

热固性聚合物固化后，并使树脂转变成热稳定状态，就具有脆性，一般是收缩量较大（10%～15%），因此，在其成分中要加能增大体积的填充剂。

按照填充剂的类型，把塑料分为木炭粉、石墨粉、滑石粉等填充剂的粉末填充塑料；棉线和亚麻线填充的纤维填充塑料；石棉纤维填充塑料；玻璃纤维填充塑料；棉布、玻璃布、石棉布填充的层状填充塑料；空气或中性气体填充的泡沫塑料。

按用途把塑料分为能受力的塑料（结构塑料、摩擦与耐磨塑料、电绝缘塑料）和不受力的塑料（光学透明塑料、耐腐蚀塑料、装饰塑料、密封塑料等）。但是，这种分法是相对的，因为往往同一种塑料能够具有不同的性能。

（3）塑料的性能　塑料一般具有密度小，导热性小，热膨胀大，优良的电绝缘性能，高的化学稳定性，高的耐磨性，另外，塑料也具有优良的工艺性能。

耐热性低，弹性模量小，和金属与合金相比冲击韧性小，而一些塑料还有老化倾向性，这些都是塑料的不足之处。

8.1.1.2　热塑性塑料

热塑性塑料加热时可熔融，并可多次反复加热使用。

热塑性塑料的工作温度较低，温度高于 60～70℃其物理性能和力学性能就开始急剧地降低，在长时间的静载荷作用下，会出现弹性变形，并且强度降低。随着变形速度的增大，高弹性变形来不及发展，则出现硬化，有时甚至出现脆性破坏。热塑性塑料的强度极限是 10～100MN/m²，它们的疲劳抗力很好，它们的寿命比金属高。

(1) 聚乙烯 聚乙烯 ($-CH_2-CH_2-$)$_n$ 是乙烯无色气体的聚合物,属于结晶聚合物。根据聚乙烯的密度分成了高压下聚合过程得到的低密度聚乙烯,含有 55%～65% 的结晶相,和低压下聚合过程得到的高密度聚乙烯,含有 74%～95% 的结晶相。

聚乙烯的密度和结晶度愈高,材料的强度和耐热性愈高。在 60～100℃ 的温度下,可长时间使用聚乙烯,它的耐寒性达到 -70℃ 以下。聚乙烯的化学稳定性好,在常温下不溶解到任何溶剂。

易老化是聚乙烯的缺点,为了避免老化要向聚乙烯中加稳定剂和抑制剂(2%～3% 的炭黑能减慢老化过程 30 倍)。

在离子辐射作用下,聚乙烯发生硬化,就具有高强度和高耐热性。

聚乙烯一般用于加工成管,浇铸和挤压成零件,以及加工成薄膜。为了防止腐蚀,聚乙烯可作为金属的覆层。

(2) 聚丙烯 聚丙烯 ($-CH_2-CHCH_3-$)$_n$ 是丙烯的派生物。用金属有机催化剂就可得到聚丙烯。聚丙烯是一种具有较高物理性能和力学性能的硬而无毒的材料。和聚乙烯相比,聚丙烯更耐热,到 150℃ 时还能保留形状。聚丙烯薄膜强度高,它的气密性比聚乙烯薄膜还好。聚丙烯纤维有弹性,强度高,化学稳定性高。聚丙烯的耐寒性不高(从 -10℃ 到 -20℃),则是它的缺点。

聚丙烯可加工成管,汽车、摩托车、冰箱的结构件,泵体、各种容器等,以及聚丙烯薄膜。

(3) 聚苯乙烯 聚苯乙烯 ($-CH_2-CHC_6H_5-$)$_n$ 是一种硬度高,有刚性,且透明的非晶体聚合物。聚苯乙烯便于机械加工,很好着色,在苯中能溶解。聚苯乙烯同其他热塑性塑料相比对离子辐射的作用最稳定。

耐热性不高,时效的倾向性大,形成裂纹的倾向性大是聚苯乙烯的缺点。

耐冲击聚苯乙烯是苯乙烯和生橡胶的共聚物,这种材料和一般的聚苯乙烯相比,冲击韧性高 3～5 倍,相对延伸率高 10 倍。

用聚苯乙烯可加工成无线电工零件,电视机和仪表零件,机器零件,水槽和化学试剂容器,薄膜等。

(4) 聚四氟乙烯 聚四氟乙烯 ($-CF_2-CF_2-$)$_n$ 是无定形结晶聚合物。250℃ 以前结晶速度很小,也不影响它的力学性能,因此聚四氟乙烯可以长时间在 250℃ 以下的温度使用。这种材料的破坏发生在 415℃ 以上的温度,非结晶相具有高弹状态使聚四氟乙烯具有相对的柔软性。在很低的温度下(-269℃),聚四氟乙烯也不变脆。聚四氟乙烯对溶剂、酸、碱、氧化物的作用都很稳定,实际上它只有在熔化的碱金属和元素氟的作用下才能破坏,除此之外,聚四氟乙烯还不吸水。聚四氟乙烯对照射的作用不稳定。聚四氟乙烯是最好的介电体。聚四氟乙烯的摩擦系数很小,并与温度无关。

高温下能析出有害的氟和重复加工困难是聚四氟乙烯的缺点。

聚四氟乙烯用于加工成管,活门,泵,膜片,密封垫片,轴环,波纹管,无线电工零件,耐磨件(轴承、衬套)等。

(5) 有机玻璃 有机玻璃(聚甲基丙烯酸甲酯)是丙烯酸酯和甲基丙烯酸酯基的透明非晶型热塑性塑料。这种玻璃比矿物玻璃轻两倍多,其特点是高的大气稳定性,透明(透光度 92%),能透过 75% 的紫外线(硅玻璃透过 0.5%)。80℃ 的温度下,有机玻璃开始软化;105～150℃ 的温度下,出现塑性,就可以加工成各种零件。决定使用有机玻璃的满意度标准不仅是它的透明度,还有在材料表面和内部是否出现细小裂纹的问题,就是通常所说的"银灰色"。这种缺陷的存在要降低玻璃的透明度和强度。产生银灰色的原因与有机玻璃的导热性小和热膨胀大而引起的内应力大有关。

有机玻璃对稀酸和碱、碳氢燃料和润滑材料的作用很稳定。在自然条件下，有机玻璃的老化进行得很慢。表面硬度不高是有机玻璃的缺点。

在飞机制造和汽车制造中要使用有机玻璃，用它加工成透光的结构零件和光学镜片等。

(6) 聚氯乙烯　聚氯乙烯（—CH_2—$CHCl$—）$_n$ 是非晶型聚合物，它具有优良的电绝缘性能，对化学试剂很稳定，不燃烧。聚氯乙烯有两种：加入增塑剂的称为"软聚氯乙烯"，未加增塑剂的称为"硬聚氯乙烯"。硬聚氯乙烯具有高强度，高弹性。硬聚氯乙烯用于加工成管件，通风设备零件，热交换器零件，金属容器的保护覆层，建筑用砌面板。

持久强度低，受载工作温度低（不高于 $60\sim70℃$），线膨胀系数大，低温时（$-10℃$）有脆性是硬聚氯乙烯的缺点。

加上增塑性得到软聚乙烯，它具有耐寒性（从 $-15℃$ 到 $-50℃$），软化温度 $160\sim195℃$，广泛用于管道和家具的绝缘，也用于加工成密封垫片。

(7) 聚酰胺　聚酰胺是一组统称"尼龙"的塑料。这种热塑性塑料是由二元胺和二元酸缩合而成，或由氨基酸脱水成内酰胺再聚合而得。根据胺中与酸中的碳原子数又分为尼龙610、尼龙 66 和尼龙 6 等。用碱催化，可铸型的称为"铸型尼龙"（MC 尼龙）。

各种尼龙的性能都很接近，它们都具有小的摩擦系数，可以长时间进行摩擦工作，除此之外，尼龙耐冲击，并能吸振，另外，尼龙对碱、汽油、酒精等都很稳定，并在炎热的条件下也很稳定。

尼龙用于加工成齿轮、衬套、轴承、螺栓、螺帽、滑轮等。除此之外，也用于金属的耐磨覆层。

(8) ABS 塑料　ABS 塑料是丙烯腈-丁二烯和苯乙烯的三元共聚物，它具有硬度高、韧性好、刚性强的综合力学性能，同时，还具有尺寸稳定、容易进行电镀和容易成型的优良工艺性能。耐热性好、耐蚀性也好，在 $-40℃$ 的温度下仍能保持有一定的力学性能，这些都是ABS 塑料的性能特点。另外，还可以根据性能要求，通过单体的含量多少来调整性能。例如，丙烯腈能提高耐热性、耐腐蚀性和表面硬度；丁二烯可提高弹性和韧性；苯乙烯可改善电性能和成型能力。

ABS 塑料在机械制造中用于加工轴承、齿轮、仪表壳体等。

(9) 聚甲醛　聚甲醛具有较好的综合性能，摩擦系数小，弹性模量高，硬度高，抗蠕变性能好，抗疲劳性能是热塑性塑料中最高的一种，耐有机溶剂的性能优良。耐热性比较差、收缩率较大是聚甲醛的缺点。

聚甲醛广泛用于加工成齿轮、轴承、阀门等。在仪表制造中，可加工成各种仪表板和仪表外壳。在化工生产中，可用聚甲醛加工成化工容器和管道等。

8.1.1.3　热固性塑料

热固性塑料经一次成型后，受热不变形，不软化，不能回用，只能塑压一次。

在热固性塑料中，作为黏结剂要使用热固性树脂、有时还要向树脂中加增塑剂、固化剂、加速剂或减速剂、溶剂。对黏结剂的主要要求是高的胶接能力，高的热稳定性，高的化学稳定性和电绝缘性能，加工工艺要简单，收缩量要小，还要无毒性。

(1) 酚醛塑料　酚醛塑料是由酚类和醛类化合物在酸性或碱性催化剂作用下缩聚而成。它由酚醛树脂和各种填料混合制成粉状（电木粉或胶木粉）供应，其成型工艺简单、价格低廉，是常用的热固性塑料。它的强度高、刚度大、变形小，并且具有耐热性（工作温度可在$100℃$ 以上），有良好的电绝缘性及耐蚀性。这种塑料广泛应用在机械、运输、电器等工业部门，如仪表外壳、灯头、插座等。酚醛树脂与纸、棉布、玻璃丝布等为填料制成的酚醛层压制品的强度高，可制作受力较高的机械零件，如齿轮、轴承等。这种齿轮弹性好，吸振能力强，噪声小，可提高运转速度。用它制造的轴承保持架，除上述优点外，还可储存润滑油，减少磨损，从而提高轴承的使用寿命。

（2）氨基塑料　氨基塑料由氨基化合物或以三聚氰胺与甲醛进行缩合而成的缩聚物，分别称为脲醛树脂及三聚氰胺甲醛树脂。以其中的一种树脂为基础，或以这两种树脂配合为基础而制成的塑料，叫做氰氨基塑料。脲醛塑料颜色鲜艳，半透明如玉，又有良好的电绝缘性，故有"电玉"之称。其缺点是耐水性和耐热性差，长期使用温度不能超过 80℃。可制作日用装饰件和电气绝缘件，如电话机、钟表外壳、门把手、插头等。三聚氰胺甲醛塑料（又称蜜胺塑料），吸水率小，耐沸水煮，表面硬度高，耐磨，无毒，可制作餐具。它的纸质片状层压塑料表面光洁，色泽鲜艳，坚硬耐磨，并具有耐油脂、耐火灼、耐弱酸弱碱等优点，广泛用做"塑料装饰板"。

（3）环氧塑料　环氧塑料是由环氧树脂加入固化剂（有机胺类和酸酐类），发生交联反应形成的热固性塑料。环氧塑料强度高，韧性较好，并具有良好的化学稳定性、绝缘性、耐热性和耐寒性，长期使用温度为 −80～155℃。它的成型工艺性好，可制作塑料模具、船体、电子工业中的零部件。

在塑料的生产中，广泛使用酚醛树脂、硅有机树脂和环氧树脂。环氧树脂黏结剂对填充剂具有最大的浸润性，用它就能得到高强度的增强塑料。硅有机黏结剂的玻璃塑料长时间加热时的热稳定性是 260～370℃，酚醛树脂黏结剂的到 260℃，环氧树脂黏结剂的到 200℃。环氧树脂玻璃钢的一个重要性能是它不仅在高温下能够固化，就是在室温下也能固化，并不析出附带产物，收缩量也小。这样，大尺寸的制品就得用环氧树脂玻璃钢加工。

8.1.1.4　塑料制品的加工

可以采用不同的加工方法把塑料加工成制品。

（1）挤压　热固性塑料制品的生产，主要采用挤压的方法，挤压过程的温度和压力取决于塑料的牌号。工作温度要保持一定，并要根据挤压材料的流动性和固化速度，以及制品的厚度来选择压力。不太复杂的制品和尺寸不大的制品可采用这种方法加工。

要进行挤压，就要加工挤压模具，挤压模上要有电加热管或感应圈的加热系统。挤压模的材料是工具钢，模具的热处理是要使工作面具有高硬度，要保证成型制品表面的高质量，挤压模的主要零件要进行抛光和镀铬。

加工板材时，把预先浸透树脂的棉布或玻璃布铺到液压机加热平板之间，然后平板压紧，并持续一定的时间，打开平板就得到了所成型的板材。

热固性塑料管和热固性塑料棒要用型材挤压的方法加工。

（2）压力浇铸　复杂形状的制品和带螺纹孔的制品要采用浇铸挤压。同时，材料的消耗量也要增大，这是由于一部分料要剩余在浇铸系统中和加料室中。

使用压力浇铸加工热塑性塑料和黏流性能好的热固性塑料比挤压法的生产效率要高得多，压力浇铸更适合于加工高精度、不同壁厚的复杂形状零件。

旋转体形状的制品，要保证大尺寸壁厚的组织致密，就得使用离心浇铸的方法加工。

（3）注射　大部分热塑性塑料制品的生产是使用注射的方法。

注射机的主要参数是螺杆直径，螺杆的长径比，螺杆的旋转速度和截面形状。螺杆注射机有单螺杆注射机和双螺杆注射机。

挤出法适合于生产薄膜、带、板、管及各种截面形状的零件，以及电线的保护层。

挤出的材料通过宽到 1600mm 的喷嘴就可生产板材，所生产的带或者弯曲成卷，或者切割或片。

注射机要生产薄膜时要加辅助设备，要吹塑软管，要消除软管上的波纹，要压缩和缠绕软管或薄膜，要调整加工薄膜的厚度等。

热缩性塑料板是在由注射机、滚筒压平设备、板的牵引设备和切割设备等组成的专用生产线上生产的。

（4）真空、压缩及模压　真空成型和压缩空气成型及模压成型是加热到高弹态的板状和薄膜状的热塑性材料加工的主要工艺方法，这些方法如同扩大了的压力浇铸法，并避开了它的缺点。

大尺寸的成型板按外形进行固定，然后，模具型腔中形成真空，在大气压力作用下，板材成型，具有模具型腔的轮廓形状。压缩空气成型是指在成型型腔中不形成真空，而是压缩空气直接作用到板材上。用压缩空气成型法，有些制品可以不用成型阴模就可以生产。

真空成型和压缩空气成型要在专用的设备上进行，这种设备的尺寸不大，结构也简单，价格也不贵。

要把热塑性塑料板材加工成零件，最好是把板材加热到高弹态，然后放到模具中进行模压成型。

很多非金属材料的零件是在固体状态下进行加工而得到的，所利用的坯料是棒材、板材和型材，采用压力浇铸所生产的塑料零件往往也要再进行局部的机械加工。在固体状态下的加工经常采用的是利用冲切模进行冲切加工或车削加工。

塑料制品的连接也可以采用焊接和胶结的方法。

塑料零件（特别是大尺寸的零件）生产过程的机械化和自动化，在提高劳动效率、减轻工作条件方面能起到很大的作用。塑料在热挤压时，就要使用自动化仪表进行测温，要进行大批量的生产就要使用工作过程自动化的液压机。

压力浇铸和注射是塑料零件生产的高机械化过程和自动化过程。

塑料制品生产的综合自动化问题和建立软件生产系统问题，可以靠机器人来完成塑料制品整个生产过程中的每一道工艺过程。例如，加工前颗粒状的塑料放到高频发生器中加热，工业机器人就抓住颗粒状的塑料，并把它们放到液压机的挤出模中，加工之后，工业机器人从挤出模中取出制品，并把制品放到容器中。

8.1.2　橡胶

橡胶是在室温下具有很大可逆延伸率的聚合物。生橡胶和硫及其他添加物的混炼胶，硫化后的产品称为"橡胶"。生橡胶是橡胶的主要成分。橡胶是一种化学稳定的材料，具有不透气、不透水的特性，高的耐磨性和优良的电绝缘性能。橡胶具有很大的变形能力，并能完全恢复变形，室温下橡胶处于高弹性状态，并能在很大的温度范围内保持它的高弹性。

8.1.2.1　橡胶的成分

天然生橡胶和合成生橡胶是所有橡胶的基体，橡胶材料的主要性能是由生橡胶的性能决定的。要改善生橡胶的物理性能和力学性能，就需向生橡胶中加上各种添加物，因此，橡胶是由生橡胶和添加物组成的。

（1）硫化剂　硫化作用物要参与形成硫化的空间格子结构，硫和硒是作为硫化剂使用的，也有一些生橡胶要使用过氧化物。电工胶就要使用有机硫化物（双二甲胺硫酸）代替硫，因为硫与铜要起化学反应。

硫化过程的加速剂是聚硫化物、氧化铅、氧化镁等，既能影响硫化规范，也能影响硫化胶的物理性能和力学性能。在某些金属（锌等）氧化物存在时，加速剂的作用就更为活泼，这些金属氧化物就称为"活化剂"。

（2）抗老化剂　抗老化剂是为了减缓橡胶的老化过程，但加上抗老化剂有可能使橡胶的使用性能变差一点。有两种作用的抗老化剂：一种是化学作用的抗老化剂；另一种是物理作用的抗老化剂。化学作用的抗老化剂是靠它们自身的氧化来阻止橡胶的氧化或靠破坏所形成的生橡胶氧化物；物理抗老化剂是形成表面保护膜，此法较少使用。

（3）增塑剂　增塑剂是为了便于混炼胶的加工而加入的，增塑剂能提高生橡胶的弹性，提高橡胶的耐寒性。石蜡、凡士林、硬脂酸、沥青、植物油等作为增塑剂加到混炼胶中。加增塑剂的数量是生橡胶数量的8%～30%。

（4）填充剂　按照填充剂对生橡胶的作用，填充剂分成了活性填充剂和非活性填充剂。活性填充剂（炭黑和白炭黑-硅酸、氧化锌等）能提高橡胶的力学性能（强度、耐磨性、硬度都能提高）；非活性填充剂（滑石粉、重晶石）加入的目的是为了降低橡胶的成本。

有时还向混炼胶中加再生胶和橡胶生产的废料，其目的除为降低成本外，再生胶还能提高橡胶的质量，能降低橡胶老化的倾向性。

（5）着色剂　想改变橡胶制品的颜色，则需向橡胶中添加着色剂，如矿物染料或有机染料。一些染料能吸收太阳光谱中的短波部分，并能以此使橡胶抗老化。

8.1.2.2　橡胶的分类

根据橡胶的用途，把橡胶分成了一般用途的橡胶和特种用途的橡胶。

（1）通用橡胶　天然橡胶属于通用橡胶，这是一种非结晶型聚合物，但也能形成结晶相，并引起天然橡胶的强化，它能溶解在汽油中、苯中、三氯甲烷中，并形成胶黏剂，作为胶来使用。把它加热到高于80～100℃时，生胶就成为塑性状态，加热到200℃时，它就开始分解，-70℃时，生胶就成为脆性状态。通常天然橡胶是非结晶型物质，但在长时间的保存中就可能发生结晶，生胶拉伸时，也能产生结晶相，并能大幅度地提高它的强度。要得到天然生胶的硫化胶，就得用硫进行硫化，天然生橡胶硫化后就具有高弹性，高强度，高的不透水性和不透气性，以及高的电绝缘性能。

聚丁合成胶是非结晶型橡胶，它具有低的拉伸强度，因此，以它为基的橡胶必须加填充剂进行强化。聚丁合成生橡胶的耐寒性也不高（-40～-45℃）。

通用橡胶能在水、空气、弱酸和弱碱介质中工作，工作的温度范围是-35～130℃。使用这种橡胶可以加工成轮胎、输送带、软管、电缆绝缘层及其他橡胶制品。

（2）特种橡胶　特种橡胶根据用途可分为耐油橡胶、耐热橡胶、耐光耐臭氧橡胶、耐磨橡胶、电工橡胶、耐液压橡胶等。

① 耐油橡胶　氯丁胶、丁腈胶和聚硫胶属于耐油橡胶。氯丁胶甚至在无硫热处理的条件下就能就行硫化，因为在温度的作用下生橡胶就能转变成热稳定的状态。氯丁基胶具有高弹性、耐振和耐臭氧，对燃料和油的作用都很稳定，能很好地抵抗热时效。氯丁胶的电绝缘性能较低，耐热性和耐寒性也较低。

丁腈胶是丁二烯和丙烯酸酯的共聚产物。丁腈胶要用硫进行硫化，丁腈基橡胶具有高强度，耐磨耗，但它的弹性不如天然生胶基的橡胶，对耐时效性和耐弱酸和弱碱的作用上丁腈胶占优势。丁腈胶能在汽油、燃料等介质中工作，温度范围-30～130℃。丁腈胶用于生产胶带、输送带、软管、耐油橡胶零件（密封圈、油套等）。

聚硫胶是在卤素衍生碳氢化合物和碱土金属的聚硫化合物相互作用下形成的。

聚硫橡胶要用过氧化物进行硫化，在它的主链中有硫的大分子存在就使橡胶具有极性，由此它就具有对燃料和油的稳定性和对氧、臭氧、太阳光作用的稳定性。硫也保证了聚硫橡胶低的气体穿透性，因此，聚硫橡胶是一种很好的密封材料。聚硫橡胶的力学性能不高，能在 $-40 \sim -60$℃的温度下保留橡胶的弹性，耐热性不高于 $60 \sim 70$℃。

② 耐热橡胶　硅橡胶属于耐热橡胶，用过氧化物对耐热橡胶进行硫化，还要加上白炭黑填充剂。这种橡胶具有高的耐热性，由于耐热合成橡胶的极性弱，它就具有好的介电性能。硅橡胶的工作温度范围是 $-60 \sim 250$℃。硅橡胶既耐水又疏水。在溶剂和油中，它要膨胀，并具有低的力学性能和高的气体穿透性，耐磨性也差。

③ 耐光耐臭氧橡胶　氟橡胶属于耐光耐臭氧橡胶，它具有热时效稳定性、耐油稳定性和对各种溶剂作用的稳定性，氟橡胶具有高的耐磨性，不燃烧，耐热性高（到 300℃）。对多数刹车液的稳定性小和低弹性是氟橡胶的缺点。氟橡胶广泛用于汽车工业和航空工业。

氟橡胶和乙烯丙烯基橡胶对强氧化剂（HNO_3，H_2O_2 等）的作用很稳定，可用于加工密封件、膜片、软管等，在大气条件下工作几年都不破坏。

④ 耐磨橡胶　聚氨酯胶属于耐磨橡胶，它具有高弹性，高强度，高耐磨性，高耐油性。在其生胶结构中没有不饱和链，因此，它对氧和臭氧都很稳定，它的气体穿透性比天然橡胶的气体穿透性小 $10 \sim 20$ 倍。这种橡胶的工作温度是 $-30 \sim 130$℃。

聚氨酯胶用于加工汽车轮胎、输送带、输送磨粒材料的管子和沟槽衬里、鞋等。

⑤ 电工橡胶　电工橡胶包括电绝缘橡胶和导电胶，电绝缘橡胶用于导线和电缆导线芯线的绝缘，用于加工专用的绝缘手套和绝缘鞋。

导电胶是天然生橡胶，氯丁橡胶的成分中加上炭黑和石墨（$65 \sim 70$℃）得到的。

⑥ 耐液压橡胶　耐液压橡胶用于密封液压系统、软管、泵的活动连接和不动连接，在油中工作的要用氯丁基胶。密封件在液体中的膨胀要不超过 $1\% \sim 4\%$，在硅有机液体中工作的要用天然橡胶加工。

8.1.2.3　橡胶制品的加工

生产橡胶制品的方法基本上与塑料的加工方法相类似，压延、挤出、模压、压力浇铸等是它们中的主要方法。

（1）加工工艺　压延是在多辊压延机上生产橡胶板和橡胶带的工艺方法。为了保证生产工艺的需要，压延机上装有加热系统和冷却系统。

在连续挤出机上可生产不同截面的橡胶零件，或者用橡胶包覆金属导线。

热模压成型主要用来生产轴环、密封圈等橡胶制品。

压力浇铸用于生产复杂形状的橡胶制品。

（2）加工过程　橡胶制品成型的工艺过程基本上由三道工序组成，即准备胶料、橡胶制品的成型和硫化。为了更好地混合胶料成分，使胶料转变成塑性状态，胶料要在密炼机上进行多次加热密炼。

选择橡胶制品的成型方法，要根据对橡胶制品的技术要求、胶料的类型、生产设备条件等因素来考虑。硫化时，生橡胶与硫相互发生化学反应，硫化过程的主要作用是生胶分子的线性结构转变成空间网状结构。橡胶与生橡胶相比，橡胶的塑性低一点，强度高一点，化学稳定性高一点，耐热性更好一点。

8.2 无机非金属工程材料

8.2.1 陶瓷

陶瓷是人类生活和生产中不可缺少的一种材料。陶瓷产品的应用范围遍及国民经济各个领域。

传统的陶瓷是陶器和瓷器的总称，主要是由地壳中最丰富的硅、铝、氧三种元素组成的硅酸盐材料作为原料，再经过高温烧结，便制成了陶瓷制品。如今，陶瓷材料已经远远超出了传统硅酸盐的范畴，无论在原料、组分、制备工艺、性能和用途上均与传统的陶瓷有很大的差别。

8.2.1.1 陶瓷材料的分类

陶瓷的分类方法很多，目前，对陶瓷材料的分类尚未统一。一般地，可以把陶瓷材料分为传统陶瓷和现代陶瓷两大类。传统陶瓷又称为普通陶瓷，它是利用天然硅酸盐原料制成的陶瓷，主要用作日用器皿和建筑、卫生制品。现代陶瓷也可称为工程陶瓷、精细陶瓷、特种陶瓷等，它是采用一些氧化物、碳化物、氮化物、硅化物、硼化物等物质组成的固体材料，采用特殊工艺制成的具有良好性能或具有某种特殊功能的陶瓷，其性能和应用范围远远超过了传统陶瓷。

现代陶瓷按功能和用途又可分为结构陶瓷、功能陶瓷和生物陶瓷等三类。

结构陶瓷是指用来制作各种结构部件的陶瓷，主要用于轴承、球阀、刀具、模具等要求耐高温、耐腐蚀、耐磨损的部件。

功能陶瓷是指利用其电、磁、声、光、热等直接效应或其耦合效应，以实现某种特殊使用功能的特种陶瓷。

生物陶瓷指作为医学生物材料的陶瓷，临床中主要用于牙齿骨骼系统的修复和替换，如人造骨、人工关节等，也可用于制造某些人造器官的零部件。

陶瓷材料具有高硬度、高耐磨性、耐腐蚀性、耐高温、绝缘性能及其他一些特殊的功能，在机械、电子、石油、化工、航空、航天等领域得到了广泛的应用。

8.2.1.2 陶瓷材料的结构

由于陶瓷是化合物而不是单质，所以其组织结构要比金属或合金复杂得多。一般地，陶瓷是由金属（或类金属）与非金属元素形成的化合物。有的陶瓷是晶体，如 Al_2O_3、MgO、SiC 等；有的是非晶体，如玻璃；而有的陶瓷在一定条件下可以由非晶体转化为晶体，如玻璃陶瓷。典型陶瓷的组织是由晶体相、玻璃相和气相组成。

（1）晶体相 晶体相是陶瓷的主要组成相，其结构、数量、形态和分布决定陶瓷的主要性能和应用。当陶瓷中有几种晶体时，数量最多、作用最大的为主晶体相，其他次晶体相的影响也是不可忽视的。陶瓷中的晶体相主要有硅酸盐、氧化物和非氧化物三种。

① 硅酸盐 硅酸盐是普通陶瓷的主要原料，同时也是陶瓷组织中重要的晶体相，如莫来石、长石等。硅酸盐的结合键为离子键与共价键的混合键。它的结构比较复杂，但有以下特点：构成硅酸盐的基本单元是［SiO_4］四面体（图8-1），硅氧四面体只能通过共用顶角而相互连接，否则结构不稳定；Si^{4+} 间不直接成键，它们之间的结合通过 O^{2-} 来实现；硅氧四面体相互连接时优先采取比较紧密的结构等。按照以上规律，硅氧四面体可以构成岛状、链

状、层状和骨架状等硅酸盐形状。

② 氧化物 氧化物是大多数陶瓷，特别是现代陶瓷的主要组成和晶体相，它们主要由离子键结合，有时也有共价键。它们的结构决定于结合键的类型、各种离子的大小以及在极小空间中保持电中性的要求。其中最重要的晶体相有 AO、AO_2、A_2O_3、ABO_3 和 AB_2O_4 等（A、B 表示阳离子）等几类，其共同特点是：氧离子紧密排列，金属阳离子位于一定的间隙中。

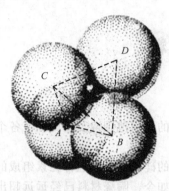

图 8-1 硅氧四面体结构

AO 类型的氧化物，例如 MgO、CaO、BeO 等具有岩盐结构。其中，金属离子和氧离子数量相等，氧离子做面心立方排列，金属离子填充在其所有八面体间隙之中，形成完整的立方晶格。

Al_2O_3、Cr_2O_3、Fe_2O_3 等属于 A_2O_3 类型，即刚玉结构。氧离子占据密排六方结构的结点位置，铝离子占据氧离子组成的八面体间隙中，但只占满 2/3，每 3 个相邻的八面体间隙就有一个有规律地空着。在每个晶胞中有 6 个氧离子和 4 个铝离子。

③ 非氧化物 非氧化物是指不含氧的金属碳化物、氮化物、硼化物和硅化物等，它们也是现代陶瓷的主要晶体相，主要由共价键结合，但也有一定成分的离子键和金属键。

金属碳化物大多数是共价键和金属键之间的过渡键，以共价键为主。其结构主要有两类：一类是间隙相，碳原子嵌入紧密立方或六方金属晶格的八面体间隙之中，如 TiC、ZrC、HfC、VC、NbC 和 TaC 等；另一类是复杂碳化物，由碳原子或碳原子链与金属构成各种复杂的结构，如斜方结构的 Fe_3C、Mn_3C、Co_3C、Ni_3C 和 Cr_3C_2，立方结构的 $Cr_{23}C_6$、$Mn_{23}C_6$，六方结构的 WC、MoC、Cr_7C_3，以及复杂结构的 Fe_3W_3C 等。

(2) 玻璃相 玻璃相是陶瓷烧结时各组成物及杂质产生一系列物理、化学变化后形成的一种非晶态物质，它的结构是由离子多面体构成的短程有序排列的空间网络。其主要作用是黏结分散的晶相，降低烧结温度，抑制晶粒长大和填充气孔。但玻璃相熔点低，热稳定性差，导致陶瓷在高温下产生蠕变。因此，玻璃相不能成为陶瓷的主导相，其含量必须严格控制，一般不能超过 20%～40%。

玻璃结构的特点是硅氧四面体组成不规则的空间网络，形成玻璃的骨架。如果四面体长程有序排列则为晶态 SiO_2，如为短程有序排列则为玻璃的结构。若玻璃中含有氧化铝或氧化硼，则四面体中的硅被铝或硼部分取代，形成铝硅酸盐或硼硅酸盐的结构网络。Na_2O 等氧化物的引入，会使很强的 Si—O—Si 键破坏，因而降低玻璃的强度和热稳定性，但它能使玻璃在高温时成为热塑性的，有利于成型性能的改善，生产工艺性好。

(3) 气相 气相是指陶瓷孔隙中的气体即气孔，是在陶瓷生产过程中形成并被保留下来的。气孔的存在对陶瓷性能有明显的影响。其优点是能使陶瓷密度减小，并能减震，但同时使得陶瓷的强度下降，介电耗损增大，电击穿强度下降，绝缘性降低。因此生产上要严格控制气孔数量、大小及分布。一般地，要求气孔的体积分数要小，不能超过 5%～10%，而且要求气孔细小，呈球形，分布均匀。但是，根据需要有时应增加气孔，如保温陶瓷和过滤用多孔陶瓷等。此时，其气孔率可高达 60%。

8.2.1.3 陶瓷材料的性能

陶瓷材料的化学键是离子键和共价键，这种化学键具有很强的方向性和很高的结合能。因此陶瓷很难产生塑性变形，脆性大，裂纹敏感性强。

（1）力学性能

① 弹性性能　与金属材料不同，陶瓷材料在室温静拉伸载荷作用下，一般都不出现塑性变形阶段，在极微小应变的弹性变形后立即出现脆性断裂，伸长率和断面收缩率几乎为零。陶瓷材料的弹性模量比金属大得多，但是陶瓷的弹性模量随陶瓷内的气孔率和温度的增高而降低。

② 强度　由于陶瓷内部存在大量的气孔，其作用相当于裂纹源，在拉应力作用下迅速扩展而导致脆断，所以陶瓷的实际抗拉强度要比金属低得多。陶瓷受压时，气孔等缺陷不易扩展为宏观裂纹，所以抗压强度较高，为抗拉强度的 $10\sim40$ 倍。

减少陶瓷中的气孔、细化晶粒、提高致密度和均匀度，可提高陶瓷的强度。

③ 硬度　硬度是陶瓷材料的重要力学性能参数之一。硬度高、耐磨性好是工程陶瓷材料的优良特性。

④ 塑性和韧性　陶瓷材料在室温下很难产生塑性变形，其断裂方式为脆性断裂，但在高温（$800\sim1500$℃）条件下，陶瓷可能由脆性转变为塑性。

由于陶瓷制品难以发生塑性变形，加之气孔缺陷的交互作用，其内部很容易造成应力集中，因而陶瓷的冲击韧性很低，脆性很大。对裂纹、冲击、表面损伤特别敏感，容易发生脆性断裂，成为陶瓷材料用于受力较复杂构件的主要障碍。

在围绕如何提高陶瓷材料的韧性、降低脆性的问题上，近年来各国学者研究了各种陶瓷材料的增韧机制，如颗粒弥散增韧、微裂纹增韧、裂纹偏转增韧、晶须增韧、相变增韧等。

（2）化学性能　陶瓷是由金属（类金属）和非金属元素形成的化合物，化合物之间的结合键主要是离子键或共价键。陶瓷中的金属正离子被四周非金属氧离子所包围，结构非常稳定。所以，陶瓷的化学稳定性好，对酸、碱和盐的抗腐蚀能力强，可广泛应用于石油、化工等领域。

（3）热学性能　与金属和高分子材料相比，耐高温是陶瓷材料优异的特性之一。大多陶瓷材料的熔点都在 2000℃以上。在高温下，陶瓷不仅具有高的硬度，而且基本保持了其在室温下的强度。另外，陶瓷材料抗氧化性能好，热膨胀系数低，抗蠕变性能强，被广泛用作高温材料，如冶金坩埚、火箭和导弹的雷达防护罩、发动机燃烧喷嘴等。但是陶瓷材料的抗热震性能比较差。当温度发生急剧变化，温差又比较大时，受陶瓷材料的力学性能、热学性能及构件几何形状和环境介质等因素的影响，形成的热应力比较大，材料容易被破坏，所以在烧结和使用时应当注意。

8.2.1.4　工程陶瓷

（1）普通陶瓷　普通陶瓷的原料是由黏土、长石和石英组成。

普通陶瓷分为日用陶瓷和工业陶瓷。

日用陶瓷要求有良好的白亮度、光泽度、透光度、热稳定性和机械强度，主要是一些生活用瓷器。根据使用的瓷质又分为长石质瓷、绢云母（$K_2O\cdot3Al_2O_3\cdot6SiO_2\cdot2H_2O$）质瓷和日用滑石（$3MgO\cdot4SiO_2\cdot H_2O$）质瓷。

普通工业陶瓷属于陶器与瓷器之间的陶瓷及精陶。按用途把它们分为建筑瓷、卫生瓷、电瓷、化学瓷和化工瓷。建筑卫生瓷一般尺寸较大，要求强度高，热稳定性好。电工瓷要求机械强度高，介电性能好，热稳定性好。化学化工瓷要求耐各种化学介质的能力要强，因此要加入 MgO、ZnO、BaO、Cr_2O_3 等氧化物，增加莫来石结晶相，提高强度，增强耐碱能力。加入 Al_2O_3、ZrO_2 等能提高强度和耐热性。加入滑石和镁砂能降低膨胀系数。加入 SiC 能提高强度和导热性。电瓷主要用于加工隔电及连接用的绝缘器件。化学瓷和化工瓷是化学、化工、制药、食器等工业和实验室中的重要材料，用于加工实验器皿、耐蚀容器、管道、设备等。建筑瓷和卫生瓷用于地面、墙壁、管道，加工卫生间的各种器具等。

（2）特种陶瓷　特种陶瓷又分为纯氧化基陶瓷和非氧化基陶瓷两种。

① 氧化物陶瓷　氧化物陶瓷的生产中主要有 Al_2O_3、ZrO_2、MgO、CaO、BeO、ThO_2、UO_2。陶瓷的组织是单相的多晶体。除结晶相外，可能含有少量的气体相（孔洞）和玻璃相，玻璃相的形成是由于原材料中存在夹杂物。纯氧化物的熔化温度高于 2000℃，因此，它们属于耐高温材料。和其他的一些无机材料一样，氧化物陶瓷具有同拉伸和弯曲相比高的压缩强度，细晶粒的组织就具有更高强度，因为粗晶粒的结构在晶粒之间的晶界上要产生大的内应力。

随着温度的升高，陶瓷的强度要降低。在高温范围下使用的材料，氧化性是一个重要的性能指标，纯氧化物基陶瓷就不容易氧化。

a. Al_2O_3 基陶瓷具有高强度，并能在高温下保持高强度，具有优良的化学稳定性和介电性能。这种陶瓷的耐热性不高。在很多技术领域中广泛使用这种陶瓷制品，例如，高速切削刀具，样板，钢丝的拉丝模，高温炉的零件，内燃发动机的点火电嘴等。致密陶瓷作为真空陶瓷使用，多孔陶瓷作为绝热材料使用。在氧化铝坩埚中可熔化各种金属和氧化物。

b. ZrO_2 陶瓷热导率小，这种陶瓷的使用温度可到 2000～2200℃，用于制造熔化金属和合金的坩埚、炉子、仪表和反应堆的隔热材料，作为金属涂层用于隔热，达到保护金属的目的。

c. MgO 和 CaO 基陶瓷对各种金属的碱性炉渣都很稳定，其中也包括对碱的稳定性。它们的耐热性较低。氧化镁高温下易挥发，氧化钙甚至在空气中就能进行水合作用。它们用于加工坩埚，除此之外，氧化镁用作炉衬，用于高温测量仪表等。

d. BeO 基陶瓷的不同处是高导热性，这就能保证它具有高的耐热性，这种材料的强度性能不太高。BeO 具有消散高能离子辐射的能力，具有高的减慢热中子系数，用于加工一些纯金属的熔炼坩埚，在原子反应堆中作为真空陶瓷使用。

e. ThO_2 和 UO_2 基陶瓷具有高的熔化温度，并具有高密度和高放射性。这种陶瓷用于加工熔炼铑、铂金等金属的电炉坩埚，UO_2 陶瓷用于加工核电站反应堆的热量释放元件。

② 非氧化物陶瓷　元素和碳的化合物，和硼的化合物，和氮的化合物，和硅的化合物，和硫的化合物都属于难熔非氧化合物。这些化合物的特点是高耐热性（2500～3000℃），高硬度和高耐磨性，这些材料都具有高的脆性。高温下抗氧化，碳化物和硼化物的抗氧化性是 900～1000℃，氮化物略低，硅化物的抗氧化温度是 1300～1700℃（在表面上能形成氧化硅膜）。

a. 碳化物：得到广泛使用的硅的碳化物是 SiC，SiC 具有高的耐热性（1500～1600℃），高硬度，对酸具有高的稳定性，对碱则具有高的不稳定性。用于加工电炉的硅碳棒，作为石墨的保护覆层，作为磨料使用。

b. 硼化物：这些化合物具有金属的性能。它们的导电性很高，硬度高，耐磨，抗氧化。在技术上得到推广使用的是 TiB_2，ZrB_2 等，它们加硅合金化，使它们的稳定性可以达到它们的熔化温度。ZrB_2 在熔化的铝、铜、铸铁、钢中很稳定。它们用于加工在 2000℃温度下的活性介质中工作的热电偶、管子、容器、坩埚。硼化物覆层能提高制品的硬度、化学稳定性和耐磨性。

c. 氮化物：非金属氮化物是耐高温材料，具有低导热性和导电性，常温下是绝缘体，而高温下是半导体。随着温度的升高，线膨胀系数和热容量增大。这些氮化物的硬度和强度比碳化物和硼化物的硬度和强度低。在高温真空中它们要分解。

d. 氮化硼：它是一种软的粉末，对中性和还原性气氛很稳定，用于耐热材料和润滑材料。用它加工的制品耐热。氮化硼在 1800℃ 下的无氧介质中是一种很好的介电体。最纯的氮化硼用作飞行器天线整流罩和电子设备的材料。

e. 氮化硅（Si_3N_4）：氮化硅在 1600℃ 以下的温度和氧化气氛中比其他氮化物更稳定。按高温下的强度 Si_3N_4 超过所有的结构材料，而价格比耐热合金低很多倍。氮化硅是一种高强度、高耐磨性和耐高温材料。这种材料用于内燃发动机的制造，耐腐蚀，耐侵蚀，不怕零件的过热。

f. 硅化物：硅化物与碳化物和硼化物的差别在于它具有半导体的性能，耐热，它们对酸和碱的作用很稳定，可以在 1300~1700℃ 的温度下使用，在 1000℃ 下它们不与熔化的铅、锡和钠起反应。$MoSi_2$ 最广泛地用于 1700℃ 的电炉加热元件可工作几千小时。用烧结 $MoSi_2$ 加工汽轮机叶片，用作难熔金属的高温氧化保护层。

g. 硫化物：硫化物中得到实际广泛应用的只有 MoS_2，它具有高的耐磨性，它可用于真空的润滑材料。在空气中的工作温度是从 -150℃ 到 435℃，在真空中到 1100℃，在惰性介质中到 1540℃。二硫化钼是导电性，无磁性，能防辐射，对水、惰性油和酸（浓盐酸、浓硝酸和王水除外）都是稳定的。高于 400℃ 时，开始形成氧化膜的氧化过程，而 592℃ 时形成 MoO_3，MoO_3 是磨料。

8.2.2 玻璃

玻璃最初由火山喷出的酸性岩凝固而得。我们现在使用的玻璃是由石英砂、纯碱、长石及石灰石经高温制成的。

熔体在冷却过程中黏度逐渐增大而得的不结晶的固体材料。性脆而透明。主要有石英玻璃、硅酸盐玻璃、钠钙玻璃、氟化物玻璃等。通常指的硅酸盐玻璃，是以石英砂、纯碱、长石及石灰石等为原料，经混合、高温熔融、均匀化后，加工成型，再经退火而得。广泛用于建筑、日用、医疗、化学、电子、仪表、核工程等领域。

8.2.2.1 玻璃的含义

玻璃是一种较为透明的固体物质，在熔融时形成连续网络结构，冷却过程中黏度逐渐增大并硬化而不结晶的硅酸盐类非金属材料。普通玻璃化学氧化物的组成为 $Na_2O \cdot CaO \cdot 6SiO_2$，主要成分是二氧化硅。广泛应用于建筑物，用来隔风透光，属于混合物。

我国古代亦称琉璃，是一种透明、强度及硬度颇高、不透气的物料。玻璃在日常环境中呈化学惰性，亦不会与生物起作用，故其用途非常广泛。玻璃一般不溶于酸（例外：氢氟酸与玻璃反应生成 SiF_4，从而导致玻璃的腐蚀）；但溶于强碱，例如氢氧化铯。玻璃是一种非晶型过冷液体。溶解的玻璃迅速冷却，各分子因为没有足够时间形成晶体而形成玻璃。

玻璃在常温下是固体，它是一种易碎的东西。摩氏硬度 6.5。

8.2.2.2 玻璃的分类

玻璃的分类方法很多，有成分分类法和性能分类法等。

玻璃主要分为平板玻璃和特种玻璃。平板玻璃主要分为三种，即引上法平板玻璃（分有槽/无槽两种）、平拉法平板玻璃和浮法玻璃。由于浮法玻璃的厚度均匀、上下表面平整平行，再加上劳动生产率高及利于管理等方面的因素影响，浮法玻璃正成为玻璃制造方式的主流。

特种玻璃种类很多。

（1）成分分类 玻璃通常按主要成分分为氧化物玻璃和非氧化物玻璃。非氧化物玻璃品种和数量很少，主要有硫系玻璃和卤化物玻璃。硫系玻璃的阴离子多为硫、硒、碲等，可截止短波长光线而通过黄、红光，以及近、远红外线，其电阻低，具有开关与记忆特性。卤化物玻璃的折射率低，色散低，多用作光学玻璃。

氧化物玻璃又分为硅酸盐玻璃、硼酸盐玻璃、磷酸盐玻璃等。硅酸盐玻璃指基本成分为 SiO_2 的玻璃，其品种多，用途广。通常按玻璃中 SiO_2 以及碱金属、碱土金属氧化物的不同含量，又可分为以下几种。

① 硅酸盐玻璃

a. 石英玻璃。SiO_2 含量大于 99.5％，热膨胀系数低，耐高温，化学稳定性好，透紫外线和红外线，熔制温度高，黏度大，成型较难。多用于半导体、电光源、光导通信、激光等技术和光学仪器中。

b. 高硅氧玻璃。SiO_2 含量约 96％，其性质与石英玻璃相似。

c. 钠钙玻璃。以 SiO_2 含量为主，还含有 15％的 Na_2O 和 16％的 CaO，其成本低廉，易成型，适宜大规模生产，其产量占实用玻璃的 90％。可生产玻璃瓶罐、平板玻璃、器皿、灯泡等。

d. 铅硅酸盐玻璃。主要成分有 SiO_2 和 PbO，具有独特的高折射率和高体积电阻，与金属有良好的浸润性，可用于制造灯泡、真空管芯柱、晶质玻璃器皿、火石光学玻璃等。含有大量 PbO 的铅玻璃能阻挡 X 射线和 γ 射线。

e. 铝硅酸盐玻璃。以 SiO_2 和 Al_2O_3 为主要成分，软化变形温度高，用于制作放电灯泡、高温玻璃温度计、化学燃烧管和玻璃纤维等。

f. 硼硅酸盐玻璃。以 SiO_2 和 B_2O_3 为主要成分，具有良好的耐热性和化学稳定性，用以制造烹饪器具、实验室仪器、金属焊封玻璃等。

② 磷酸盐玻璃以 P_2O_5 为主要成分，折射率低、色散低，用于光学仪器中。

③ 硼酸盐玻璃以 B_2O_3 为主要成分，熔融温度低，可抵抗钠蒸气腐蚀。含稀土元素的硼酸盐玻璃折射率高，色散低，是一种新型光学玻璃。

(2) 性能分类　玻璃按性能特点又分为：钢化玻璃、多孔玻璃（即泡沫玻璃，用于海水淡化、病毒过滤等方面）、导电玻璃（用作电极和飞机风挡玻璃）、微晶玻璃、乳浊玻璃（用于照明器件和装饰物品等）和中空玻璃（用作门窗玻璃）等。

8.2.2.3　玻璃的特性

根据种类不同，玻璃有不同的特性。在建筑玻璃中，有如下性能特点。

(1) 净片玻璃特性

① 良好的透视、透光性能（3mm、5mm 厚的净片玻璃的可见光透射比分别为 87％和 84％）。对太阳光中近红外线的透过率较高，但对可见光折射至室内墙顶地面和家具、织物而反射产生的远红外长波热射线却有效阻挡，故可产生明显的"暖房效应"。净片玻璃对太阳光中紫外线的透过率较低。

② 隔声，有一定的保温性能。

③ 抗拉强度远小于抗压强度，是典型的脆性材料。

④ 有较高的化学稳定性，通常情况下，对酸、碱、盐及化学试剂和气体都有较强的抵抗能力，但长期遭受侵蚀性介质的作用也能导致变质和破坏，如玻璃的风化和发霉都会导致外观破坏和透光性能降低。

⑤ 热稳定性较差，急冷急热易发生炸裂。

(2) 装饰玻璃特性

① 彩色平板玻璃可以拼成各种类型，并有耐腐蚀、抗冲刷、易清洗等特点。

② 釉面玻璃具有良好的化学稳定性和装饰性。

③ 压花玻璃、喷花玻璃、乳花玻璃、刻花玻璃、冰花玻璃根据各自制作花纹的工艺不同，有各种色彩、观感、光泽效果，富有装饰性。

（3）安全玻璃特性

① 钢化玻璃　机械强度高、弹性好、热稳定性好、碎后不易伤人、可发生自爆。

② 夹丝玻璃　受冲击或温度骤变后碎片不会飞散；可短时防止火焰蔓延；有一定的防盗、防抢作用。

③ 夹层玻璃　透明度好、抗冲击性能高、夹层 PVB 胶片黏合作用保护碎片不散落伤人，耐久、耐热、耐湿、耐寒性高。

（4）节能装饰性玻璃

① 着色玻璃　有效吸收太阳辐射热，达到蔽热节能效果；吸收较多可见光，使透过的光线柔和；较强吸收紫外线，防止紫外线对室内影响；色泽艳丽耐久，增加建筑物外形美观。

② 镀膜玻璃　保温隔热效果较好，易对外面环境产生光污染。

③ 中空玻璃　光学性能良好、保温隔热性能好、防结露、具有良好的隔声性能。

8.2.2.4　未来玻璃

（1）冬暖夏凉的玻璃　冬暖夏凉的玻璃的表面涂抹了一种超薄层物质——二氧化钒和钨的混合物。当天气寒冷的时候，二氧化钒能吸收红外线，产生温热效应，从而提高室内温度；相反，窗外温度过高时，两种黏合在一起的物质的分子发生相应变化，反射红外线，从而使室内温度变得凉爽。在这层涂层中，最有"智能"的核心就是其中所含的 2% 的钨，它能决定二氧化钒到底是吸热还是散热。

（2）能自我清洁的玻璃　能自我清洁的玻璃是用一种特殊的技术，加入特殊的成分烧制而成的。一旦污垢附着到玻璃身上，它的表面就会在阳光的作用下产生具有强氧化能力的电子空穴对。紧接着，电子空穴对又与空气中的氧气和水分子相作用，产生负氧离子和氢氧自由基。在强烈的氧化还原反应中，玻璃将附在其表面的各种有机物分解为水和二氧化碳。最后，玻璃又经过雨水的洗礼，涤荡掉从其表面脱落的剩余污垢，洁净的外表再次熠熠生光。

也许有人要担心，由于强烈的氧化还原反应不断进行，玻璃表面的特殊物质是否会逐渐消失，到时候它是不是又变回普通的玻璃。其实这种特殊物质在整个自我清洁过程中只起催化作用，本身不损失，玻璃披着的这层外衣永远也不会褪色。

（3）不沾水的玻璃　不沾水玻璃和普通玻璃在构造上并没有太大区别，只是表面多了层高科技的纳米涂层。这层薄薄的纳米涂料混合了纳米二氧化硅、磷酸钛化合物、氧化锡三种物质，具有超亲水、防静电、防雾、防结露等特性。其中的超亲水特性使水会始终紧贴玻璃表面流动，遇到尘埃则会把尘埃也一起带走，使得整个玻璃面滴水不沾。

这种玻璃的用途很广，它给人们的日常生活带来许多便利。比如说，司机朋友们就再也不用为下雨天发愁了，因为即使车窗外的雨再大，雨水也会统统顺着玻璃淌下，丝毫不妨碍人们前方的视线。可能等到不沾水玻璃上市的那一天，雨刷器就要被彻底淘汰了。

（4）可代替窗帘的玻璃　可代替窗帘的玻璃和前面的玻璃不同，这种玻璃是在两块普通玻璃中间加了层通电的液晶分子膜。当没有电流通过薄膜时，液晶分子在自由状态下呈无规律排列，入射光被散射，玻璃变暗；当通电施加磁场后，液晶分子呈垂直排列，允许入射光通过，玻璃便透明起来。也就是说，人们只需通过调整电压的高低来调节玻璃的透光率，从而替代窗帘的开合。

8.2.3 硅酸盐水泥

8.2.3.1 硅酸盐水泥的含义和组成

凡以硅酸钙为主的硅酸盐水泥熟料，5%以下的石灰石或粒化高炉矿渣，适量石膏磨细制成的水硬性胶凝材料，统称为硅酸盐水泥。国际上统称为波特兰水泥。

硅酸盐水泥的主要矿物组成包括硅酸三钙、硅酸二钙、铝酸三钙、铁铝酸四钙。硅酸三钙决定着硅酸盐水泥四个星期内的强度；硅酸二钙四星期后才发挥强度作用，约一年达到硅酸三钙四个星期的发挥强度；铝酸三钙强度发挥较快，但强度低，其对硅酸盐水泥在1～3天或稍长时间内的强度起到一定的作用；铁铝酸四钙的强度发挥也较快，但强度低，对硅酸盐水泥的强度贡献小。

8.2.3.2 水泥的分类

水泥的种类繁多，至今为止已有100多种，而且各种新型水泥仍在不断出现。我国通常按以下几种方法对水泥进行分类。

（1）按水泥的用途及性能分类　可将水泥分为三大类：通用水泥、专用水泥、特性水泥。

① 通用水泥　一般土木建筑工程通常采用的水泥，如硅酸盐水泥、普通硅酸盐水泥、矿渣硅酸盐水泥、火山灰硅酸盐水泥、粉煤灰硅酸盐水泥、复合硅酸盐水泥、石灰石硅酸盐水泥等。

② 专用水泥　专用水泥指具有专门用途的水泥，如砌筑水泥、油井水泥、道路水泥等。

③ 特性水泥　特性水泥指某种性能突出的水泥，如抗硫酸盐硅酸盐水泥、快硬硅酸盐水泥、自应力铝酸盐水泥、白色硅酸盐水泥等。

通常情况下把专用水泥、特性水泥统称为特种水泥。

水泥命名时，按不同类别以水泥的主要水硬性矿物、混合材料、用途和主要特性进行命名，当名称过长时允许有简称。

通用水泥以水泥的主要水硬性矿物名称冠以混合材料名称，或以适当名称来命名。通用水泥的主要水硬性矿物为硅酸盐，由于掺加混合材料的不同而有不同的名称。如不掺或仅掺少量混合材料（<5%）的水泥称硅酸盐水泥（国外叫波特兰水泥）；掺有较多矿渣作混合材的水泥称矿渣硅酸盐水泥；对掺有10%～35%的石灰石作混合材的水泥称石灰石硅酸盐水泥等。

专用水泥按其专门用途命名。所谓专用，是指特定的单一用途，在此特定用途范围内，水泥能充分发挥其特性，取得最佳使用效果。某些情况下还在其名称前冠以不同型号。如石油开采使用不同井深条件下的固井水泥分别称 A 级油井水泥、B 级油井水泥等；用于修建道路的水泥称道路硅酸盐水泥，简称道路水泥。

特性水泥以水泥的主要特性命名。它不是专用的，在需要和规定的范围内均可使用。如快硬硅酸盐水泥、低热矿渣硅酸盐水泥、膨胀硫铝酸盐水泥等。

（2）按水泥的组成分类

① 硅酸盐水泥系列（通常简称为硅酸盐水泥）　磨制水泥的熟料以硅酸盐矿物为主要成分。如通用水泥及大部分专用水泥、特性水泥都属于硅酸盐水泥系列。

② 铝酸盐水泥系列　该系列水泥的特征是熟料矿物以铝酸盐矿物为主，主要包括铝酸盐膨胀水泥、铝酸盐自应力水泥和铝酸盐耐火水泥等。

③ 氟铝酸盐水泥系列　如快凝快硬氟铝酸盐水泥、型砂水泥、锚固水泥等。

④ 硫铝酸盐水泥系列　如快硬硫铝酸盐水泥、高强硫铝酸盐水泥、膨胀硫铝酸盐水泥、自应力硫铝酸盐水泥、低碱硫铝酸盐水泥等。

⑤ 铁铝酸盐水泥系列　如快硬铁铝酸盐水泥、高强铁铝酸盐水泥、膨胀铁铝酸盐水泥、自应力铁铝酸盐水泥等。

⑥ 其他　如耐酸水泥、氧化镁水泥、生态水泥、少熟料和无熟料水泥等。

(3) 硅酸盐水泥中按其混合材料的掺加情况分类

① 纯熟料硅酸盐水泥　在硅酸盐水泥熟料中加入适量石膏，磨细而成的水泥，分 425、525、625、725 四个标号。其早期强度比其他几种硅酸盐水泥高 5%～10%，抗冻性和耐磨性较好，适用于配制高标号混凝土，用于较为重要的土木建筑工程。

② 普通硅酸盐水泥　简称普通水泥。由硅酸盐水泥熟料掺加少量混合材料和适量石膏磨细而成。混合材料的加入量根据其具有的活性大小而定。按我国标准规定：普通水泥中如掺加活性混合材料（如粒化高炉矿渣、火山灰、粉煤灰等），其掺加量按重量计不得超过 15%，允许用不超过 5% 的窑灰（用回转窑生产硅酸盐类水泥熟料时，随气流从窑尾排出的灰尘，经收尘设备收集所得的干燥粉末）或不超过 10% 的非活性混合材料代替；掺加非活性混合材料不得超过 10%。普通水泥分为 325、425、525、625 四个标号，广泛用于制作各种砂浆和混凝土。

国家标准对普通硅酸盐水泥的技术要求如下。

a. 细度　筛孔尺寸为 80μm 的方孔筛的筛余不得超过 10%，否则为不合格。

b. 凝结时间　初凝时间不得早于 45min，终凝时间不得迟于 10h。

c. 标号　根据抗压和抗折强度，将硅酸盐水泥划分为 325、425、525、625 四个标号。

普通硅酸盐水泥由于混合材料掺量较少，其性质与硅酸盐水泥基本相同，略有差异，主要表现为：

a. 早期强度略低；

b. 耐腐蚀性稍好；

c. 水化热略低；

d. 抗冻性和抗渗性好；

e. 抗炭化性略差；

f. 耐磨性略差。

③ 矿渣硅酸盐水泥　简称矿渣水泥。由硅酸盐水泥熟料和粒化高炉矿渣，加入适量石膏磨细而成。我国标准规定：水泥中粒化高炉矿渣掺加量按重量计为 20%～70%；允许用不超过混合材料总掺量 1/3 的火山灰质混合材料（包括粉煤灰）、石灰石、窑灰来代替部分粒化高炉矿渣，这些材料的代替数量分别不得超过 15%、10%、8%；允许用火山灰质混合材料与石灰石，或与窑灰共同来代替矿渣，但代替的总量不得超过 15%，其中石灰石不得超过 10%、窑灰不得超过 8%；替代后水泥中的粒化高炉矿渣不得少于 20%。

矿渣水泥是我国目前产量最大的水泥品种，分为 275、325、425、525 和 625 五个标号。与普通硅酸盐水泥相比，矿渣水泥的颜色较浅，密度较小，水化热较低，耐蚀性和耐热性较好，但泌水性较大，抗冻性较差，早期强度较低，后期强度增进率较高，因此需要较长的养护期。矿渣水泥可用于地面、地下、水中各种混凝土工程，也可用于高温车间的建筑，但不宜用于需要早期强度高和受冻融循环、干湿交替的工程。

④ 火山灰质硅酸盐水泥　以火山灰或潜在水硬性材料以及其他活性材料为主要组分的水泥是以主要组分的名称冠以活性材料的名称进行命名，也可以冠以特性名称，如石膏矿渣水泥、石灰火山灰水泥等。

简称火山灰水泥。由硅酸盐水泥熟料和火山灰质混合材料（如火山灰、凝灰岩、浮石、沸石、硅藻土、粉煤灰、烧黏土、烧页岩、煤矸石等），加入适量石膏，磨细而成。我国标准规定：水泥中火山灰质混合材料掺加量按重量计为 20%～50%；允许掺加不超过混合材料总掺量 1/3 的粒化高炉矿渣，代替部分火山灰质混合材料，代替后水泥中的火山灰质混合材料不得少于 20%。火山灰水泥分为 275、325、425、525 和 625 五个标号。火山灰水泥与普通水泥相比，其密度小，水化热低，耐蚀性好，需水性（使水泥浆体达到一定流动度时所需要的水量）和干缩性较大，抗冻性较差，早期强度低，但后期强度发展较快，环境条件对火山灰水泥的水化和强度发展影响显著，潮湿环境有利于水泥强度发展。火山灰水泥一般适用于地下、水中及潮湿环境的混凝土工程，不宜用于干燥环境、受冻融循环和干湿交替以及需要早期强度高的工程。

⑤ 粉煤灰硅酸盐水泥　简称粉煤灰水泥。由硅酸盐水泥熟料和粉煤灰，加入适量石膏磨细而成。是火山灰质硅酸盐水泥的主要品种。我国标准规定：水泥中粉煤灰掺加量按重量计为 20%～40%；允许掺加不超过混合材料总掺量 1/3 的粒化高炉矿渣，此时混合材料总掺量可达 50%，但粉煤灰掺量仍不得少于 20% 或大于 40%。粉煤灰水泥分为 275、325、425、525 和 625 五个标号。它除具有火山灰质硅酸盐水泥的特性（如早期强度虽低，但后期强度增进率较大，水化热较低等）外，还具有需水性及干缩性较小，和易性、抗裂性和抗硫酸盐侵蚀性好等性能。适用于大体积水工建筑，也可用于一般工业和民用建筑。20 世纪 60 年代以来，法国、日本、中国、美国、联邦德国等都先后生产粉煤灰水泥，产量日趋增多。我国于 50 年代初就开始研究粉煤灰作水泥混合材料，并于 1977 年制定了粉煤灰硅酸盐水泥标准。

水泥作为一种水硬性胶凝材料，100 多年来广泛应用于社会生活的各个方面。水泥的共同特征是：它是经过粉磨后具有一定细度的粉末；加入适量水后可成塑性浆体；它既能在水中硬化，又能在空气中硬化形成人造石；水泥浆能牢固地胶结砂、石、钢筋等材料使之成为整体并产生强度。但由于水泥的种类不同，结构组分有别，因而各种水泥又具有自身独特的一些性能。

目前我国经常生产的水泥品种约为 30 种，但最主要的品种仍然为各种硅酸盐水泥，它的产量占水泥总产量的 98% 以上。

8.3　复合材料

8.3.1　复合材料的概念

复合材料（composite materials），是由两种或两种以上不同性质的材料，通过物理或化学的方法，在宏观上组成具有新性能的材料。各种材料在性能上互相取长补短，产生协同效应，使复合材料的综合性能优于原组成材料而满足各种不同的要求。复合材料的基体材料分为金属和非金属两大类。金属基体常用的有铝、镁、铜、钛及其合金。非金属基体主要有合成树脂、橡胶、陶瓷、石墨、碳等。增强材料主要有玻璃纤维、碳纤维、硼纤维、芳纶纤维、碳化硅纤维、石棉纤维、晶须、金属丝和硬质细粒等。

8.3.2　复合材料的分类

复合材料是一种混合物。复合材料按其组成分为金属与金属复合材料、非金属与金属复合材料、非金属与非金属复合材料。按其结构特点又分为以下几种。①纤维复合材料。将各种纤维增强体置于基体材料内复合而成。如纤维增强塑料、纤维增强金属等。②夹层复合材料。由性质不同的表面材料和芯材组合而成。通常面材强度高、薄；芯材质轻、强度低，但具有一定刚度和厚度。分为实心夹层和蜂窝夹层两种。③细粒复合材料。将硬质细粒均匀分布于基体中，如弥散强化合金、金属陶瓷等。④混杂复合材料。由两种或两种以上增强相材料混杂于一种基体相材料中构成。与普通单增强相复合材料比，其冲击强度、疲劳强度和断裂韧性显著提高，并具有特殊的热膨胀性能。分为层内混杂、层间混杂、夹芯混杂、层内/层间混杂和超混杂复合材料。

20世纪60年代，为满足航空航天等尖端技术所用材料的需要，先后研制和生产了以高性能纤维（如碳纤维、硼纤维、芳纶纤维、碳化硅纤维等）为增强材料的复合材料，其比强度大于 $4×10^6$，比模量大于 $4×10^8$。为了与第一代玻璃纤维增强树脂复合材料相区别，将这种复合材料称为先进复合材料。按基体材料不同，先进复合材料分为树脂基、金属基和陶瓷基复合材料。其使用温度分别达 $250～350℃$、$350～1200℃$ 和 $1200℃$ 以上。先进复合材料除作为结构材料外，还可用作功能材料，如梯度复合材料（材料的化学和结晶学组成、结构、空隙等在空间连续梯变的功能复合材料）、机敏复合材料（具有感觉、处理和执行功能，能适应环境变化的功能复合材料）、仿生复合材料、隐身复合材料等。

8.3.3　复合材料的性能

复合材料中以纤维增强材料应用最广、用量最大。其特点是密度小、比强度和比模量大。例如碳纤维与环氧树脂复合的材料，其比强度和比模量均比钢和铝合金大数倍，还具有优良的化学稳定性、减摩耐磨、自润滑、耐热、耐疲劳、耐蠕变、消声、电绝缘等性能。石墨纤维与树脂复合可得到膨胀系数几乎等于零的材料。纤维增强材料的另一个特点是各向异性，因此可按制件不同部位的强度要求设计纤维的排列。以碳纤维和碳化硅纤维增强的铝基复合材料，在 $500℃$ 时仍能保持足够的强度和模量。碳化硅纤维与钛复合，不但钛的耐热性提高，且耐磨损，可用作发动机风扇叶片。碳化硅纤维与陶瓷复合，使用温度可达 $1500℃$，比超合金涡轮叶片的使用温度（$1100℃$）高得多。碳纤维增强碳、石墨纤维增强碳或石墨纤维增强石墨，构成耐烧蚀材料，已用于航天器、火箭导弹和原子能反应堆中。非金属基复合材料由于密度小，用于汽车和飞机可减轻重量、提高速度、节约能源。用碳纤维和玻璃纤维混合制成的复合材料片弹簧，其刚度和承载能力与重量大5倍多的钢片弹簧相当。

8.3.4　复合材料的成型方法

复合材料的成型方法按基体材料不同各异。树脂基复合材料的成型方法较多，有手糊成型、喷射成型、纤维缠绕成型、模压成型、拉挤成型、RTM成型、热压罐成型、隔膜成型、迁移成型、反应注射成型、软膜膨胀成型、冲压成型等。金属基复合材料成型方法分为固相成型法和液相成型法。前者是在低于基体熔点温度下，通过施加压力实现成型，包括扩散焊接、粉末冶金、热轧、热拔、热等静压和爆炸焊接等。后者是将基体熔化后，充填到增强体材料中，包括传统铸造、真空吸铸、真空反压铸造、挤压铸造及喷铸等，陶瓷基复合材料的成型方法主要有固相烧结、化学气相浸渗成型、化学气相沉积成型等。

8.3.5　复合材料的应用

复合材料的主要应用领域有以下几个。①航空航天领域。由于复合材料热稳定性好，比强度、比刚度高，可用于制造飞机机翼和前机身、卫星天线及其支撑结构、太阳能电池翼和外壳、大型运载火箭的壳体、发动机壳体、航天飞机结构件等。②汽车工业。由于复合材料具有特殊的振动阻尼特性，可减振和降低噪声，抗疲劳性能好，损伤后易修理，便于整体成型，故可用于制造汽车车身、受力构件、传动轴、发动机架及其内部构件。③化工、纺织和机械制造领域。有良好耐蚀性的碳纤维与树脂基体复合而成的材料，可用于制造化工设备、纺织机、造纸机、复印机、高速机床、精密仪器等。④医学领域。碳纤维复合材料具有优异的力学性能和不吸收 X 射线特性，可用于制造医用 X 射线机和矫形支架等。碳纤维复合材料还具有生物组织相容性和血液相容性，生物环境下稳定性好，也用作生物医学材料。此外，复合材料还用于制造体育运动器件和用作建筑材料等。

8.3.6 复合材料的发展

随着科技的发展，树脂与玻璃纤维在技术上不断进步，生产厂家的制造能力普遍提高，使得玻纤增强复合材料的价格成本已被许多行业接受，但玻纤增强复合材料的强度尚不足以和金属匹敌。因此，碳纤维、硼纤维等增强复合材料相继问世，使高分子复合材料家族更加完备，已经成为众多产业的必备材料。目前全世界复合材料的年产量已达 550 多万吨，年产值达 1300 亿美元以上，若将欧、美的军事航空航天的高价值产品计入，其产值将更为惊人。从全球范围看，世界复合材料的生产主要集中在欧美和东亚地区。近几年欧美复合材料产需均持续增长，而亚洲的日本则因经济不景气，发展较为缓慢，但我国尤其是我国内地的市场发展迅速。据世界主要复合材料生产商 PPG 公司统计，2000 年欧洲的复合材料全球占有率约为 32%，年产量约 200 万吨。与此同时，美国复合材料在 20 世纪 90 年代年均增长率约为美国 GDP 增长率的 2 倍，达到 4%～6%。2000 年，美国复合材料的年产量达 170 万吨左右。特别是汽车用复合材料的迅速增加使得美国汽车在全球市场上重新崛起。亚洲近几年复合材料的发展情况与政治经济的整体变化密切相关，各国的占有率变化很大。总体而言，亚洲的复合材料仍将继续增长。

另外，纳米技术逐渐引起人们的关注，纳米复合材料的研究开发也成为新的热点。以纳米改性塑料，可使塑料的聚集态及结晶形态发生改变，从而使之具有新的性能，在克服传统材料刚性与韧性难以相容的矛盾同时，大大提高了材料的综合性能。

我国复合材料发展潜力很大，但须处理好以下热点问题。

(1) 复合材料创新　复合材料创新包括复合材料的技术发展、复合材料的工艺发展、复合材料的产品发展和复合材料的应用，具体要抓住树脂基体发展创新、增强材料发展创新、生产工艺发展创新和产品应用发展创新。目前亚洲人均消费量仅为 0.29kg，而美国为 6.8kg，亚洲地区具有极大的增长潜力。

(2) 聚丙烯腈基纤维发展　我国碳纤维工业发展缓慢，从 CF 发展回顾、特点、国内碳纤维发展过程、我国 PAN 基 CF 市场概况、特点、"十五"科技攻关情况看，发展聚丙烯腈基纤维既有需要也有可能。

(3) 玻璃纤维结构调整　我国玻璃纤维 70% 以上用于增强基材，在国际市场上具有成本优势，但在品种规格和质量上与先进国家尚有差距，必须改进和发展纱类、机织物、无纺毡、编织物、缝编织物、复合毡，推进玻纤与玻钢两行业密切合作，促进玻璃纤维增强材料的新发展。

(4) 开发能源、交通用复合材料市场　一是清洁、可再生能源用复合材料，包括风力发电用复合材料，烟气脱硫装置用复合材料，输变电设备用复合材料和天然气、氢气高压容器；二是汽车、城市轨道交通用复合材料，包括汽车车身、构架和车体外覆盖件，轨道交通车体、车门、座椅、电缆槽、电缆架、格栅、电器箱等；三是民航客机用复合材料，主要为碳纤维复合材料。热塑性复合材料约占 10%，主要产品为机翼部件、垂直尾翼、机头罩等。我国未来 20 年间需新增支线飞机 661 架，将形成民航客机的大产业，复合材料可建成新产业与之相配套；四是船艇用复合材料，主要为游艇和渔船，游艇作为高级娱乐耐用消费品在欧美有很大市场，由于我国鱼类资源的减少，渔船虽发展缓慢，但复合材料特有的优点仍有发展的空间。

（5）纤维复合材料基础设施应用　国内外复合材料在桥梁、房屋、道路中的基础应用广泛，与传统材料相比有很多优点，特别是在桥梁上和在房屋补强、隧道工程以及大型储仓修补和加固中市场广阔。

（6）复合材料综合处理与再生　重点发展物理回收（粉碎回收）、化学回收（热裂解）和能量回收，加强技术路线、综合处理技术研究，示范生产线建设，再生利用研究，大力拓展再生利用材料在石膏中的应用、在拉挤制品中的应用以及在 SMC/BMC 模压制品中的应用和典型产品中的应用。

21 世纪的高性能树脂基复合材料技术是赋予复合材料自修复性、自分解性、自诊断性、自制功能等为一体的智能化材料。以开发高刚度、高强度、高湿热环境下使用的复合材料为重点，构筑材料、成型加工、设计、检查一体化的材料系统。组织系统上将是联盟和集团化，这将更充分地利用各方面的资源（技术资源、物质资源），紧密联系各方面的优势，以推动复合材料工业的进一步发展。

思考与练习

1. 何谓聚合物材料？根据聚合物材料的性能和用途可分为哪几类？
2. 举例说明几种聚合物材料的性能和用途。
3. 塑料的组成是什么？常用热塑性塑料的种类？
4. 橡胶的组成是什么？常用特种橡胶的种类？
5. 传统陶瓷与现代陶瓷有哪些区别？
6. 本质上陶瓷材料为什么是脆性的？如何对其进行增韧？
7. 试举出几种常用的工程陶瓷材料，并说明其性能特点及在工程中的应用。
8. 未来玻璃有哪些？
9. 何谓复合材料？它可以分为哪些种类？
10. 复合材料的性能特点如何？

工程材料及成型基础
GONGCHENG CAILIAO JI
CHENGXING JICHU

第9章

铸 造

动脑筋

铸造是一项古老的成型工艺，在信息时代是不是用得很少了呢？请您观察一下汽车和机床中有哪些部件是采用铸造方法成型的。

学习目标

- 了解合金的铸造性能及其对铸件质量的影响。
- 重点掌握砂型铸造的工艺过程、特点及应用。
- 通过本章相关知识的学习，具备绘制典型铸件的铸造工艺简图、合理选择典型铸件的铸造方法、分析零件铸造结构工艺性以及对铸件质量与成本分析的初步能力。
- 通过本章的学习，能够在日后的学习中及时了解铸造新工艺、新技术及其发展趋势。

铸造成型是将金属熔化成液态后，浇铸到与拟成型零件的形状及尺寸相适应的铸型型腔中，待其冷却凝固后获得零件毛坯的生产方法。

铸造是历史最悠久的金属材料成型方法，直到今天仍然是机械零件毛坯生产的主要方法之一。铸造生产具有以下独特的优点。

① 适用范围广。铸造生产不受铸件大小、壁厚、重量和形状的限制，铸件长度从几十毫米到十几米，质量从几克到几百吨。另外，铸造能够制成形状复杂，特别是具有复杂内腔的零件。

铸件在现代机械产品中所占的比例很大，例如内燃机中的关键零件，如缸体、缸盖、活塞、曲轴、进/排气管等，都是铸件，占内燃机总重量的80%～90%；在机床、泵和阀等通用机械中，铸件要占60%～80%。

② 材料来源广。几乎所有的合金材料都可以用于铸造，包括铸铁、铸钢、铝合金、镁合金、钛合金及锌合金等。

③ 成本低廉。可大量利用废、旧金属材料，而且动力消耗小。另外，铸造在一般机器中所占总质量的 40%～80%，成本仅占机器总成本的 25%～30%。

④ 具有一定的尺寸精度。一般情况下，铸件比普通锻件、焊接件成型尺寸精度大。

铸造的方法种类繁多，按照生产方法可分为砂型铸造和特种铸造。按照合金分类可分为铸铁、铸钢、铝合金、镁合金、铜合金、钛合金等铸造。砂型铸造是铸造生产中应用最广泛的一种方法，砂型铸造生产的铸件占铸件总产量的 80%～90% 以上。但是砂型铸造生产率低，铸件表面粗糙，劳动条件差，铸造成型所提供的铸件往往是半成品的坯件，需要再进一步进行机械加工。随着铸造成型技术的不断发展，少、无切削的精密铸造成型技术，如熔模铸造、金属型铸造、压力铸造、离心铸造等特种铸造，已得到成功的应用，从而使零件的生产工序、生产周期和生产成本大大减少，提高了产品的竞争能力。

9.1 铸造工艺基本原理

铸造是一种液态金属成型的方法。液态金属在填充铸型和冷却的同时，会产生体积的变化、固相的析出、溶质的分配、气体和夹杂物的析出等。这些变化都与液态金属即铸造合金的结构和性质密切相关。铸造合金除应具有符合要求的力学性能和必要的物理、化学性能外，还必须具有良好的铸造性能。合金的铸造性能主要有液态合金的充型能力、流动性以及凝固过程中铸件的收缩、应力、变形等。

9.1.1 液态合金的充型能力

液态合金经浇铸系统充满铸型全部型腔，并获得形状完整、轮廓清晰铸件的能力，称为液态合金的充型能力。

液态合金的充型能力主要取决于液态金属本身的流动性，同时又受外界条件如铸型性质、浇铸条件以及铸件结构等因素的影响。液态合金充型能力的好坏直接影响到铸件的成型。充型能力差的合金难以获得大型、薄壁和结构复杂的完整铸件。为了保证铸件的成型，必须知道铸造合金在液态时的性质，如密度、黏度、表面张力、氧化性及润湿性等。

9.1.1.1 液态合金的流动性

液态合金自身的流动能力，称为液态合金的流动性，是铸造合金的主要铸造性能之一，与金属的成分、温度、杂质含量有关。流动性好的液态合金有利于液态合金中的非金属夹杂物和气体上浮与排除，并能对铸造合金在冷凝过程所产生的收缩进行补缩。液态合金的流动性越好，其充型能力越强，越有利于浇铸出尺寸准确、外形完整、轮廓清晰的优质铸件。

液态合金的流动性通常用浇铸"螺旋形试样"的方法衡量，如图 9-1 所示。在相同的浇铸条件下，合金的流动性愈好，浇出的螺旋线愈长。表 9-1 列出了几种常用铸造合金的流动性，其中灰铸铁、硅黄铜的流动性最好，铸钢的流动

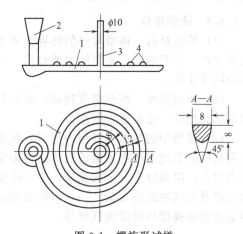

图 9-1 螺旋形试样
1—试样铸件；2—浇口；3—冒口；4—试样凸点

性最差。

表 9-1　常用铸造合金的流动性

合金	造型材料	浇铸温度/℃	螺旋线长度/mm
铸铁 $w_{C+Si}=6.2\%$	砂型	1300	1800
$w_{C+Si}=5.2\%$	砂型	1300	1000
$w_{C+Si}=4.2\%$	砂型	1300	600
铸钢 $w_C=6.2\%$	砂型	1600	100
	砂型	1400	200
锡青铜 $w_{Sn}=9\%\sim11\%$	砂型	1040	420
$w_{Zn}=2\%\sim4\%$	砂型	1040	420
硅黄铜	砂型	1100	1000
铝合金	金属型(300℃)	680～720	700～800
镁合金	砂型	700	400～600

影响液态合金流动性的因素很多，但以合金化学成分的影响最大。纯金属和共晶成分合金的结晶是在恒温下进行的，已结晶的固体层从表面逐层向中心凝固，与尚未结晶的液体之间界面分明。另外，已结晶的固体内表面比较光滑，对尚未凝固的液态金属流动阻力小，故流动性最好。而其他成分合金的结晶则是在一定的温度范围内进行的，由于铸件断面上存在树枝晶，液态合金的流动受到阻碍。越靠近液固界面前端，树枝晶数量越多，液态合金的黏度越大，流动性越差。合金的结晶温度范围越宽，树枝晶越发达，合金的流动性越差。

9.1.1.2　浇铸条件

(1) 浇铸温度　浇铸温度对合金的充型能力有决定性的影响。提高浇铸温度可以降低液态金属的黏度，提高液态金属的含热量，使液态金属冷却速度变慢，还能使铸型温度升高，合金在铸型中保持流动的时间长，因而可以提高合金的充型能力。但若浇铸温度过高，铸件容易产生缩孔、缩松、粘砂、气孔和粗晶等缺陷，故在满足充型能力要求的前提下，应尽量降低浇铸温度。因此，每种铸造合金都有规定的浇铸温度范围，薄壁复杂件可取上限，厚大件取下限。

(2) 充型压力　液态合金所受的压力越大，液态合金的流动性越好，充型能力越好。压力铸造、低压铸造和离心铸造时，充型压力高于砂型铸造，液态合金的充型能力得到明显提高，最终铸件缩孔、缩松大大减少。

9.1.1.3　铸型条件

(1) 铸型材料　铸型材料的热导率和比热容愈大，对液态合金的冷却能力越强，合金在高温停留的时间越短，充型能力便越差。如金属型铸造与砂型铸造相比，更容易产生浇不足和冷隔等缺陷。

(2) 铸型温度　铸型温度越高，液态合金在高温停留的时间越长，且冷却速度较慢，越容易填充型腔，充型能力提高。

(3) 铸型中的气体　砂型铸造时，在金属液的热作用下，铸型中的水分蒸发及煤粉和其他有机物的燃烧，产生大量的气体。如果铸型的排气能力差或浇铸速度太快，型腔中的气体压力增大，阻碍液态合金的流动。为了减少铸型中气体的压力，一方面要适当降低型砂中的含水量及发气物质的含量，另一方面要提高砂型的透气性，在砂型上扎通气孔或者在离浇铸端最远或最高部位开设通气冒口。

9.1.1.4　铸件结构

(1) 折算厚度　折算厚度也称为当量厚度或换算厚度，它是指铸件体积与表面积之比。

在相同的浇铸条件下，折算厚度越大，液态合金与铸型的接触面积越小，热量散失越慢，其充型能力越高。铸件的壁越薄，折算厚度越小，便越不容易被充满。铸件壁厚相同时，垂直壁比水平壁更容易填充。

（2）铸件的复杂程度 铸件的结构越复杂，则型腔结构越复杂，液态合金的流动阻力越大，铸型的填充便越困难。

9.1.2 合金的收缩

9.1.2.1 合金的收缩及其影响因素

合金从液态冷却至室温的过程中，体积或尺寸缩小的现象称为收缩，它是铸造合金固有的物理性质。收缩给铸造工艺带来许多困难，是多种铸造缺陷（如缩孔、缩松、裂纹、变形等）产生的基本原因。

液态金属注入铸型以后，从浇铸温度冷却到室温都要经历以下三个相互关联的收缩阶段。

① 液态收缩 液态收缩是指液态金属从浇铸温度冷却到凝固开始温度（液相线温度）之间所产生的收缩。此阶段金属体积的缩小仅表现为型腔内液面的降低，并且浇铸温度越高，过热度越大，液态收缩越严重。因此，在满足充型能力要求的前提下，尽可能采用"高温出炉，低温浇铸"的方法。

② 凝固收缩 凝固收缩是指从凝固开始温度到凝固终止温度（固相线温度）之间所产生的收缩。凝固收缩的大小与凝固温度范围有关，凝固温度范围越大，凝固收缩越严重。

③ 固态收缩 固态收缩是指合金从凝固终止温度冷却到室温之间所产生的收缩。此阶段的收缩表现为铸件外形尺寸的减小，故一般用线收缩率表示。固态收缩对铸件的形状和尺寸影响很大，也是铸件产生应力、变形和裂纹等缺陷的主要原因。

合金的液态收缩和凝固收缩表现为合金体积的收缩，通常用体积收缩率来表示，它是铸件产生缩孔和缩松缺陷的基本原因；合金的固态收缩引起的收缩更明显地体现在铸件尺寸上的缩减，因此固态收缩常用线收缩来表示，它是铸件变形和产生裂纹的主要原因。体收缩率ε_V和线收缩率ε_L分别以其单位体积和单位长度的相对变化量来表示，即

$$\varepsilon_V = (V_0 - V_1)/V_0 \times 100\% = \alpha_V (T_0 - T_1) \times 100\%$$

$$\varepsilon_L = (L_0 - L_1)/L_0 \times 100\% = \alpha_L (T_0 - T_1) \times 100\%$$

式中，V_0、V_1分别为合金在T_0和T_1时的体积，cm^3；L_0、L_1分别为合金在T_0和T_1时的长度，cm；α_V、α_L分别为合金在T_0和T_1温度范围内的平均体收缩系数和线收缩系数，1/℃。

铸造时合金总的收缩为上述三个阶段收缩之和，它与合金的化学成分、浇铸温度、铸型条件和铸件结构等因素有关。由表9-2可知，铸钢的收缩率最大，并随着碳质量分数的增加而增加；而灰铸铁因在结晶过程中析出了比容较大的石墨（每析出1%的石墨，铸铁的体积约膨胀2%），所产生的体积膨胀抵消了灰铸铁的部分收缩，所以灰铸铁收缩最小，且碳质量分数越高，灰铸铁收缩率越小。

表 9-2 几种铁碳合金的收缩率

合金种类	浇铸温度/℃	液态收缩/%	凝固收缩/%	固态收缩/%	总体积收缩/%
碳素铸钢	1610	1.6	3	7.8	12.4
白口铸铁	1400	2.4	4.2	5.4~6.3	12~12.9
灰铸铁	1400	3.5	0.1	3.3~4.2	6.9~7.8

9.1.2.2 收缩对铸件质量的影响

(1) 缩孔与缩松及其防止措施 铸件在凝固过程中，由于金属的液态收缩和凝固收缩，往往在铸件最后凝固的部位出现孔洞。容积大而集中的孔洞称为缩孔；细小而分散的孔洞称为缩松，如图 9-2 所示。一般情况下，纯金属和共晶成分的合金在恒温下结晶，铸件由表及里顺序凝固，容易在铸件最后凝固的区域产生缩孔；具有一定凝固温度范围的合金，凝固在较大的区域内同时进行，容易形成缩松。

缩孔和缩松能减小铸件的有效面积，并在该处产生应力集中，显著降低铸件的力学性能。同时，缩孔和缩松还会降低铸件的气密性和物理化学性能。因此，必须采取适当的工艺措施，尽量减少铸件的缩孔和缩松。

防止铸件中产生缩孔和缩松，应针对合金的收缩和凝固特点制定正确的铸造工艺，使铸件在凝固过程中建立良好的补缩条件，使缩孔尽可能转化为缩松，并使缩孔出现在铸件最后凝固的地方。顺序凝固可以在铸件的凝固过程中建立良好的补缩条件，能够有效防止缩孔和缩松。

顺序凝固就是在铸件上可能出现缩孔的地方安放冒口，使铸件从冒口到远离冒口之间形成负的温度梯度（图 9-3），使远离冒口的部分先凝固，然后向冒口的方向顺序地凝固。这样，铸件上先凝固部分的收缩能得到稍后凝固部分的液态合金的补充，缩孔则产生在最后凝固的冒口内。冒口属于铸件多余的部分，在铸件清理时予以切除。

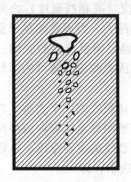

图 9-2 缩孔、缩松示意图

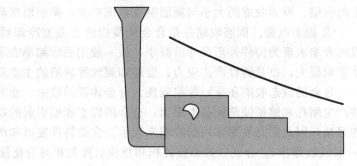

图 9-3 顺序凝固

对于铸件上某些厚大部位，在安放冒口的同时，还应增设冷铁。如图 9-4 所示，在铸件的凸台处安放了冷铁，冷铁加快了凸台处的冷却速度，实现了铸件由下而上的定向凝固。冷铁通常为铸铁、钢、铜等金属材料。

(2) 铸造应力 铸件在凝固之后继续冷却时，其固态收缩受到阻碍，在铸件内部将产生内应力，也称为铸造应力。这些内应力有时是在冷却过程中临时存在的，有时则一直保留到室温，后者称为残留内应力。应力是铸件发生变形和裂纹的主要原因。

按照铸造内应力的产生原因，可分为热应力、相变应力和机械应力。

① 热应力 热应力是由于铸件的壁厚不均匀、各部分的冷却速度不同，导致各部分的收缩不一致引起的。

固态收缩使铸件厚壁或心部受拉，薄壁或表层受压。合金的固态收缩率越大，铸件壁厚差别越大，形状越复杂，所产生的热应力就越大。因此，预防热应力的基本途径是尽量减少铸件各个部位间的温度差，使其均匀地冷却。

② 相变应力 具有固态相变的合金，在冷却过程中要产生相变，由于新旧两相的比容不同，冷却结束后便会产生相变应力。新旧两相比容相差越大，相变应力就越大。

③ 机械应力 铸件在冷却过程中，收缩会受到铸型、型芯及浇铸系统的机械阻碍，因此而产生的应力称为机械应力，如图 9-5 所示。

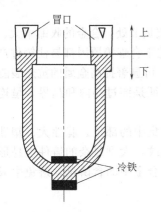

图 9-4 冷铁的应用

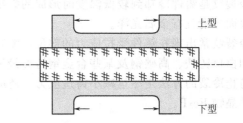

图 9-5 受铸型和型芯机械阻碍的铸件

如果铸型或型芯的退让性好，机械应力往往是临时应力。铸件的机械应力在铸件落砂之后可自行消除，但它在铸件冷却过程中可与热应力共同起作用，增大了铸件某些部位的应力，增加了铸件产生裂纹的可能性。热应力常常是残余应力，相变应力根据相变的程度不同，可能是临时应力或残余应力。

（3）铸件的变形、裂纹和防止措施 存在内应力的铸件处于不稳定状态，它将自发地通过变形来减小其内应力，使其趋于稳定状态。当铸造残留应力超过金属的屈服强度时，往往会产生变形。

当残余应力是以热应力为主时，铸件厚的部分有残余拉应力，薄的部分有残余压应力。为了降低残余应力，铸件在冷却过程中，原来受拉伸的部分将产生压缩变形，而原来受压缩的部分将产生拉伸变形，结果导致铸件产生挠曲，即厚的部分发生凹陷，而薄的部分发生外凸。

为了防止铸件产生变形，除在铸件设计时尽可能使铸件的壁厚均匀、形状对称外，还可以采用"反变形法"防止铸件的变形。反变形法是根据铸件的变形规律，在模样上预先作出相当于铸件变形量的反变形量，以抵消铸件的变形。如图 9-6 所示，预先将车床床身的模样做成与铸件变形方向相反的形状，铸件在冷却过程中的变形正好与预变形量抵消。

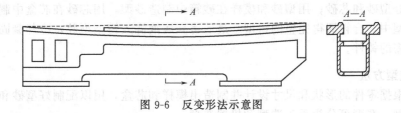

图 9-6 反变形法示意图

当铸造内应力超过金属的抗拉强度时，铸件将产生裂纹。按形成的温度范围不同，铸造裂纹可分为热裂纹和冷裂纹两种。

热裂纹是铸件在凝固后期接近于固相线温度时形成的。热裂纹沿晶粒边界产生并扩展，外观形状曲折而不规则，裂纹周边呈氧化色。

由于热裂纹是在合金凝固后期的高温下形成的，此时金属绝大部分已成固体，但其强度很低，这时铸件中有较小的铸造应力就可能引起热裂。尤其是当铸造合金含硫时，容易形成低熔点 FeS 共晶（988℃）。这些低熔点共晶呈液态薄膜状存在于晶界上，削弱了晶粒间的结合强度，在铸造应力作用下极易沿晶界产生裂纹。

热裂纹一般分布在有尖角或断面突变的应力集中部位或热节处。合金的收缩率大、高温强度低、铸件结构不合理、铸型和型芯机械阻力大及铸造工艺不合理等原因都易使铸件产生热裂纹。此外，尽量降低金属中硫的含量，减少低熔点化合物，可显著提高金属的抗热裂能力。

冷裂纹是铸件冷却到较低温度时形成的裂纹。裂纹特征是穿过晶内和晶界，呈连续直线状，表面光滑且有金属光泽。

冷裂纹常出现在铸件受拉应力的部位，尤其是在应力集中的部位。脆性大、塑性差的金属，如白口铸铁、高碳钢及某些合金钢铸件最易产生冷裂纹，大型复杂的铸件也易形成冷裂纹。防止冷裂的方法是尽量减小铸造应力，还应控制铸造合金中的含磷量，避免生成冷脆的铁磷共晶物 Fe_3P。

9.2 铸造成型方法

9.2.1 砂型铸造

砂型铸造是将液态金属浇铸到砂型的一种铸造方法。砂型铸造是目前应用最广泛的铸造方法，它适用性强，工艺设备简单，造型材料来源广泛，可用于生产各种不同尺寸、形状及各种合金的铸件，尤其适合批量小、大型复杂铸件的生产。

9.2.1.1 造型材料

制作砂型和型芯的材料称为造型材料，生产上习惯称为型砂和芯砂。它主要是由硅砂（SiO_2）、黏结剂、水和其他附加物按一定比例混制而成的混合物。根据黏结剂的种类不同，可分为黏土砂、水玻璃砂、油砂和树脂砂等。

型砂和芯砂的质量对铸件质量有很大的影响，为了保证铸件的质量，型砂和芯砂要具有"一强三性"，即要有一定的强度、透气性、耐火性和退让性等性能。

9.2.1.2 砂型铸造的工艺过程

砂型铸造的工艺过程如图 9-7 所示。首先，根据零件的形状和尺寸设计并制造出模样和芯盒，配制好型砂和芯砂；用型砂和模样在砂箱中制造砂型，用芯砂在芯盒中制造型芯，将砂芯装入砂型中，合箱即得完整的铸型；最后将金属液浇入铸型型腔，冷却凝固后落砂清理即可得到所需的铸件。

9.2.1.3 造型方法

造型是根据零件的形状和尺寸设计并制造出模样和芯盒，用以配制好型砂和芯砂，在砂箱中制造砂型。造型可分为手工造型和机器造型。

（1）手工造型 手工造型是一种最基本的造型方法，它所使用的工艺装备简单，适用性强，所以在单件、小批或成批量生产中有着广泛的用途。但手工造型生产率低，劳动强度大，生产环境差，铸件质量较差。

① 手工造型工具 手工造型工具如图 9-8 所示，主要有捣砂锤、直浇道口、通气针、起模针、墁刀、秋叶、砂勾、皮老虎。

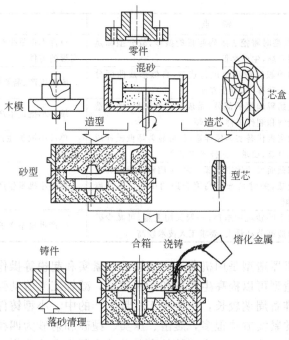

图 9-7 砂型铸造的工艺过程

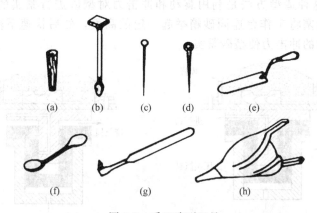

图 9-8 手工造型工具

(a) 捣砂锤；(b) 直浇道口；(c) 通气针；(d) 起模针；
(e) 墁刀；(f) 秋叶；(g) 砂勾；(h) 皮老虎

② 手工造型方法　目前手工造型方法种类繁多，一个铸件往往可以使用多种方法。实际生产中，应根据零件特点、形状和尺寸、批量大小等进行综合比较，确定比较合适的方法。表 9-3 为各种手工造型方法的特点和适用范围。

表 9-3　各种手工造型方法的特点和适用范围

造型方法	特　点	适用范围
整模造型	整体模，分型面为平面，铸型型腔全部在一个砂箱内。造型简单，铸件不会产生错箱缺陷	铸件最大截面在一端，且为平面
分模造型	模样沿最大截面分为两半，型腔位于上、下两个砂箱内。造型方便，但制作模样较麻烦	最大截面在中部，一般为对称性铸件

续表

造型方法	特　点	适用范围
挖砂造型	整体模,造型时需挖去阻碍起模的型砂,故分型面是曲面。造型麻烦,生产率低	单件小批量生产,模样薄、分模后易损坏或变形的铸件
假箱造型	利用特制的假箱或型板进行造型,自然形成曲面分型。可免去挖砂操作,造型方便	成批生产、需要挖砂的铸件
活块造型	将模样上妨碍起模的部分,做成活动的活块,便于造型起模。造型和制作模样都麻烦	单件小批量生产、带有突起部分的铸件
刮板造型	用特制的刮板代替实体模样造型,可显著降低模样成本。但操作复杂,要求工人技术水平高	单件小批量生产、等截面或回转体大中型铸件
三箱造型	铸件两端截面尺寸比中间部分大,采用两箱模铸型可由三箱组成,关键是选配高度合适的中箱。造型麻烦,容易错箱	单件小批量生产、具有两个分型面的铸件
地坑造型	在地面以下的砂坑中造型,一般只用上箱,可减少砂箱投资。但造型劳动量大,要求工人技术较高	生产批量不大的大、中型铸件

（2）机器造型　机器造型是用机器来完成填砂、紧实和起模等操作过程的造型方法。与手工造型相比,机器造型可以提高生产率和铸件质量,减轻工人劳动强度。但设备及工装模具投资比较大,生产准备周期较长,主要用于批量生产的中、小型铸件。

机器造型中铸型的紧实方法很多,震击、压实、抛砂和射砂为四种最基本的方式。中小型铸件多以震击式紧实方法造型;大型铸件多以抛砂式紧实方法造型。

①震击造型　这种造型方法是利用震动和冲击力对型砂进行紧实的,如图9-9所示。砂箱填砂后,震实活塞将工作台连同砂箱举起一定的高度,然后快速下落,与震实缸体撞击,依靠型砂下落时的冲击力使型砂紧实。

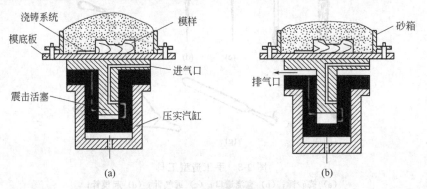

图 9-9　震击造型示意图

震击造型机器结构简单,制造成本低,但生产过程中噪声大,生产率低,铸型容易出现上松下紧现象,需要人工补实上表面,劳动强度大。

②压实造型　压实造型是利用压头将砂箱内的型砂压实,如图9-10所示。先将型砂填入砂箱和辅助框中,然后压头向下将型砂紧实。

压实造型机器结构简单,噪声小,生产率高,但铸型上下部位紧实度差别较大,一般越靠近模底板,坚实度越差,因此只适用于高度不大的铸件。

③抛砂造型　图9-11为抛砂紧实工作原理图。它是利用抛砂头内高速旋转的叶片,将传送带运来的型砂分成砂团,砂团转到出口处,在离心力的作用下以 30～60m/s 的速度高速抛入砂箱,使型砂逐层地紧实,同时完成填砂和紧实两个工序。抛砂造型机器的制造成本较高,主要用于各种批量的大型铸件。

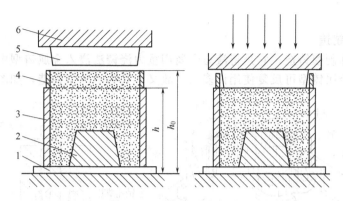

图 9-10 压实造型示意图

1—工作台；2—模样；3—砂箱；4—辅助框；5—压板；6—压板架

④ 射砂造型 射砂造型主要用于制芯，它是利用射膛中的压缩空气，通过射砂孔将型芯砂射入芯盒的空腔中。射砂造型的原理如图 9-12 所示。射砂造型可以在较短的时间内同时完成填砂和紧实，生产率高，易于实现自动化，主要用于大量生产的中小铸件。

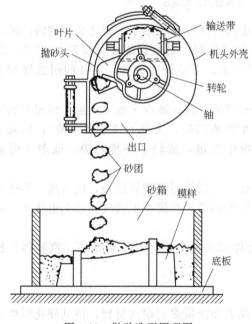

图 9-11 抛砂造型原理图

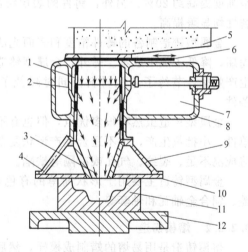

图 9-12 射砂造型原理图

1—射砂筒；2—射膛；3—射砂孔；
4—排气孔；5—砂斗；6—砂闸板；
7—进气阀；8—储气筒；9—射砂头；
10—射砂板；11—芯盒；12—工作台

9.2.2 特种铸造

虽然砂型铸造是铸造生产中应用最普遍的方法，但砂型铸造生产的铸件尺寸精度和表面光洁度均较差，其生产效率低，劳动条件差，不易实现机械化和自动化。为了克服砂型铸造的缺点，人们在生产实践中不断探求新的有别于砂型铸造的方法，如金属型铸造、熔模铸造、压力铸造、低压铸造和离心铸造等，这些除砂型铸造以外的铸造方法统称为特种铸造。

9.2.2.1　金属型铸造

金属型铸造称硬模铸造，它是将液态金属用重力浇铸法浇入金属铸型中，以获得铸件的铸造方法。由于金属铸型可反复使用许多次，故又称其为永久型铸造，如图9-13所示。

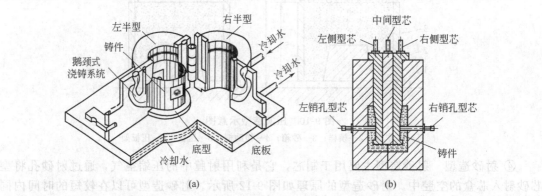

图 9-13　金属型铸造

（a）铰链开合式金属型；（b）组合式金属型芯

金属铸型导热速度快，铸件在凝固时冷却速度快，铸件晶粒细小，因此金属型铸件的力学性能比砂型铸件高。例如铝合金铸件，采用金属铸造时，其抗拉强度可提高约25%，屈服强度提高约20%。另外，铸件的表层结晶组织细密，形成铸造硬壳，铸件的耐蚀性和耐磨性均显著提高。

金属型铸造制备的铸件精度和表面光洁度比砂型铸件高，减少了加工余量，缩短了加工周期，降低了加工成本。另外，金属型铸造不用型砂或芯砂，实现了"一型多铸"，提高了生产效率，节约了造型材料，同时降低了车间粉尘含量，减轻了环境污染，改善了劳动条件。

金属型铸造虽然有很多优点，但也有不足之处。金属铸型制造周期长，成本高，不适合单件、小批量生产，也不适合生产形状复杂和薄壁的铸件。金属型不透气，且无退让性，易造成浇不足、裂纹、气孔或冷隔等缺陷。

金属型铸造主要用于形状简单的有色合金铸件的大批量生产，如铝活塞、汽缸体、缸盖、铜合金轴瓦和轴套等。

9.2.2.2　熔模铸造

熔模铸造是用易熔的蜡制成模样，然后在蜡模表面涂覆多层耐火材料，待其硬化后熔去蜡模，从而获得具有与蜡模形状相应的型壳，再经焙烧之后进行浇铸，最终得到无分型面铸件的一种铸造方法。由于熔模一般采用蜡质材料制成，故又称其为"失蜡铸造"。

熔模铸造的工艺过程如图9-14所示，主要包括蜡模制造、结壳、脱蜡、焙烧和浇铸等过程。

熔模铸造采用可熔化的一次模，造型时无需起模，故型壳为整体而无分型面，型壳内表面极光洁，故有"精密铸造"之称。熔模铸件尺寸精度较高，表面粗糙度较低，一般精度可达IT10～IT14级，表面粗糙度可达 $R_a 2.5 \sim 6.3 \mu m$。熔模铸造还可以生产薄壁铸件以及质量较小的铸件，熔模铸造最小壁厚可达0.5mm，质量可以小到几克。另外，熔模铸件的外形和内腔形状几乎不受限制，可以制造出砂型铸造、锻压、切削加工等方法难以制造的形状复杂的零件。但是，熔模铸造工艺过程复杂，生产周期长，铸件成本高，铸件的质量一般小

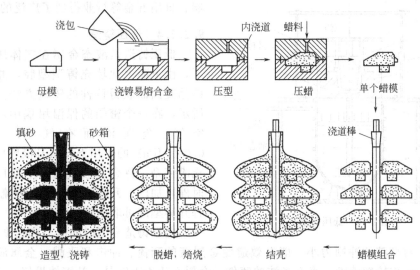

图 9-14 熔模铸造的工艺过程

于 25kg。

熔模铸造主要用于生产小型精密铸件，尤其是适合生产形状复杂的薄壁铸件和一些高熔点、难切削加工的合金铸件，如汽轮机的叶片、成型刀具、汽车和拖拉机上的小型零件等。

9.2.2.3　压力铸造

压力铸造是将液态金属在高压下（20～200MPa）快速压入金属型的铸型型腔，并在压力作用下快速凝固而获得铸件的一种成型方法。压力铸造通常在压铸机上进行，它所用的铸型称为压型。

图 9-15 为立式压铸机的工作过程示意图。合型后，将液态金属注入到压室中，压射柱塞向左推进，将金属液压入铸型。金属凝固后，压射柱塞退回，上下型芯移出动型移开，顶杆顶出铸件。

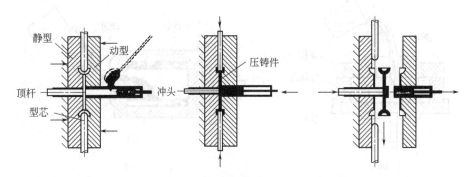

图 9-15　压力铸造工作过程示意图

压力铸造是在高速、高压下成型的，可铸出形状复杂、轮廓清晰的薄壁铸件，如铝合金笔记本电脑外壳。由于铸件在压铸型中迅速冷却且在压力作用下凝固，最终获得的铸件晶粒细小，组织致密，强度较高。压力铸造的生产周期短，一次操作的循环时间为 5s～3min，易实现机械化和自动化，生产效率高。但压铸设备投资大，压型制造周期长，费用高，压型工作条件恶劣，易损坏。

压力铸造主要用于生产大批量、低熔点合金的中小型铸件，在汽车、拖拉机、仪表、电

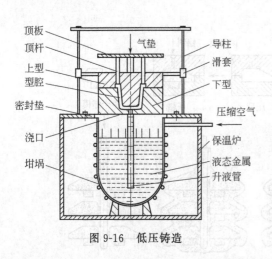

图 9-16 低压铸造

器、日用五金等行业得到了广泛的应用。

9.2.2.4 低压铸造

低压铸造是液态金属在气体压力的作用下，由下而上地填充铸型型腔，并在压力下结晶凝固而获得铸件的铸造方法。如图 9-16 所示，在一个密闭的保温坩埚中，通入压缩空气，金属液面在气压（0.0098～0.049MPa）的作用下，从升液管内平稳上升充满铸型，待金属液从上部至浇口完全凝固时停止加压。升液管内的金属液流回坩埚后，打开铸型即可取出铸件。

低压铸造充型时的压力和速度容易控制，充型平稳，对型腔的冲刷力小，能有效避免金属液的紊流、冲击和飞溅，金属液的流动性好，有利于形成轮廓清晰、表面光洁的铸件。金属在压力下结晶，补缩效果好，铸件组织致密，力学性能高。另外，低压铸造设备投资较少，劳动条件好，易于实现机械化和自动化操作。

低压铸造广泛用于生产质量要求高的铝合金、铜合金和镁合金铸件，如汽缸体、缸盖、活塞、叶轮等。

9.2.2.5 离心铸造

离心铸造是将液态金属浇入高速旋转的铸型中，在离心力作用下完成金属液的填充和凝固成型的一种铸造方法。离心铸造必须在离心铸造机上完成，主要用于生产圆筒形铸件。

根据铸型旋转轴空间位置的不同，离心铸造机可分为立式和卧式两大类，如图 9-17 所示。立式离心铸造机的铸型是绕垂直轴旋转的，主要用来生产高度小于直径的圆环形铸件；卧式离心铸造机的铸型是绕水平轴旋转的，主要用来生产长度大于直径的套类和管类铸件。

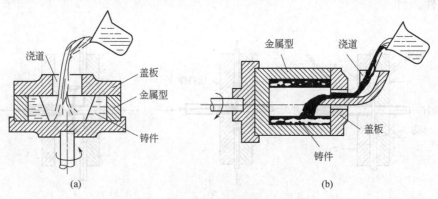

图 9-17 离心铸造
(a) 立式；(b) 卧式

离心铸造不用型芯，不需要浇冒口，工艺简单，生产率和金属的利用率高。离心力的作用有利于铸件中液体金属中的气体和夹杂物的排除，并能改善铸件凝固的补缩条件，因此铸件组织致密，无缩孔、缩松、气孔和夹渣等缺陷，力学性能好。但离心铸造的铸件易产生偏析，不宜铸造密度偏析倾向大的合金，铸件的内表面比较粗糙，内孔尺寸也不易控制。

离心铸造主要用于生产空心回转体铸件，如铸铁管、汽缸套、滑动轴承等，也可用于生产双金属铸件。

9.2.3 铸造方法的选择

各种铸造方法都有各自的特点，选择铸造方法应从铸件的材料、质量、尺寸及精度等要求，以及生产批量、生产条件、经济性等几个方面进行综合分析，选择一种在现有或可能的条件下，质量满足使用要求、成本最低的铸造方法。表9-4列出了几种常用铸造方法的综合比较。

表 9-4　各种铸造方法的综合比较

项目 \ 方法	砂型铸造	金属型铸造	熔模铸造	压力铸造	低压铸造	离心铸造
适用金属	不限	以非铁金属为主	以铸钢为主	以非铁金属为主	以非铁金属为主	铸铁、铜合金
尺寸精度	IT14～IT16	IT12～IT14	IT10～IT13	IT11～IT13	IT12～IT14	IT12～IT14
表面粗糙度 $R_a/\mu m$	50～12.5	25～12.5	2.5～3.2	6.3～1.6	25～6.3	12.5～1.6
最小壁厚/mm	3	铝合金2～3，灰铸铁4	0.7	0.5～1	2	
铸件内部质量	晶粒粗大	晶粒细小	晶粒粗大	晶粒细小	晶粒细小	孔表面粗糙
铸件大小	不限	中、小铸件	小于25kg	中、小铸件	中、小铸件	可达数吨
生产批量	不限制	大批量	大批量	大批量	大批量	大批量
加工余量	大	小	小或不加工	小或不加工	较小	内孔需增大
生产效率	中、低	较高	中、低	高	中	较高
设备费用	低、中	中	中	高	较高	较高

9.3 铸件的结构设计

进行铸件设计时，不仅要满足其工作性能和力学性能要求，还要认真考虑铸造工艺和合金铸造性能对铸件结构的要求，并使铸件的具体结构与这些要求相适应。在铸造生产中，常因一些铸件的结构不合理给生产带来困难，甚至难以铸造出合格的铸件。因此，铸件的结构是否合理，对简化铸造生产过程、减少铸件缺陷、节省金属材料、提高生产效率和降低成本等具有重要意义。

9.3.1 铸造工艺对铸件结构的要求

铸件工艺对铸件结构的要求主要是从便于造型、制芯、清理和减少铸造缺陷等方面考虑的，包括对铸件外形的要求、对铸件内腔的要求和对铸件结构斜度的要求等。

（1）铸件外形的设计　在满足使用要求、外形美观的前提下，铸件的外形应尽量简化，减少分型面，以简化造型工艺，便于造型时的起模。

① 避免铸件外部侧凹　若铸件的侧壁有凹入部分必将妨碍起模，增加了铸造工艺的复杂性。

② 分型面尽量平直　平直的分型面不仅使造型省工，铸件误差小，而且铸件的飞边、毛刺少，减轻了铸件清理的工作量。

③ 改进凸台、肋板结构 铸件侧壁上的凸台、肋板等常常妨碍起模，生产中不得不采用活块造型，或增加外部型芯，这样就增加了造型和模样制造的工时和费用。若将凸台延伸到分型面，便可顺利地取出模型，简化了工艺。此外，凸台的厚度应小于或等于铸件的壁厚；处于同一平面上的凸台高度应尽量一致，以便于机械加工。

(2) 铸件的内腔设计

① 尽量不用或少用型芯 铸件的内腔通常要由外加型芯来形成，不用或少用型芯不仅可以节省制造芯盒、造芯和烘干等工序的时间和材料，而且还可以避免型芯在制造过程中的变形、合箱中的偏差，从而提高铸件精度。

② 有利于型芯的固定和排气 型芯在铸型中的位置应牢固，以防型芯在金属液的冲击和浮力作用下发生上漂或错移。同时，型芯头必须能够提供足够的排气通道，使浇铸时所产生的气体能够通过型芯头迅速排出型外，以避免气孔。

(3) 铸件的结构斜度 结构斜度是指在铸件所有垂直于分型面的非加工面上设计的斜度。具有结构斜度的外壁，不仅使造型时便于起模，还可美化铸件的外观。铸件结构斜度的大小，应视铸件立壁的高度而定。高度越矮，斜度越大。内侧斜度应大于外侧。

铸件的结构斜度与拔模斜度不同。前者由设计人员直接在零件图上标出，且斜度值较大；后者是由铸造工艺人员绘制铸造工艺图时确定的，且角度值较小，一般为 0.5°～3.0°。

9.3.2 合金铸造性能对铸件结构的要求

许多铸件的缺陷，如缩孔、缩松、裂纹、变形、浇不足、冷隔等，有时是由于铸件的结构不合理而引起的。因此，在设计铸件结构时，应考虑到铸件壁厚的合理性、铸件壁与壁之间的连接，以及与合金铸造性能相关的一些问题。

(1) 铸件壁厚的设计

① 合理的铸件壁厚 由于各种铸造合金的流动性不同，所以在相同的铸造条件下，铸件所能浇铸出来的最小壁厚不同。如果所设计铸件的壁厚小于铸件的"最小壁厚"，则易于产生浇不足、冷隔等缺陷。铸件的最小壁厚主要取决于合金的种类、铸件大小和复杂程度等。表 9-5 为在一般砂型铸造条件下铸件的最小壁厚。

表 9-5 砂型铸造时铸件的最小壁厚

铸件尺寸 /mm×mm	不同合金铸件的最小壁厚/mm					
	铸钢	灰铸铁	球磨铸铁	可锻铸铁	铝合金	铜合金
<200×200	5～8	3～8	4～6	3～5	3～3.5	3～5
200×200～500×500	10～12	4～10	8～12	6～8	4～6	6～8
>500×500	15～20	10～15	12～20	—	—	—

从合金的结晶特点可知，随着铸件壁厚的增加，中心部位的晶粒变粗大，很容易产生缩孔和缩松等缺陷。另外，铸件的机械强度也并不随着铸件壁厚的增加而成比例增加。因此，不应单纯以增加壁厚作为提高铸件承载能力和刚度的唯一办法。选择合理的截面形状，如工字形、T 形、槽形或箱形结构，也可以采用加强肋的办法减少铸件的壁厚。

② 壁厚尽可能均匀 若铸件各部分的厚度差别过大，则厚壁处易产生缩孔、缩松等缺陷。另外，因厚薄不匀而使铸件各部分的冷却速度差别较大，由此而产生的热应力可能导致铸件厚壁与薄壁连接处产生裂纹。因此，在铸件设计时，应尽可能使壁厚均匀。

应当注意的是，所谓铸件壁厚的均匀性是指使铸件各壁厚处的冷却速度相近，并非要求所有的壁厚完全相同。例如，铸件的内壁因散热慢，故应比外壁薄些，而肋的厚度则应更薄。

（2）铸件壁与壁的连接 在设计铸件壁与壁的连接或转角时，应尽可能避免金属的积聚和内应力的产生，以防止在此部位出现缩孔、缩松和裂纹等缺陷。

① 设计结构圆角 应在铸件壁与壁的垂直连接处设计结构圆角，否则在连接处可形成热节，容易产生缩孔和缩松缺陷。此外，在铸件使用过程中，其直角内侧容易产生应力集中，影响其使用寿命。因此，结构圆角是铸件结构的基本特征。

② 避免锐角和十字交叉连接 为了减小热节和降低内应力，铸件壁与壁之间应避免锐角连接和十字交叉连接，以避免因应力集中而产生开裂。

③ 厚壁与薄壁之间的过渡 当铸件各部分的壁厚不一致甚至相差较大时，厚壁与薄壁的连接应采取逐渐过渡，避免发生壁厚突变，以减少应力集中，防止产生裂纹。

（3）铸件加强肋的设计 在铸件中，加强肋可以起到增强铸件的刚度和强度、防止变形和减轻铸件重量等作用。尤其是在铸件容易产生变形或开裂的部位设计加强肋，可以起到事半功倍的效果。

① 加强肋的厚度 加强肋的厚度不宜过大，一般取被加强壁厚度的 0.6～0.8 倍。

② 加强肋的布置 直方格形的金属积聚程度较大，但模型及芯盒制造方便，适用于不易产生缩孔、缩松的铸件；交错方格形适用于收缩较大的铸件；放射形兼顾了以上两个的优点，加强肋对称，结构较为合理。

为了防止铸件在铸造过程中发生热裂，可以在铸件易裂处增设加强肋。由于加强肋较薄，凝固迅速，故在冷却过程中加强肋很快达到较高强度，从而增强了壁间的连接力，防止了热裂纹的产生。

（4）与合金铸造性能相关的问题 在铸件结构设计时还应考虑到一些与合金铸造性能相关的问题，如铸造时铸件结构是否收缩受阻、是否容易充满、是否容易变形和开裂等。

① 尽量减小铸件收缩受阻 铸件在凝固和随后的冷却过程中，会产生不同程度的收缩。如果在收缩时受到强烈的阻碍，则会由于应力过大而产生裂纹。

② 尽量避免过大的水平面 如果铸件有较大的上水平面，浇铸时金属液面上升较慢，充型时铸件上大面积的水平面不易充满，过大面积的上水平面也不利于夹渣和气体的排除。

（5）组合式铸件的设计 对于大型并且结构复杂的铸件，应将其设计成组合式，即先设计成若干个小铸件进行生产，切削加工后，用螺栓连接；铸钢件还可以采用焊接连接成整体。这样不仅可以简化造型，保证铸件的质量，也可以解决铸造、机械加工和吊运设备能力不足等问题。

思考与练习

1. 简述影响充型能力的因素。
2. 铸造工艺参数主要包括哪些内容？
3. 浇铸系统由几部分组成？浇铸系统的作用是什么？
4. 冒口的作用是什么？冒口的放置原则是什么？画出常用的冒口形状。
5. 简述铸件质量对铸件结构的要求。
6. 简述铸造工艺对零件结构的要求。

工程材料及成型基础
GONGCHENG CAILIAO JI
CHENGXING JICHU

第10章

锻 压

动脑筋

通过前面知识的学习，我们知道汽车发动机的曲轴、连杆和凸轮轴可以采用珠光体球墨铸铁材料，通过砂型或机器造型铸造工艺制造。当其力学性能要求更高、受冲击负荷较大时，可选用 45 钢材料制造，那么能不能选择一根尺寸合适的 45 钢棒料直接经过切削加工制成呢？

学习目标

- 了解锻压的基本生产方式。
- 重点掌握自由锻的设备、工艺过程、特点及应用。
- 了解模锻、板料冲压的设备、工艺过程、特点及应用。
- 通过本章相关知识的学习，具备绘制简单锻件图、合理选择典型锻压件的锻压方法的初步能力。

　　锻压是对坯料施加外力，使其产生塑性变形，从而改变尺寸、形状及改善性能，用以制造机械零件、工件或毛坯的成型方法，它是锻造与冲压的统称。用于锻压的材料应具有良好的塑性，以保证在锻压加工时能产生较大的塑性变形而不被破坏。常用金属材料中，铸铁塑性很差，在通常条件下不能锻压；钢材和大多数有色金属都具有较好的塑性，可以进行锻压加工。

　　金属锻压加工主要有以下的特点。①锻压加工后，可使金属获得较细密的晶粒；可以压合铸造组织内部的气孔、缩松等缺陷；能使高合金工具钢中的合金碳化物被击碎和均匀分布；并能合理控制金属纤维方向，以使纤维方向与应力方向相适应，提高零件的性能。②锻压加工后，坯料的形状和尺寸发生改变而其体积基本不变，与切削加工相比，可节约金属材料和加工工时。③除自由锻造外，其他锻压方法如模锻、冲压、冷镦等都具有较高的劳动生产率。④能制造各种形状、不同质量和批量的零件,适用范围广。

金属锻压加工在机械制造、汽车、拖拉机、仪表、造船、冶金工程及国防等工业中有着广泛的应用。以汽车为例,按质量计算,汽车上 70% 的零件均是由锻压加工方法制造的;机器制造工业中常用压力加工的方法来制造毛坯和零件,凡承受重载荷的机器零件,如机器的主轴、重要齿轮、连杆、炮管和枪管等,通常需采用锻件作毛坯,再经切削加工而制成。

10.1 锻压工艺基础

10.1.1 锻压的基本成型方法

10.1.1.1 轧制

材料在旋转轧辊的压力作用下,产生连续塑性变形,获得要求的截面形状并改变其性能的加工方法称为轧制,如图 10-1(a)所示。通过合理设计轧辊上的各种不同的孔型,可以轧制出不同截面的原材料,如钢板、各种型材、无缝管材等,也可以直接轧制出毛坯或零件。

10.1.1.2 挤压

坯料在压应力作用下从模具的孔口或缝隙挤出,使之横截面积减小、长度增加,成为所需制品的加工方法称为挤压,如图 10-1(b)所示。按挤压温度可分为冷挤、温挤、热挤,适用于加工有色金属和低碳钢等金属材料。

10.1.1.3 拉拔

坯料在牵引力作用下通过模孔拉出,使之横截面积减小、长度增加的加工方法称为拉拔,如图 10-1(c)所示。拉拔生产主要用来制造各种细线、棒、薄壁管等型材。

10.1.1.4 自由锻

只用简单的通用性工具或在锻造设备的上下砧间直接使坯料变形而获得所需的几何形状及内部质量的锻件,这种加工方法称为自由锻,如图 10-1(d)所示。

10.1.1.5 模锻

在模锻设备上利用锻模使坯料变形而获得锻件的锻造方法称为模锻,如图 10-1(e)所示。

10.1.1.6 冲压

使板料经分离或成型而得到制件的工艺称为冲压,如图 10-1(f)所示。由于大多数情况下冲压是在常温下进行的,所以又称为冷冲压。

常见的金属型材、板材、管材、线材等原材料,大都是通过轧制、挤压等方法制成的。自由锻、模锻和板料冲压则是一般机械厂常用的生产方法。凡承受重载荷、工作条件恶劣的机器零件,如汽轮发电机转子、主轴、叶轮、重要齿轮、连杆等,通常均需采用锻件毛坯,再经切削加工制成。

10.1.2 坯料的加热和锻件的冷却

10.1.2.1 坯料的加热

有些金属材料在常温下具有良好的塑性,不需加热也能锻造成型,但其变形量会受到一

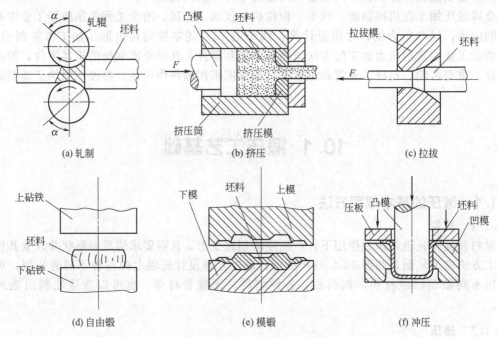

图 10-1　锻压基本生产方式示意图

定限制，而且变形抗力很大，甚至难以达到预期的成型要求。因此，一般金属材料均需在加热后再进行压力加工。金属材料加热后，随着温度的升高，其塑性提高、强度降低，因此，在高温下锻造金属，可以用较小的锻造力而产生较大的塑性变形，锻造后也可获得良好的金相组织。所以，金属坯料在锻造前加热可以起到提高塑性和降低变形抗力的作用，提高金属的锻造性能。

但在对锻造毛坯进行加热时应注意严格控制其加热温度范围和加热速度。因为加热温度过高，会发生过热和过烧等现象，而在高温下停留时间过长也会发生氧化和脱碳等；加热速度过快，则容易使坯料内外部受热不均匀、温差过大，使金属产生较大内应力而出现裂纹等。因此，加热是锻造工艺中极为重要的环节，是提高金属锻造性能的最有效措施，并对生产率、锻件的质量、金属坯料的有效利用影响很大。

10.1.2.2　锻造温度范围

通常，将材料允许加热的最高温度称为始锻温度；而将金属坯料所允许的最低锻造温度称为终锻温度。锻造温度范围要控制在始锻温度和终锻温度之间。确定锻造温度范围的原则是：保证金属在锻造过程中具有良好的锻造性能，即塑性好，变形抗力小，以及在锻后能获得良好的内部组织；同时，锻造温度范围要尽可能宽一些，以便有足够的时间进行锻造成型，从而减少加热次数，降低材料消耗，提高生产率。

碳素钢的始锻温度一般低于其熔点温度 100～200℃。当温度低于终锻温度时，金属的塑性变差，变形抗力增加，继续锻打则不仅容易出现裂纹；终锻温度过高时，又会造成金属停锻后在冷却过程中晶粒继续长大，降低锻件的力学性能，尤其是冲击韧度。常用金属材料的锻造温度范围如表 10-1 所示。

10.1.2.3　加热产生的缺陷及其防止方法

金属坯料在加热过程中可能产生的缺陷有氧化、脱碳、过热、过烧和内部裂纹等。

表 10-1　常用金属材料的锻造温度范围

材料种类	始锻温度/℃	终锻温度/℃
低碳钢	1200～1250	700～800
中碳钢	1150～1200	800～850
合金结构钢	1100～1180	800～850
铝合金	450～500	350～380
铜合金	800～900	650～700

（1）氧化及烧损　金属加热时，炉气中的氧化性气体（O_2，CO_2，H_2O 和 SO_2 等）会与金属表面层发生化学反应，这种现象称为氧化。其生成物包含 FeO，Fe_3O_4 和 Fe_2O_3 等氧化物，总称为氧化皮。氧化皮的形成不仅造成了金属材料的损耗，而且还影响到锻件的质量和加热炉的使用寿命。

金属坯料在加热过程中因生成氧化皮而造成的损失称为烧损。减少烧损的方法是在保证加热要求的前提下，尽量采用快速加热并避免金属在高温下停留时间过长，在燃料完全燃烧的前提下减少空气送进量，从而减少炉气中的氧含量，并注意减少燃料中的水分和硫的含量。

（2）脱碳　金属坯料在高温下，其表层的碳也会与氧或氢发生化学反应，生成一氧化碳或甲烷等而被烧掉，造成金属材料表层碳含量显著降低，这种现象称为脱碳。当脱碳层深度大于加工余量时，金属零件的强度和耐磨性会大大下降。脱碳的多少及脱碳层深度与炉气成分、加热温度和加热时间等因素有关。为了减少脱碳，应快速加热，对于重要零件，加热前要在坯料表面涂以保护涂料，缩短高温阶段的加热时间，加热好的坯料要尽快出炉锻打。

（3）过热　如果碳素钢加热到 GS 线以上时，再继续升温，则晶粒会随着温度的升高而长大。当超过一定温度时，晶粒会急剧长大，这种具有粗大晶粒的现象叫做过热。过热与温度及加热时间有关，过热可使得金属的锻造性能以及锻件的力学性能下降，因此，应该尽量避免。但过热的钢件可采用多次锻造及热处理的方法来消除。

（4）过烧　当金属加热到接近熔点温度时，晶间低熔点的物质开始熔化，而炉气中的氧化性气体会渗入到晶粒边界，在晶粒上形成了氧化层，破坏了晶粒之间的联系，金属也就失去了锻造性能，这种现象叫做过烧。由于过烧的钢材无法挽救，因此，在加热过程中应该避免过烧现象的产生。

（5）内部裂纹　在加热时，由于金属的内部和表层存在温度差，因此，在金属内、外部的变形也不相同，从而造成了内应力，这种应力叫做热应力。热应力若超过了金属本身的强度时，就会使坯料产生裂纹，从而失去锻造性能。

轧制的钢坯，其内部缺陷较少，尺寸小，温差不大，加热时产生的热应力较小，不易导致金属的破坏。但对具有气孔和微小裂纹等缺陷的钢锭，在加热时热应力就容易在缺陷处形成应力集中，使金属破裂。因此，对于大型的钢锭，在加热时一定要防止产生过大的热应力。

综上所述，加热虽然可以提高金属的锻造性能，但如果加热不当，有时也会造成坯料的报废。因此必须严格控制加热的温度范围。

10.1.2.4　锻件的冷却

锻后冷却也是保证锻件质量的重要环节之一，在冷却过程中温度随时间的变化关系称为冷却规范。采用不同的冷却方法，可得到不同的冷却规范。冷却规范通常用冷却时间-温度曲线来表示。常见的冷却方法如下。

① 空冷：热态锻件在空气中冷却的方法称为空冷，冷却速度较快。

② 堆冷：将热态锻件成堆放在空气中进行冷却的方法称为堆冷，其冷却速度低于空冷。

③ 坑冷：将热态锻件放在地坑（或铁箱）中缓慢冷却的方法称为坑冷，其冷却速度较堆冷更低。

④ 灰砂冷：将热态锻件埋入炉渣、灰或砂中缓慢冷却的方法称为灰砂冷，锻件入砂温度一般在 500℃，冷却到 150℃ 时出炉，周围蓄砂厚度不能少于 80mm，其冷却速度低于坑冷。

⑤ 炉冷：锻造后将锻件放入炉中缓慢冷却的方法称为炉冷，炉冷时根据需要可以按预定的冷却速度进行冷却，其冷却速度比灰砂冷更低。

热锻成型的锻件，通常需要根据其化学成分、尺寸和形状复杂程度等来确定相应的冷却方式。低、中碳钢的小型锻件，锻后常采用空冷或堆冷的方式进行冷却；低合金钢锻件及截面宽大的锻件则需要采用坑冷或灰砂冷；高合金钢锻件、大型锻件、形状复杂的重大锻件的冷却速度要缓慢，通常需要随炉缓冷。冷却方式不当，会使锻件产生内应力、变形甚至裂纹。冷却过快还会使锻件表面产生硬皮，难以进行切削加工。

10.2　常用锻造方法

锻造根据其工艺特点，主要分为自由锻和模锻两大类。

10.2.1　自由锻

自由锻是用简单的通用性工具，在锻造设备的上、下砧铁之间直接对坯料施加外力，使坯料产生变形而获得所需几何形状及内部质量的锻件的加工方法。锻件的形状和尺寸往往由锻工的技术水平来决定。自由锻具有较大通用性，能够锻造各种大小的锻件，但金属损耗大，常用于生产形状简单、批量小的锻件。对于大型锻件，如冷轧辊、水轮机主轴和多拐曲轴等，只能采用自由锻以获得好的力学性能。因此，自由锻在重型机器制造中占有重要地位。

自由锻分为手工锻造和机器锻造两种。手工锻造由于冲击力或压力较低，只能生产小型锻件，生产率较低；机器锻造是自由锻的主要生产方法。但由于自由锻件的精度低，机械加工余量大，工人的劳动强度高，因而广泛用于单件、小批生产中。

10.2.1.1　自由锻设备

自由锻所用设备，根据它对坯料作用力的性质不同，分为锻锤和液压机两大类。锻锤产生冲击力使金属坯料变形，液压机则以静压力使金属变形。生产中使用的锻锤主要是空气锤和蒸汽-空气锤。空气锤的吨位（指落下部分的质量）较小，主要用于小型锻件的锻造；蒸汽-空气锤的吨位较大（最大吨位可达 10t），是中小型锻件普遍使用的设备。

空气锤是一种小型的自由锻设备，其结构和动作原理如图 10-2 所示。电动机通过减速装置和曲柄连杆使压缩缸中的活塞做上、下往复运动，活塞上部或下部的空气受到压缩，被压缩的空气经上、下转阀交替地进入工作缸的上部或下部空间，推动工作缸内的活塞上、下运动，实现对坯料的锤打，从而使坯料产生塑性变形。空气锤以其落下部分的质量来表示吨位，通常在 $65 \times 9.8 \sim 750 \times 9.8$N 之间。主要用于小型锻件的镦粗、拔长、冲孔和弯曲等自由锻工序，也可用于胎模锻造。

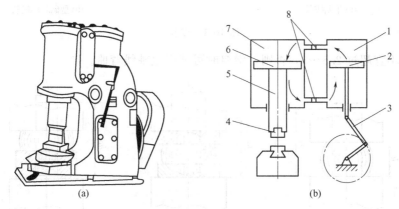

图 10-2　空气锤

(a) 外形图；(b) 传动图

1—压缩缸；2—压缩缸活塞；3—连杆；4—上锤头；

5—活塞杆；6—工作缸活塞；7—工作缸；8—转阀

生产中使用的液压机主要是水压机，它的吨位（指产生的最大压力）较大，可以锻造质量达 300t 的锻件。水压机在使金属变形的过程中没有振动，并能很容易达到较大的锻透深度，所以水压机是巨型锻件的唯一成型设备。

10.2.1.2　自由锻基本工序

自由锻的基本工序有拔长、镦粗、冲孔、扩孔、弯曲、切断、扭转和错移等。其中以拔长、镦粗、冲孔和扩孔最为常用。

(1) 拔长　减少毛坯横截面积的同时增加其长度的一种锻造工序叫做拔长。拔长工序常用来生产具有长轴线的锻件，如光轴、阶梯轴、拉杆和连杆等。如图 10-3 所示，拔长可在平砧上进行，也可在型砧上来完成，型砧拔长效率要比平砧高。拔长的变形程度可用变形前后的断面积之比值（称为拔长锻造比）来表示，一般可取 2.5～3。为提高拔长效率，送进量 L 应等于坯料宽度的 0.4～0.5 倍。此外，为减少空心坯料的壁厚和外径，增加其长度，还可采用芯棒拔长方式。

(2) 镦粗　使毛坯高度减小、横截面积增大的一种锻造工序叫镦粗。它主要用来制造高度小、截面大的工件，如齿轮和法兰盘等。也可为冲孔作准备或用以增加以后的拔长锻造比。如图10-4所示，其中图 10-4(a) 为完全镦粗，图 10-4(b) 为局部镦粗。对于带凸座的盘类锻件或带较大头部的杆类锻件，可使用漏盘镦粗坯料某个局部，如图 10-4(c) 所示。镦粗的变形程度用坯料变形前后的高度比值表示，称为镦粗锻造比。镦粗坯料的原始高度 h_0 与

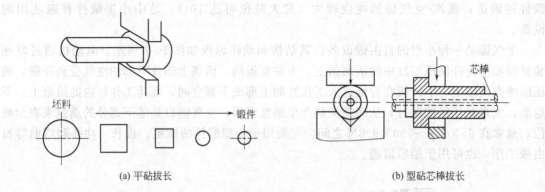

(a) 平砧拔长   (b) 型砧芯棒拔长

图 10-3 拔长

直径 d_0 之比不宜超过 2.5~3，否则，镦粗时可能产生轴线弯曲。

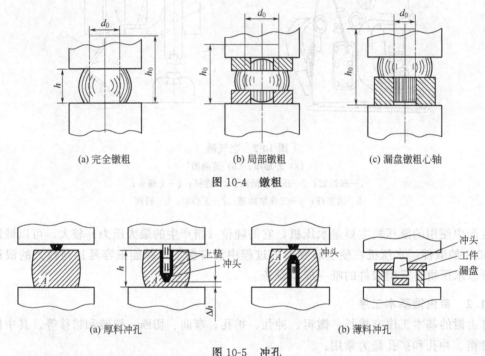

(a) 完全镦粗   (b) 局部镦粗   (c) 漏盘镦粗心轴

图 10-4 镦粗

(a) 厚料冲孔   (b) 薄料冲孔

图 10-5 冲孔

（3）冲孔和扩孔　用冲头在锻件上锻造出通孔或盲孔的生产工序叫冲孔。厚度较大的锻件一般应采用双面冲孔，而厚度较小的锻件则可采用单面冲孔。冲孔的基本方法可分为实心冲孔和空心冲孔两种，如图 10-5(a) 和图 10-5(b) 所示。直径 $d<450$mm 的孔用实心冲头冲孔，直径 $d>450$mm 的孔用空心冲头冲孔。

冲孔操作的工艺要点如下。

① 坯料加热温度要高些，加热应均匀，以避免将孔冲歪或冲裂。

② 冲孔前坯料应先镦粗，以求端面平整并减少冲孔深度。

③ 为保证孔位正确，应先试冲，即先用冲头轻轻冲出孔位的凹痕，如有偏差可加以修改。

④ 对于孔径较大的孔，可先冲出一较小的孔，然后再用冲头或芯轴进行扩孔。

减小空心毛坯壁厚而增加其内、外径的锻造工序称为扩孔。当锻造外径与内径之比大于

1.7 的深孔锻件时，常采用冲头扩孔；对于孔径较大的薄壁锻件，则可采用芯棒扩孔，如图
10-6(a) 和图 10-6(b) 所示。

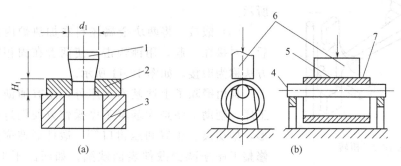

图 10-6 扩孔
1—冲头；2—工件；3—垫环；4—托架；5—坯料；6—上砧铁；7—芯棒

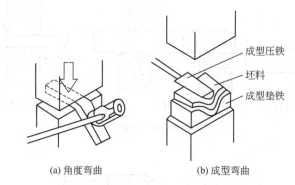

(a) 角度弯曲　　(b) 成型弯曲

图 10-7 弯曲

（4）弯曲　使用一定的工具将金属坯料在一定压力下弯成所需的角度和形状的锻造工序
叫弯曲，如图 10-7 所示。通常采用这种工序来制造各种具有弯曲形状的锻件，如吊钩和 U
形叉等。

（5）切断　把坯料或工件锻切成两段（或数段）的加工方法称为切断。截面尺寸较小的
坯料切断后，其断面比较平整；截面尺寸较大的坯料，因需要从两面进行切断，断面平整度
较低，如图 10-8 所示。

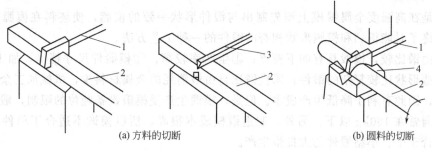

(a) 方料的切断　　(b) 圆料的切断

图 10-8 切断
1—剁刀；2—工件；3—克棍；4—剁垫

（6）扭转　将毛坯的一部分相对于另一部分绕其轴线旋转一定角度的锻造工序称为扭
转，如图10-9所示，通常可用来锻造具有空间复杂形状的锻件。

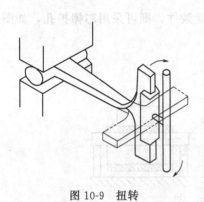

图 10-9　扭转

（7）错移　将坯料的一部分相对于另一部分错移开，但仍保持轴心平行的锻造工序称为错移，如图 10-10 所示。

（8）锻接　将两块金属坯料在加热炉内加热至高温后，对接在一起，用锤快击，使两者在固相状态结合的方法称为锻接，如图 10-11 所示。

自由锻除了上述基本工序外，还有辅助工序和修整工序。辅助工序是为基本工序操作方便而进行的预先变形，如切痕、压肩和压钳口等。锻件锻造完成后，采用修整工序来减少锻件表面缺陷，如凹凸不平及整形等，包括抛光、校直、打圆、打平和倒棱等，其目的是为了使锻件尺寸准确、表面光洁。

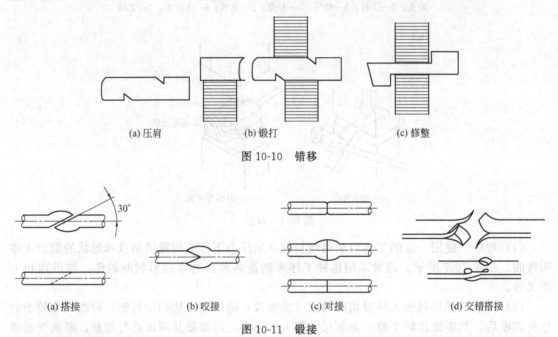

| (a) 压肩 | (b) 锻打 | (c) 修整 |

图 10-10　错移

| (a) 搭接 | (b) 咬接 | (c) 对接 | (d) 交错搭接 |

图 10-11　锻接

10.2.2　模锻

模锻是在高强度金属锻模上预先制出与锻件形状一致的模膛，使坯料在模膛内受压变形，锻造终了时能得到和模膛形状相符的锻件的一种工艺方法。

与自由锻比较，模锻具有如下特点：①生产率较高；②模锻件尺寸精确，加工余量小；③可以锻造形状比较复杂的锻件；④模锻比自由锻消耗的金属材料少，机械加工余量小，加工工时少，因此有利于降低生产成本。但是，模锻生产受模锻设备吨位的限制，锻件质量不能太大，通常在 150kg 以下。另外，制造锻模成本很高，所以模锻不适合于单件小批量生产，而适合于中、小型锻件的大批量生产。

由于模锻具有上述特点，比较适合现代化大批量生产，所以模锻生产越来越广泛地应用在国防工业和机械制造业中，如飞机制造厂、坦克厂、汽车厂、拖拉机厂、轴承厂和工具厂等。

模锻按使用设备的不同，可分为锤上模锻、胎模锻、压力机上模锻等。

10.2.2.1 锤上模锻

锤上模锻设备为蒸汽-空气锤、无砧座锤和高速锤等，其中应用最广泛的是蒸汽-空气模锻锤，其结构与自由锻造的蒸汽-空气锤相似，如图10-12所示。但由于模锻工件精度要求更高，锤的刚性更好，因此，锤头与导轨之间的间隙更小。模锻锤的动力由空气或蒸汽提供，其吨位用落下部分的质量表示。下落部分的质量在1～16t之间，可锻造的锻件质量在0.5～150kg之间。

模锻工作示意图如图10-13所示。锻模由上、下模组成。上模和下模分别安装在锤头下端和模座上的燕尾槽内，用楔铁紧固。上、下模合在一起其中部形成完整的模膛。根据模膛功用不同，可分为模锻模膛和制坯模膛两大类。

模锻模膛又分为终锻模膛和预锻模膛两种。

① 终锻模膛：终锻模膛的作用是使坯料最后变形到锻件所要求的形状和尺寸，因此它的形状应和锻件的形状相同。但因锻件冷却时要收缩，终锻模膛的尺寸应比锻件尺寸放大一个收缩量。钢件的收缩量取1.5%。沿模膛四周有飞边槽。锻造时部分金属先压入飞边槽内形成毛边，毛边很薄最先冷却，可以阻碍金属从模膛内流出，以促使金属充满模膛，同时容纳多余的金属。对于具有通孔的锻件，由于不可能靠上、下模的凸起部分把金属完全挤压掉，故终锻后在孔内留下一薄层金属，称为冲孔连皮。把冲孔连皮和飞边冲掉后，才能得到有通孔的模锻件。

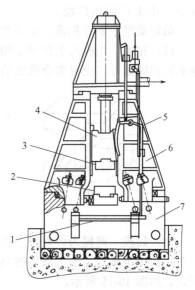

图 10-12　蒸汽-空气模锻锤结构简图
1—踏杆；2—下模；3—上模；4—锤头；
5—操纵机构；6—机架；7—砧座

② 预锻模膛：预锻模膛的作用是使坯料变形到接近于锻件的形状和尺寸，再进行终锻时，金属容易充满终锻模膛，同时减少了终锻模膛的磨损，延长了锻模的使用寿命。预锻模膛的形状和尺寸与终锻模膛相近似，只是模锻斜度和圆角半径稍大，没有飞边槽。对于形状简单或批量不大的模锻件可不设置飞边槽。

对于形状复杂的模锻件，原始坯料进入模锻模膛前，先放在制坯模膛制坯，按锻件最终形状作一初步变形，使金属能合理分布和很好地充满模膛。

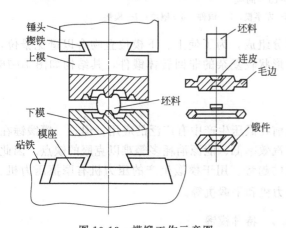

图 10-13　模锻工作示意图

10.2.2.2 胎模锻

胎模锻是在自由锻设备上用可移动的简单锻模（称胎模）生产模锻件的一种工艺方法。胎模不需固定在锻造设备上，因而不需加工燕尾等，结构简单，容易制造。胎模锻件在胎模内成型，利用模具作为保证，因此比自由锻操作简便，成型准确，节省材料，生产率高。胎模锻不需昂贵的模锻设备，生产成本低，工艺操作灵活，可以局部成型或分段成型，能够用较小的设备生产出较大的锻件；但是胎模锻锻件精度较低，工人劳动强度大，胎模易损坏。可见胎模锻是介于自由锻和模锻之间的一种工艺方法，在中、小工厂应用广泛。

胎模类型主要有扣模、筒模和合模三种。

（1）扣模　扣模由上扣和下扣组成，用来对坯料进行全部或局部扣形，常用来生产长杆等非回转体锻件，也可为合模锻造制坯，锻造时不需转动工件，如图 10-14 所示。

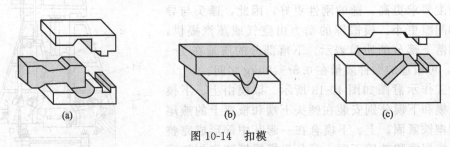

图 10-14　扣模

（2）筒模　筒模为圆筒形，主要用来锻造齿轮和法兰盘等回转体盘类锻件，也可用于生产非回转体类锻件。根据锻件的具体情况，可制成整体模、镶块模、带垫模和组合模等多种形式，如图 10-15 所示。

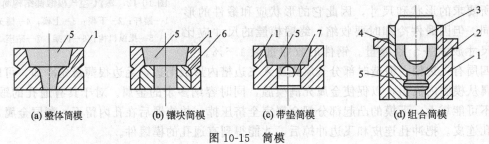

图 10-15　筒模

1—筒模；2—右半模；3—冲头；4—左半模；5—锻件；6—镶块；7—模垫

（3）合模　合模通常由上模和下模两部分组成，为了使上、下模位置吻合以避免错位，经常采用导柱和导锁来定位。合模用来生产形状较复杂的非回转体锻件，其结构如图 10-16 所示。

10.2.2.3　压力机上模锻

锤上模锻具有工艺适应性广的特点，目前在锻压生产中有广泛的应用。但是，模锻锤在工作中存在震动和噪声大、劳动条件差、蒸汽效率低、能源消耗多等难以克服的缺点。因此近年来大吨位模锻锤有逐步被压力机所取代的趋势。用于模锻生产的压力机有摩擦压力机、曲柄压力机和平锻机等。

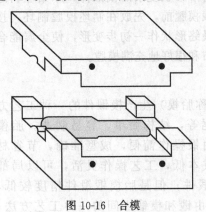

图 10-16　合模

10.2.2.4　特种模锻

（1）精密模锻　精密模锻（简称精锻）是在精密模锻设备上锻造形状复杂、尺寸精度要求高的锻件的模锻工艺。精锻时下料尺寸要求严格，锻造后应仔细清理坯料表面。锻件精度在很大程度上取决于锻模的加工精度，因此精锻模腔的精度要求很高。模具的精度要比锻件精度提高两级。精密模锻一般都在刚度大、精度高的模锻设备上进行，如曲柄压力机、摩擦压力机或高速锤等。

（2）液态模锻　液态模锻是将一定量的熔融金属

液直接注入锻造模腔，随后施加一定的机械静压力，使处于熔融或半熔融状态的金属液产生流动并凝固成型，且伴有小量塑性变形，从而获得毛坯或零件的一种对金属的压力加工方法。

液态模锻的工艺流程可分为金属液熔炼、模具准备、浇铸、合模施压及开模取件四个步骤，其典型工艺流程如图 10-17 所示。

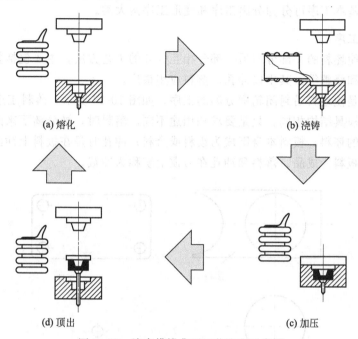

(a) 熔化　　　　　　　　　　　　　(b) 浇铸

(d) 顶出　　　　　　　　　　　　　(c) 加压

图 10-17　液态模锻典型工艺流程示意图

这种方法兼备铸造的液态充型模式和锻造的压力因素。与压力铸造相比，由于液态金属直接注入金属模腔，避免了在压力铸造时，液态金属在短时间内沿着浇道充填型腔时卷入气体的危险；而且液态模锻的压力直接施加在金属液面上，避免了压力铸造时的压力损失。因此，液态模锻获得的制件比压力铸造件的组织更加细密。

10.3 板料冲压

板料冲压是利用冲模使板料产生分离或变形，以获得零件或半成品的一种工艺方法。由于冲压通常在冷态下进行，因此也称冷冲压。只有当板料厚度超过 8~10mm 时，才采用热冲压。板料冲压工艺在工业生产中有着十分广泛的应用，特别是在汽车、拖拉机、航空、电器、仪表等工业中占有极其重要的地位。

板料冲压具有下列特点：①可冲压出形状复杂的零件，废料较少，材料利用率高；②冲压件尺寸精度高，表面粗糙度低，互换性能好，可直接装配使用；③可获得强度高、刚性好、质量轻的冲压件；④冲压操作简单，工艺过程便于实现机械化、自动化，生产率高，零件成本低。但冲模制造复杂，技术要求高。因此，这种工艺方法只有在大批量生产时，其优越性才能充分显示。

板料冲压所用的原材料，特别是制造中空杯状和钩环状等成品时，通常是塑性较好的低碳非合金钢和低合金高强度结构钢、塑性高的合金钢以及铜合金、铝合金等的薄板材和带材。

10.3.1 板料冲压的基本工序

板料冲压的基本工序可分为分离工序和变形工序两大类。

10.3.1.1 分离工序

分离工序是使坯料的一部分与另一部分相互分离的工艺方法，主要包括剪切、落料、冲孔、切边、剖切和修整等，其中以冲孔、落料应用最广。

落料和冲孔是使坯料沿封闭轮廓分离的工序，如图 10-18 所示。落料工序和冲孔工序的变形过程和所用模具结构相同，只是要求和用途不同。落料时，被分离下来的部分是成品或作为进一步加工的坯料，板料本身则成为废料或余料；冲孔时是在板料上冲出孔洞，冲下的部分为废料，而板料为成品。落料和冲孔在习惯上统称为冲裁。

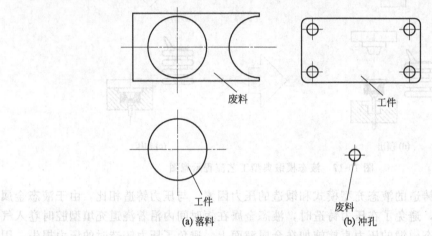

图 10-18 落料与冲孔

排样是落料工作中的重要工艺问题，合理地排样可减少废料、节省金属材料。如图 10-19所示，无接边的排样法可最大限度地减少金属废料，但冲裁件的质量不高。通常都采用接边的排样法。

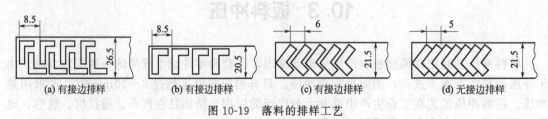

图 10-19 落料的排样工艺

10.3.1.2 变形工序

利用冲模使坯料的一部分相对于另一部分产生位移而不破裂的冲压工艺方法就是变形工序，主要包括拉深、弯曲、翻边和成型等。

（1）拉深 利用模具使圆形或其他形状的平板毛坯变形，成为中空零件的冲压工序叫拉深，如图 10-20 所示。

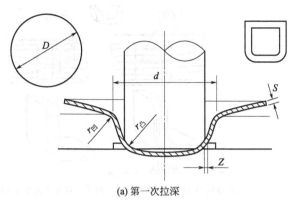

| (a) 第一次拉深 | (b) 第二次拉深 |

图 10-20 拉深工序

① 拉深过程 把直径 D 的圆形坯料放于凹模上，在凸模的作用下，板料被压入凸模和凹模的间隙中，形成空心零件。拉深件的底部一般不变形，只起传递拉力的作用，其厚度基本不变。零件直壁由坯料外径 D 减去凹模直径 d 的环形部分所形成，主要受拉力作用，厚度有所减小。而直壁与底部之间的圆角部分受的拉力最大，变薄最严重。拉深件的法兰部分受周向压应力的作用，厚度有所增加。

② 拉深系数 拉深件的直径 d 与坯料直径 D 的比值称为拉深系数（m），即 $m=d/D$，它是衡量拉深变形程度的指标。拉深系数越小，坯料的变形程度越大，坯料拉入凹模越困难。一般拉深系数 $m=0.5\sim0.8$。如坯料的塑性低，则取较大值；坯料的塑性高，可取较小值。当零件的总拉深系数过小时，往往不能一次拉深成型，可采用多次拉深工艺，如图 10-21 所示。此时的拉深系数为本次拉深件直径与上次拉深件直径之比。由于加工硬化的影响，多次拉深时，每次的拉深系数应依次增大，即每次拉深的变形程度依次减小，其中的拉深系数为各次拉深系数的乘积。

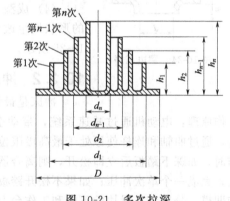

图 10-21 多次拉深

③ 拉深件的缺陷 从拉深过程的分析可以看出，拉深件的底部圆角处受到的拉应力最大，易于产生拉穿缺陷。在拉深过程中，坯料边缘在切线方向上受到压缩，因此也有可能产生波浪形褶皱。为防止拉裂，拉深模工作部分必须有一定的圆角；为防止起皱，可采用压边圈把坯料边缘压紧。

（2）弯曲 弯曲是使坯料的一部分相对于另一部分弯曲成一定角度的工序，如图 10-22 所示。弯曲时坯料的内侧受压缩，而外侧受拉伸。当外侧拉应力超过坯料的抗拉强度时，即会造成金属坯料被弯裂。坯料厚度越大、内弯曲半径 r 越小，则压缩及拉伸应力越大，越容易弯裂。为了防止破裂，最小弯曲半径 $r=（0.25\sim1）S$，S 为金属板料厚度。

弯曲时还要尽可能使弯曲线与坯料锻造流线方向一致，如图 10-23 所示。若弯曲线与纤维方向不一致，则容易产生破裂，此时可增大最小弯曲半径。

弯曲结束后，由于弹性变形的恢复，坯料略有回弹，使弯曲的角度增大，此现象称为回弹。一般回弹角为 $0°\sim10°$，因此，在设计弯曲模时必须使模具的角度比成品的角度减小一

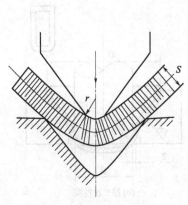

图 10-22　弯曲工序

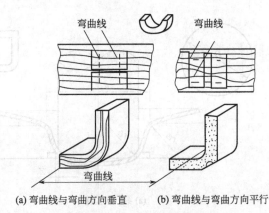

(a) 弯曲线与弯曲方向垂直　　(b) 弯曲线与弯曲方向平行

图 10-23　弯曲时的纤维方向

个回弹角，以便在弯曲后得到较为准确的弯曲角度。

（3）翻边　在预先冲孔的平坯料上用扩孔的方法获得凸缘的工序叫翻边，如图 10-24 所示。翻边时孔边材料沿切向受拉而使孔径扩大，材料厚度变薄。如果翻边的变形程度过大，将使翻边部位拉裂。翻边的变形程度用 $K_0 = d_0/d$ 表示，d_0 为预冲孔直径，d 为翻边孔直径。K_0 越小，变形程度越大，一般取 $K_0 = 0.65 \sim 0.72$。

（4）成型　利用材料的局部区域发生变形，使坯料或半成品的形状发生改变的工序叫成型，有压肋、胀形和缩口等，如图 10-25 所示。

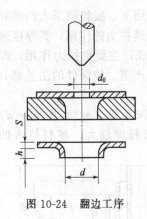

图 10-24　翻边工序

10.3.2　冲床

冲床是最常用的冲压设备，其传动系统如图 10-26 所示。其工作原理：电动机通过减速系统，带动空套在轴上的大带轮旋转，踩下踏板，使离合器闭合，通过曲轴和连杆使原处于最高极限位置的滑块沿导轨上下往复运动，进行冲压；冲压操作时，如踩下踏板后立即松开，则离合器脱开，在制动器的作用下，使滑块停止在最高位置上，完成一个单次冲压；如果不松开踏板，则可进行连续冲压。模具分为凸模（又称冲头）和凹模，分别装在滑块的下端和工作台上。

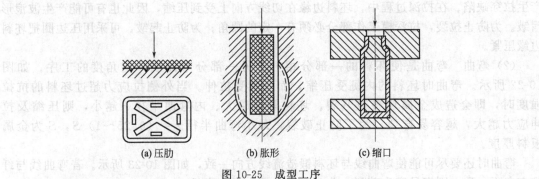

(a) 压肋　　　　　(b) 胀形　　　　　(c) 缩口

图 10-25　成型工序

冲床的公称压力是指滑块到达下极限位置前某一个特定距离或曲轴旋转到下极限位置前某一个特定角度时，滑块上所容许承受的最大作用力，用 kN 来表示。实现某一种冲压工艺所需变形力要低于冲床的公称压力。

10.3.3 冲模

按工序的组合方式可将冲压模具分为简单冲模、连续冲模和复合冲模三种。

10.3.3.1 简单冲模

在压力机滑块的一次行程中只能完成一道工序的模具称为简单冲模。其结构简单，制造方便，便于维护，但生产率不高，只适用于小批量或试制性生产。

10.3.3.2 连续冲模

压力机滑块的一次行程中，在模具的不同部位上同时完成多道冲压工序的模具称为连续冲模，如图10-27所示。其工作原理：工作时由导板导向，用临时挡料销作初始定位，上模向下运动，在冲孔凸模的工位上冲孔，在落料凸模的工位上进行落料，从而得到成品零件；当上模回程时，导板兼作卸料板，从凸模上刮下坯料，这时将坯料向前送进一个工位，进行第二次冲裁；循环上述过程，每次送进距离由挡料销来控制。

连续冲模生产率高，操作方便、安全，易于实现机械化和自动化，适合于小冲压件的大批量生产。

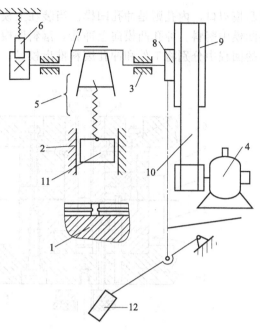

图 10-26　冲床传动系统图

1—工作台；2—导轨；3—床身；4—电动机；
5—连杆；6—制动器；7—曲轴；8—离合器；
9—带轮；10—带；11—滑块；12—踏板

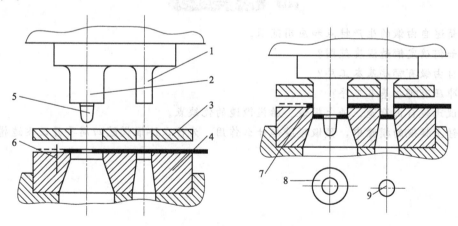

图 10-27　落料冲孔连续冲模

1—冲孔凸模；2—落料凸模；3—导板；4—凹模；
5—导正销；6—挡料销；7—坯料；8—成品；9—废料

10.3.3.3 复合冲模

在冲床滑块的一次行程中，模具的同一工作位置同时完成多道冲压工序的冲模，称为复合冲模，如图10-28所示。复合冲模的最大特点是模具中有一个凸凹模，凸凹模的外圆是落料凸模刃口，内孔则是冲孔凹模。当装在上模的凸凹模向下运动时，坯料首先在凸凹模和落料凹模中落料，冲孔凸模向上冲孔，落料凹模随之向下运动进行拉深；推件块和推件杆在滑块的回程中分别将工件和冲孔废料推出模具。复合冲模适用于批量大、精度高的冲压件。

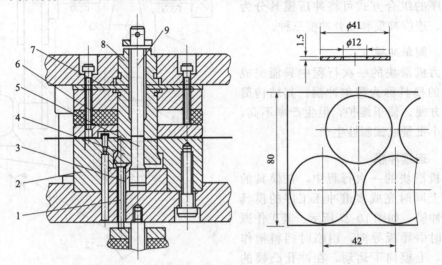

图 10-28　落料冲孔复合冲模

1—顶料杆；2—落料凹模；3—冲孔凸模固定板；4—推件块；
5—冲孔凸模；6—卸料板；7—凸凹模；8—模柄；9—推件杆

思考与练习

1. 简述自由锻的生产特点和应用范围。
2. 如何确定锻造温度范围？
3. 自由锻有哪些基本工序？
4. 冲压有哪些基本工序？
5. 试比较自由锻造、锤上模锻、胎模锻造的优缺点。
6. 锤上模锻的模膛中，预锻模膛起什么作用，为什么终锻模膛四周要开设飞边槽？

工程材料及成型基础
GONGCHENG CAILIAO JI
CHENGXING JICHU

第11章

焊　接

动脑筋

开动脑筋想一想自行车车架和汽车车体是用什么成型工艺制成的呢？

学习目标

- 了解焊接冶金过程的特点，了解常用金属材料的焊接性能。
- 重点掌握焊条电弧焊等常用焊接方法的设备、焊接材料、工艺过程特点与应用。
- 掌握焊条电弧焊与气焊的基本操作技能及焊接生产安全技术。
- 通过本章相关知识的学习，具备合理选用焊接方法及相关焊接材料、分析焊件结构工艺性的初步能力。
- 通过本章相关知识的学习，在日后学习过程中及时了解焊接新工艺、新技术及其发展趋势。

　　焊接是一种通过加热或加压或两者并用，用或不用填充材料，使被焊材料之间达到原子结合而形成永久性连接的工艺方法。

　　焊接技术是现代工业高质量、高效率生产中不可缺少的先进制造技术。大多数发达国家利用焊接加工的钢材量已超过钢材产量的一半。大量的铝、铜、钛等有色金属的结构件也是用焊接方法制造的。随着科学技术的发展，对焊接质量和结构性能的要求越来越高。与传统的铆接方法相比，焊接方法具有节省金属材料、减轻结构重量、密封性好、产品质量高、容易实现机械化和自动化生产等优点，在机械制造、石油化工、压力容器、汽车、造船、航空航天、建筑、电子等部门得到广泛应用。

　　焊接方法的种类很多，按焊接工艺特征可将其分为熔焊、压焊、钎焊三大类，其中熔焊是应用最普遍的焊接方法。

→

11.1 焊接理论基础

熔焊是利用电弧放电产生的热量将被焊工件和焊接材料加热至熔化状态，在进行了一系列的冶金反应后，液态金属凝固形成焊缝的焊接方法。在熔焊中，焊条电弧焊（也称手工电弧焊）是应用最广泛的焊接方法。

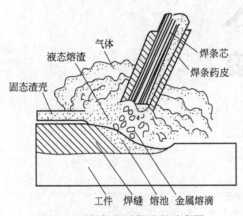

气体
液态熔渣
固态渣壳
焊条芯
焊条药皮
工件　焊缝　熔池　金属熔滴

图 11-1　焊条电弧焊过程示意图

焊条电弧焊过程如图 11-1 所示，它利用焊条与工件之间产生的电弧将焊条和工件局部加热熔化，熔化了的焊芯金属与母材融合在一起形成熔池，熔化的焊条药皮形成熔渣并放出气体保护熔池不被周围空气侵害，高温熔渣与液态金属之间的冶金反应保证了焊缝金属的化学成分。当液态金属冷却结晶形成焊缝后，覆盖在焊缝表面的熔渣也随之凝固形成渣壳。因此，焊接熔渣对焊缝成型以及控制焊缝的冷却速度起着重要的作用。

11.1.1 焊接电弧

电弧是一种气体放电现象。一般情况下，气体是不导电的。但是，一旦在具有一定电压的两电极之间引燃电弧，电极间的气体就会被电离，产生大量能使气体导电的带电粒子（电子、正负离子）。在电场的作用下，带电粒子向两极作定向运动，形成很大的电流，并产生大量的热量和强烈的弧光。

焊接电弧稳定燃烧所需的能量来源于焊接电源。电弧稳定燃烧时的电压称为电弧电压，一般焊接电弧电压在 16～35V 范围之内，具体取决于电弧的长度（即焊条与焊件之间的距离）。电弧越长，电弧电压就越高。

焊接电弧由阴极区、阳极区和弧柱区三部分组成，如图 11-2 所示。用钢焊条焊接时，阴极区的温度约为 2400K，放出的热量约占电弧总热量的 36％；阳极区的温度可达 2600K，放出的热量约占电弧总热量的 43％；弧柱区中心温度可达 6000～8000K，放出的热量仅占电弧总热量的 21％。

电弧的热量与焊接电流和电弧电压的乘积成正比。电流越大。电弧产生的总热量就越大。焊条电弧焊只有 65％～85％ 的热量用于加热和熔化金属，其余的热量则散失在电弧周围环境和飞溅的金属滴中。

11.1.2 焊接的化学冶金过程

熔焊时，在焊接高温环境下，气体与液态金属、气体与熔渣、熔渣与液态金属之间发生了一系列复杂的物理化学反应，这个过程称为焊接化学冶金过程。该过程对焊接质量、焊缝金属的成分与性能都有很大的影响。与炼钢和铸造冶金过程相比，焊接冶金具有加热温度高、熔池体积小、液态金属停留时间短、冷却速度快等特点。

11.1.2.1 焊接化学冶金反应区

焊接化学冶金反应是在保护状态下分区域或分阶段连续进行的，它包括药皮反应区、熔滴反应区和熔池反应区（图11-3）。

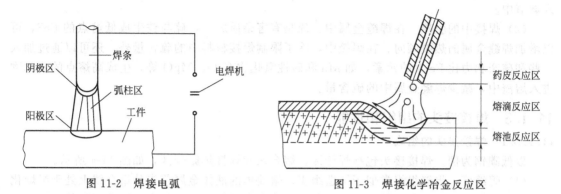

图11-2 焊接电弧　　　　　　图11-3 焊接化学冶金反应区

（1）药皮反应区　焊条药皮被加热后，随着加热温度的升高，药皮中发生水分蒸发，碳酸盐（$CaCO_3$、$MgCO_3$等）和高价氧化物（Fe_2O_3、MnO_2等）分解等反应，分解产生的CO_2、CO、O_2等气体对焊接区域形成了气体保护。

（2）熔滴反应区　在熔滴反应区中，虽然反应时间短，但因为温度高，液态金属与气体及熔渣的接触面积大，并有强烈的混合作用，所以冶金反应十分激烈，对焊缝成分的影响也最大。在这个区域主要发生的物理化学反应有气体的分解和溶解、金属的蒸发、金属及其合金的氧化与还原等。

（3）熔池反应区　与熔滴反应区相比，熔池温度比较低（1600～1900℃），比表面积小，反应时间长，所以熔池阶段的反应速度要比熔滴阶段小得多。由于熔池内的温度分布是前高后低，极不均匀，因此焊接冶金反应可以同时向相反的方向进行。此外，熔池中有强烈的搅拌运动，有助于加快反应速度，并为气体和夹杂物的排出创造了有利条件。

11.1.2.2 气相对焊缝金属的影响

焊接区内的气体主要来源于焊条药皮中的$CaCO_3$和$MgCO_3$等碳酸盐热分解产生的CO_2、CO、O_2等，起到隔离空气的保护作用。在电弧的高温下，这些含氧气体分解出氧原子，与焊缝金属发生氧化反应的反应式为

$$Fe+O \!=\!\!=\!\! FeO \qquad Si+2O \!=\!\!=\!\! SiO_2$$
$$Mn+O \!=\!\!=\!\! MnO \qquad C+O \!=\!\!=\!\! CO\uparrow$$

氧化反应的结果导致焊缝金属中Fe、Mn、Si、C等元素大量烧损，含氧量增加，使焊缝的强度、塑性、韧性等明显下降。所以，在焊接的后期阶段要对焊缝金属进行脱氧处理。

焊接中氮主要来源于空气。氮与铁反应生成针状的Fe_4N分布在焊缝金属中，使焊缝金属的强度、硬度升高，塑性、韧性下降。由于单靠冶金手段难以从焊缝金属中脱氮，所以在焊接中主要是对焊接区域加强保护，阻止空气的侵入。

焊接中氢主要来源于焊接材料中的水分。氢容易造成焊缝金属冷脆、白点、气孔和冷裂纹，尤其是对于高强钢的焊接，氢的危害极大。焊接此类金属材料时，焊接前要烘干焊接材料，清除坡口两侧的铁锈、油污、吸附水等；焊接时可选用低氢焊条；焊接后要立即进行脱氢热处理，以防止产生冷裂纹。

11.1.2.3 熔渣对焊缝金属的作用

在焊接过程中，熔渣除了有机械保护和改善焊缝成型的作用外，还起到焊接冶金的重要作用。使焊缝金属满足各种性能要求。

（1）焊接中的脱氧　在焊丝、焊剂或焊条药皮中加入某种对氧亲和力比Fe大的元素，

如 Mn、Si、Ti 等，使其与焊缝金属中的氧反应，生成的氧化物以渣的形式浮出液态金属进入熔渣中。

（2）焊接中的脱硫　在焊缝金属中，硫是有害杂质之一，硫与铁生成低熔点的 FeS，可以增加焊缝金属的热裂倾向。在焊接中，除了限制焊接材料中的硫含量外，还可以通过加入一些和硫亲和力比 Fe 大的元素，如 Mn 和碱性氧化物 CaO、MgO 等，生成高熔点的硫化物进入熔渣中，减少焊缝金属中的硫含量。

11.1.3　焊接接头的组织和性能

11.1.3.1　焊接接头的组成

以低碳钢为例，焊接接头包括焊缝区、熔合区和焊接热影响区，如图 11-4 所示。

（1）焊缝区　焊缝组织类似于铸造组织。熔池内的液体金属首先从熔合线上处于半熔化状态的晶粒表面开始结晶。晶粒沿着与散热最快方向的相反方向长大。因受到相邻正在长大的晶粒阻碍，焊缝组织为方向指向熔池中心粗大的柱状晶体，如图 11-5 所示。

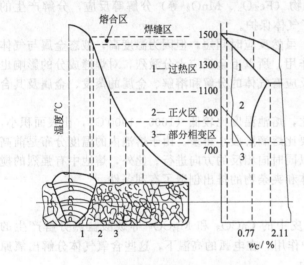

图 11-4　低碳钢焊接接头的组织变化
1—焊缝区；2—熔合区；3—热影响区

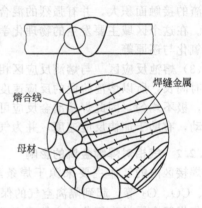

图 11-5　焊缝的柱状晶组织

（2）熔合区　它也称为半熔化区，是焊缝向热影响区过渡的区域。熔合区的化学成分及组织极不均匀，晶粒粗大，强度下降，塑性和冲击韧性很差。尽管熔合区的宽度不足 1mm。但它对焊接接头性能的影响很大。

（3）焊接热影响区　受焊接加热源的影响，焊缝附近母材组织和性能发生变化的区域称为焊接热影响区。它包括过热区、正火区和部分相变区等。

① 过热区　指加热温度范围在 1100℃至固相线之间的区域。由于加热温度高，奥氏体晶粒严重长大，冷却后呈现为晶粒粗大的过热组织。该区的塑性，尤其是冲击韧性很低，是热影响区中性能最差的部位。

② 正火区　加热温度范围在 A_{c3}～1100℃ 的区域。由于金属发生了重结晶，空冷后得到均匀细小的铁素体和珠光体的正火组织，故该区也称为相变重结晶区或细晶区，是热影响区中综合力学性能最好的区域。

③ 部分相变区　加热温度范围在 A_{c1}～A_{c3} 之间的区域。因为该区只有部分金属发生了重结晶，冷却后可获得细化的铁素体和珠光体。未发生转变的铁素体则因晶粒长大而得到粗

大的铁素体，故该区称为部分相变区。因该区的晶粒大小不一，故其力学性能也就相对较差。

在焊接过程中，焊接接头的热影响区是不可避免的，热影响区的宽度主要取决于焊接方法和焊接规范。为了提高焊接质量，希望热影响区越小越好。

11.1.3.2 改善焊接接头组织性能的方法

改善焊接热影响区性能比较好的方法是对焊接构件焊后进行正火热处理，以均匀组织，细化晶粒，改善焊接接头的性能。如果用焊条电弧焊或埋弧自动焊焊接低碳钢，因材料塑性好，焊后不进行热处理就能保证使用。但焊接中碳合金钢结构时，焊后必须进行热处理。对于一些焊后不能进行热处理的焊接结构，可通过选择正确的焊接方法，制定合理的焊接工艺等措施来减小焊接热影响区，如采用小电流焊接、提高焊接速度、采用多层多道焊接等。

11.2　焊接成型方法

焊接方法的种类很多，按照焊接过程的物理特征可分为熔焊、压焊和钎焊三大类。金属常用的焊接方法分类如图 11-6 所示。

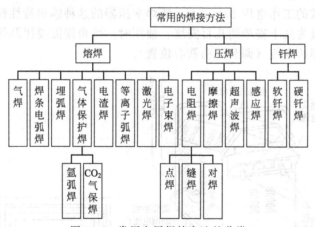

图 11-6　常用金属焊接方法的分类

11.2.1　熔化焊

熔化焊（简称熔焊）是利用外加热源使焊件局部加热至熔化状态，一般可同时熔入填充金属，然后冷却结晶成一体的焊接方法。熔化焊的加热温度较高，焊件容易变形。但接头表面的清洁程度要求不高，操作方便，适用于各种常用金属材料的焊接，应用较广。熔化焊包括气焊、焊条电弧焊、埋弧焊和电渣焊等。

11.2.1.1 焊条电弧焊

焊条电弧焊又称为手工电弧焊，它是利用焊条与焊件之间电弧产生的热量，将焊件和焊条熔化，冷却凝固后形成牢固接头的一种焊接方法。

焊条电弧焊设备简单，操作灵活，适应性强，配用相应的焊条可用于大多数碳钢、合金钢、不锈钢、铸铁等金属材料的焊接。但焊条电弧焊生产效率低，劳动条件较差。随着埋弧自动焊、气体保护焊等先进熔焊方法的普及，焊条电弧焊占的比例逐年减少，但目前仍是应用最广泛的焊接方法。

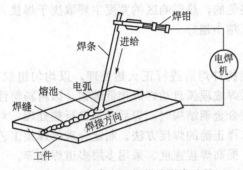

图 11-7　焊条电弧焊焊缝形成过程

（1）焊接过程　焊条电弧焊焊缝的形成过程如图 11-7 所示。焊接时，将焊条与焊件接触短路，接着将焊条提起约 3mm 引燃电弧。电弧的高温将焊条末端与焊件局部熔化，熔化了的焊件和焊条熔滴融合在一起形成金属熔池，同时焊条药皮熔化并发生分解反应，产生大量的气体和液态熔渣，不仅起到隔离周围空气的作用，而且与液态金属发生一系列的冶金反应，保证了焊缝的化学成分及性能。随着焊条不断地向前移动，焊条后面被熔渣覆盖的液态金属逐渐冷却凝固，最终形成焊缝。

（2）焊接设备　为焊接电弧提供电能的设备叫电焊机。焊条电弧焊焊机有交流电焊机和直流电焊机两大类。

① 交流电焊机　交流电焊机又称弧焊变压器，是一种特殊的降压变压器。弧焊变压器有抽头式、动铁式和动圈式三种，图 11-8 是 BX 型动铁式弧焊变压器外形及原理图。变压器的一次电压为 220V 或 380V，二次空载电压为 60～80V。焊接时，二次电压会自动下降到电弧正常燃烧所需的工作电压 20～35V，弧焊变压器的这种输出特性称为下降外特性。交流电焊机的输出电流为几十安培到几百安培，使用时，可根据需要粗调焊接电流（改变二次线圈抽头）或细调焊接电流（调节活动铁心位置）。

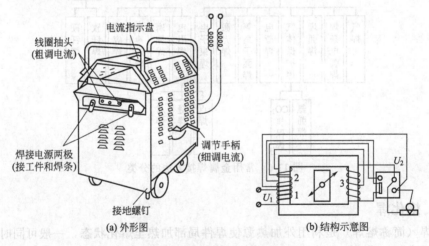

（a）外形图　　　　　　　　　（b）结构示意图

图 11-8　动铁式交流电焊机

1——次线圈；2,3—二次线圈

交流电焊机具有结构简单、维修方便、体积小、重量轻、噪声小等优点，应用比较广泛。

② 直流电焊机　直流电焊机有发电机式、硅整流式、晶闸管式和逆变式等几种。其中发电机式的结构复杂，噪声大，效率低，现在已经被淘汰。硅整流式和晶闸管式弥补了交流弧焊机电弧稳定性较差和弧焊发电机效率低、噪声大等缺点，能自动补偿电网电压波动对输出电压、电流的影响，并可以实现远距离调节焊接电流，但目前这两种焊接电源在生产中正

被逐步淘汰。

逆变式直流电焊机是把 50Hz 的交流电经整流后，由逆变器转变为几万赫兹的高频交流电，经降压、整流后输出供焊接用的直流电。图 11-9 是逆变式直流电焊机原理方框图。逆变式直流电焊机体积小，质量轻，整机质量仅为传统电焊机的 1/5～1/10；效率高达 90％以上。另外，逆变式直流电焊机容易引弧，电弧燃烧稳定，焊缝成型美观，飞溅少，是一种比较理想的焊接电源。

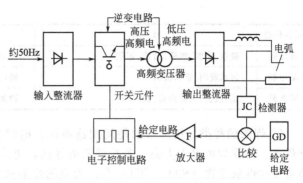

图 11-9 逆变式直流电焊机原理方框图

由于电弧产生的热量在阳极和阴极上有一定差异，因此在使用直流电焊机焊接时，有正接和反接两种接线方法（图 11-10）。将焊件接电源正极、焊条接负极，称为正接，主要用于厚板的焊接；将焊件接电源负极、焊条接正极，称为反接法，适用于薄钢板焊接和低氢焊条的焊接。

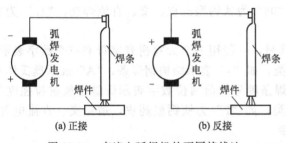

图 11-10 直流电弧焊机的不同接线法

（3）电焊条

① 电焊条的组成 电焊条由金属焊芯和药皮两部分组成。

a. 焊芯 焊芯在焊接时既是电极，又是填充金属，与熔化的母材共同形成焊缝。为了保证焊缝质量，焊芯都是专门冶炼的焊接材料用钢，其特点是碳质量分数低，S、P 杂质含量极少。常用的结构钢焊条焊芯牌号为 H08、H08A 和 H08MnA，其中"H"是"焊"字的汉语拼音字头，表示焊接用钢丝，"08"表示碳的平均质量分数为 0.08％；"A"表示高级优质钢。不锈钢焊条则用不锈钢焊丝作焊芯。

焊芯的直径称为焊条直径，焊芯的长度就是焊条的长度。常用的焊条直径有 2.0mm、2.5mm、3.2mm、4.0mm 和 5.0mm 等，焊条长度一般在 250～450mm 之间。

b. 焊条药皮 焊条药皮由矿石粉、铁合金粉和黏结剂等原材料按一定的比例配制而成。在焊接过程中，焊条药皮可起到稳定电弧燃烧、阻止液态金属与空气接触、进行焊接冶金反应、去除焊缝有害元素、添加有用合金元素和使焊缝成型美观等作用。表 11-1 是焊条药皮主要原料的种类、名称和作用。

表 11-1 焊条药皮主要原料的种类、名称和作用

原料种类	原 料	作 用
稳弧剂	碳酸钾、碳酸钠、硝酸钾、重铬酸钾、大理石、长石、水玻璃	在电弧高温下易产生钾、钠等离子，帮助电子发射，有利于引弧和使电弧稳定燃烧
造渣剂	钛铁矿、赤铁矿、锰矿、金红石、花岗石、长石、大理石、萤石	焊接时形成熔渣，对液态金属起保护作用，碱性渣 CaO 还可起脱硫，磷作用
造气剂	淀粉、木屑、纤维素、大理石	造成一定量的气体，隔绝空气，保护焊接熔滴与熔池
脱氧剂	锰铁、硅铁、钛铁、铝铁、石墨	对熔池金属起脱氧作用，锰还具有脱硫作用

续表

原料种类	原料	作用
合金剂	硅铁、铬铁、钒铁、锰铁、钼铁	使焊缝金属获得必要的合金成分
黏结剂	钾水玻璃、钠水玻璃	将药皮牢固地粘在钢芯上
稀渣剂	萤石、长石、钛白粉、钛铁矿	增加熔渣流动性，降低熔渣黏度

② 焊条的种类　按焊条的使用用途不同，电焊条分为结构钢焊条、不锈钢焊条、耐热钢焊条、铸铁焊条等十大类；若按熔渣的性质，电焊条可分为酸性焊条和碱性焊条两大类。熔渣以酸性氧化物（SiO_2、TiO_2 等）为主的焊条称为酸性焊条；熔渣以碱性氧化物（CaO、MgO 等）和氟化钙（CaF_2）为主的焊条称为碱性焊条。对于同一强度级别的焊条，用碱性焊条焊接的焊缝金属的塑性和韧性比较高，适用于对焊缝塑性、韧性要求高的重要焊接结构。但碱性焊条的焊接工艺性不及酸性焊条，用碱性焊条焊接时，对焊件的表面清理要求也比较高。

③ 焊条的型号和牌号　焊条型号是国家标准中的焊条代号，用"E"加四位数字表示，如 E4303、E5015 等。"E"表示焊条，前两位数字表示熔敷金属抗拉强度的最小值；第三位数字表示焊条的焊接位置，如"0"及"1"表示焊条适用于全位置焊接；第三和第四位数字组合时表示焊接电流种类及药皮类型，如"03"为钛钙型药皮，交、直流焊接；"15"为低氢钠型药皮，直流反接。

焊条牌号是我国焊条行业统一的焊条代号，一般用一个大写拼音字母和三个数字表示，如 J422、J507 等。拼音字母表示焊条的大类，如"J"表示结构钢焊条，"A"表示奥氏体不锈钢焊条，"Z"表示铸铁焊条等。结构钢焊条牌号的前两位数字表示焊缝金属抗拉强度等级，最后一个数字表示药皮类型和电流种类，如"2"为钛钙型药皮，适用交、直流电源；"7"为低氢钠型药皮，应采用直流反接焊接。

几种常用的结构钢焊条型号与牌号对照见表 11-2。

表 11-2　几种常用的结构钢焊条型号与牌号对照

型号	牌号	药皮类型	电流种类	主要用途	焊接位置
E4303	J422	钛钙型	交流或直流	焊接低碳钢和同等强度的低合金钢结构	全位置焊接
E5016	J506	低氢钾型	交流或直流反接	焊接较重要的中碳钢和同等强度的低合金钢结构	全位置焊接
E5015	J507	低氢钠型	直流反接	焊接较重要的中碳钢和同等强度的低合金钢结构	全位置焊接

④ 焊条的选用　焊条的选用原则是要求焊缝与母材具有相同水平的使用性能。焊接结构钢时，一般是根据母材的抗拉强度，按"等强度"原则选用焊条。对焊缝力学性能要求较高，尤其是受交变载荷的重要焊接构件，应选用低氢型碱性焊条。对于不锈钢、耐热钢的焊接，应根据母材的化学成分类型，选择相同成分类型的焊条，以保证焊缝金属的主要化学成分与母材相同。

（4）焊接工艺

① 焊缝的空间位置　根据焊缝所处空间位置的不同，可分为平焊、立焊、横焊和仰焊，如图 11-11 所示。不同位置的焊缝施焊难易程度不同。平焊操作最方便，易保证焊接质量，应尽可能采用。立焊、横焊和仰焊时，熔池中的熔渣和液态金属有流淌趋势，施焊较为困难。这时应选用小直径的焊条，采用较小的焊接电流和短弧操作等工艺措施。

② 焊接参数　焊条电弧焊主要的焊接参数有焊条直径、焊接电流和焊接速度等。

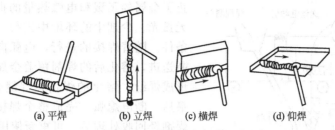

(a) 平焊　　　(b) 立焊　　　(c) 横焊　　　(d) 仰焊

图 11-11　焊缝的空间位置

a. 焊条直径　焊条直径一般是根据焊件的厚度选择（表 11-3）。为了提高生产率，应尽量选用直径较大的焊条。但焊条直径过大，易造成未焊透或焊缝成型不良等缺陷。对于多层焊的第一层或非平焊位置的焊接，应选用较小直径的焊条。

表 11-3　焊条直径的选择

焊件厚度/mm	≤4	4～12	>12
焊条直径/mm	不超过焊件厚度	3.2～4	≥4

b. 焊接电流　焊接电流的大小对焊接质量和生产效率有较大的影响。电流过大易发生咬边、烧穿等缺陷；电流过小则电弧不稳，并会造成未焊透、夹渣等缺陷，而且生产效率低。焊接电流一般是先根据焊条的直径选取，焊接电流 I（A）与焊条直径 d（mm）的经验关系式为

$$I = (30 \sim 60)d \tag{11-1}$$

在焊接时，还应根据焊件的厚度、接头形式、焊接位置、焊条种类等因素在式（11-1）的基础上灵活调整。总之，应在保证焊接质量的前提下，尽量采用较大的焊接电流，以提高生产效率。

c. 焊接速度　焊接速度过快，易使焊缝熔深浅，焊缝宽度窄或出现夹渣、未焊透等缺陷；若焊速过慢，易使薄的焊件烧穿。一般是在保证焊透且焊缝成型良好的前提下，应尽可能采用快速焊接。

11.2.1.2　埋弧自动焊

埋弧焊是一种电弧在颗粒状焊剂层下燃烧的熔焊方法。焊接时，焊剂输送、电弧引燃、焊丝送给、电弧移动以及焊接结束时的收尾等几个动作完全是由机械自动完成的，所以称其为自动焊。

埋弧焊是一种高效的机械化焊接方法，单丝埋弧焊可一次焊透 20mm 以下不开坡口的钢板，焊速可达 30～50m/h，焊接质量好而且稳定。

埋弧自动焊只能在平焊或倾斜度不大的位置上进行焊接，特别适合于中厚板结构的长直焊缝和较大直径的环形焊缝的焊接，被广泛用于锅炉与压力容器、石油化工、造船、重型机械、桥梁等机械制造工业中。

（1）焊接过程　埋弧自动焊的焊接过程如图 11-12 所示。焊接时，送丝机构送进焊丝使之与焊件接触，焊剂通过软管均匀撒落在焊缝上，掩盖住焊丝和焊件接触处。通电以后，向上抽回焊丝而引燃电弧。电弧在焊剂层下燃烧，使焊丝、焊件接头和部分焊剂熔化，形成一个较大的熔池，并进行冶金反应。电弧周围的颗粒状焊剂被熔化成熔渣，少量焊剂和金属蒸发形成蒸气，在蒸气压力作用下，气体将电弧周围的熔渣排开，形成一个封闭的熔渣泡。它有一定的黏度，能承受一定的压力。因此，被熔渣泡包围的熔池金属与空气隔离，同时也防

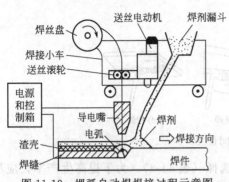

图 11-12　埋弧自动焊焊接过程示意图

止了金属的飞溅和电弧热量的损失，并使焊接在无弧光、少烟尘的环境中进行，大大改善了劳动条件。随着焊接的进行，电弧向前移动，焊丝不断送进，熔化后的焊剂覆盖金属并逐渐冷却凝固形成焊缝，熔化的焊剂在焊缝金属上形成渣壳。最后，断电熄弧，完成整个焊接过程。未熔化的焊剂经回收处理后，可重新使用。

（2）焊接材料　埋弧焊的焊接材料有焊丝和焊剂。

① 焊丝　埋弧焊的焊丝直径一般为 2～6mm，除了作电极和填充材料外，还可以起到渗合金、脱氧、去硫等冶金作用。

② 焊剂　焊剂的作用相当于焊条药皮，在焊接过程中起稳弧、保护、脱氧、渗合金等作用。埋弧焊焊剂分为熔炼焊剂和非熔炼焊剂两大类。熔炼焊剂具有强度高、化学成分均匀、不易吸潮等优点，应用比较广泛。非熔炼焊剂分烧结焊剂和黏结焊剂两大类。非熔炼焊剂是用矿石、铁合金和黏结剂按一定的比例配制，做成小颗粒状，经高温或低温烘干而成的。这类焊剂易向焊缝金属中补充或添加合金元素，焊缝质量高，但颗粒强度较低，容易吸潮。

为了保证埋弧焊焊缝金属的化学成分和力学性能与被焊金属相近，必须对焊丝与焊剂进行合理的搭配。如焊接低碳钢时，常用 H08A 或 H08MnA 焊丝和 HJ431 熔炼焊剂。

（3）焊接工艺　埋弧焊是自动焊接，对下料、坡口准备和装配等的要求比较高。焊接前，应清除坡口及两侧 50～60mm 内的一切油垢和铁锈，以避免产生气孔。

埋弧焊一般在平焊位置焊接，用来焊接对接和 T 形接头的长直线焊缝。对接厚 20mm 以下工件时，可以采用单面焊接。如果设计上有要求（如锅炉与容器），也可双面焊接。工件厚度超过 20mm 时，可进行双面焊接，或采用开坡口单面焊接。由

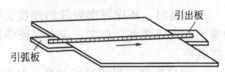

图 11-13　埋弧焊的引弧板与引出板

于引弧处和断弧处质量不易保证，焊前应在接缝两端焊上引弧板与引出板（图 11-13），焊后再去掉。为了保持焊缝成型和防止烧穿，生产中常采用各种类型的垫板，如焊剂衬垫、陶瓷衬垫或水冷铜块衬垫（图 11-14），或者先用焊条电弧焊封底，一次即可成型。

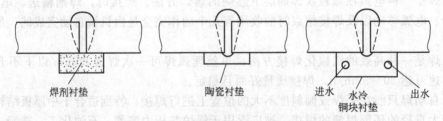

图 11-14　埋弧自动焊焊缝的背面衬垫

焊接筒体对接焊缝时（图 11-15），工件以一定的焊接速度旋转，焊丝位置不动。为防止熔池金属流失，焊丝位置应逆旋转方向偏离焊件中心线一定距离 a，其大小视筒体直径与焊接速度等而定。

11.2.1.3　气体保护焊

用外加气体作为电弧和焊接区域保护介质的焊接方法称为气体保护焊，简称气保焊。常用于焊接的保护气体有惰性气体（氩气）和二氧化碳气体。

（1）氩弧焊 氩弧焊是使用氩气作为保护气体的一种焊接方法。因为氩气是惰性气体，在焊接高温下，氩气不溶于液态金属，也不与金属发生化学反应，是一种比较理想的保护气体，可用于焊接化学性质活泼的金属，如不锈钢、铝、钛等，并能获得高质量的焊缝。

氩弧焊按电极的材料不同，可分为不熔化极（钨极）氩弧焊和熔化极氩弧焊，如图11-16所示。根据使用的焊接电源种类不同，又分为直流氩弧焊和交流氩弧焊。

钨极氩弧焊（简称TIG焊）是用熔点很高的铈钨棒作电极，焊接时电极不熔化，只起到产生电弧的作用。受电极所能通过电流的限制，焊接电流不能太大，焊接速度也不高，通常只适于焊接厚度小于6mm的薄板。

钨极氩弧焊一般需要另加焊丝作为填充金属，焊丝可以采用与母材相同的金属材料。焊接低合金钢、不锈钢、钛合金和纯铜等材料时，一般采用直流正

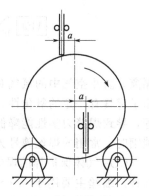

图11-15 筒体环缝埋弧自动焊示意图

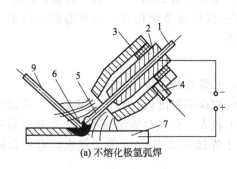
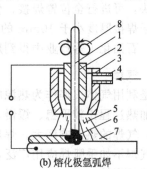

图11-16 氩弧焊示意图
1—焊丝或电极；2—导电嘴；3—喷嘴；4—进气管；
5—氩气流；6—电弧；7—焊件；8—送丝轮；9—焊丝

接法。焊接铝、镁及其合金时，需要采用交流电源。当焊件处于交流电的正半周时，电极温度低，可减少其损耗；当焊件处于交流电的负半周时，利用"阴极破碎"效应，用Ar正离子轰击熔池的表面，将熔池表面形成的高熔点氧化物（Al_2O_3、MgO）薄膜击碎而去除，使焊接能顺利进行，并保证了焊接质量。

氩弧焊的主要优点是焊缝质量高，成型美观，明弧可见，可进行全位置焊接。氩弧焊可用于几乎所有金属和合金的焊接，但由于氩气较贵，焊接成本高，通常多用于焊接化学活泼性强、易氧化的非铁金属（如铝、镁、钛、铜及其合金），以及不锈钢、耐热钢等。

（2）CO_2气体保护焊 CO_2气体保护焊是用CO_2作为保护气体，焊丝作电极和填充金属，以半自动和自动两种方式进行焊接的气体保护焊，简称CO_2焊，如图11-17所示。

CO_2气体保护焊的控制程序如图11-18所示，所有运行过程都由CO_2电焊机的控制系统自动完成。

CO_2气体的保护作用主要是使焊接区与空气

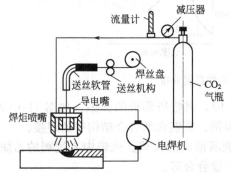

流量计 减压器
送丝软管
导电嘴
焊丝盘
送丝机构
CO_2气瓶
焊炬喷嘴
电焊机

图11-17 二氧化碳气体保护焊示意图

图 11-18　CO_2 气体保护焊控制程序方框图

隔离，防止空气中的氮气对熔化金属的侵害。但是，CO_2 气体和在电弧高温下分解出的氧原子都具有一定的氧化性，在焊接过程中使焊缝金属氧化、合金元素烧损、产生飞溅和气孔等，导致焊缝力学性能降低，因此需要在焊丝中加入足够量的锰、硅等脱氧元素，如焊接低碳钢时，常用的焊丝牌号为 H08Mn2SiA。

CO_2 气体保护焊的焊丝直径不同，分为细丝（直径＜1.2mm）和粗丝（直径＞1.2mm）两种。细丝主要用于 0.8～4mm 的薄板焊接；粗丝主要用于 3～25mm 的中厚板焊接。受 CO_2 气体保护熔滴过渡和冶金反应的影响，焊接时液态金属的飞溅比较大，使焊缝表面成型较差，并破坏了焊接的稳定性。焊接电流越大，飞溅越严重。所以，目前 CO_2 气体保护焊主要以细丝 CO_2 气体保护焊为主。

CO_2 气体保护焊的主要优点是焊接质量高，抗锈能力强，焊后不需清渣，焊接成本低，焊接速度快，可进行全位置焊接，生产率比焊条电弧焊提高 1～3 倍。目前，CO_2 气体保护焊主要用于焊接厚度小于 10mm 的低碳钢和一些低合金钢构件，已在造船、汽车、机车车辆、机械、石油化工等行业中得到广泛的应用。

11.2.1.4　气焊

气焊是利用气体火焰作为热源的焊接法，最常用的是氧-乙炔焊。

气焊加热过程比较平稳、缓慢，这因为气焊火焰温度低，热量不够集中，所以生产率不高。另外，气焊的热影响区大，焊后工件变形较大，火焰对熔池保护差，焊接质量不高。因此，目前气焊不如手弧焊应用广泛，主要用于焊接厚度＜3mm 的薄钢板、有色金属及其合金以及铸铁的焊补。

（1）氧-乙炔焰　乙炔与氧混合燃烧所形成的火焰，由焰心、内焰和外焰三部分组成，距内焰末端 2～4mm 处温度最高，可达 3150℃，此处为焊接区。根据氧与乙炔体积的混合比例，火焰分为中性焰、碳化焰和氧化焰三种。如图 11-19 所示。

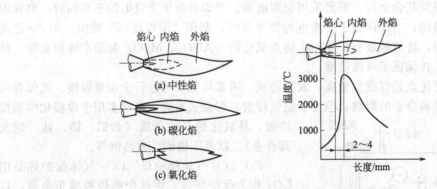

图 11-19　氧-乙炔焰及中性焰的温度分布

①　中性焰　当氧与乙炔体积混合比为 1.1～1.2 时，燃烧所形成的火焰，如图 11-19 所示。这种火焰对焊件无化学反应，应用最广。用于碳钢、紫铜和低合金结构钢的焊接。

②　碳化焰　当氧与乙炔的混合比＜1.1 时，燃烧所形成的火焰。火焰中有过剩的乙炔，燃烧不完全。适用于焊接高碳钢、铸铁、硬质合金与镁合金等。

③　氧化焰　当氧与乙炔的混合比＞1.2 时，燃烧所形成的火焰。火焰中有过量的氧，

对熔池金属有强烈的氧化作用，适合于焊接黄铜和镀锌铁板。

（2）气焊设备 气焊所用设备有氧气瓶（涂天蓝色）、乙炔瓶（涂白色）、减压器和焊炬（焊枪）等。这些设备用软管连接，形成工作系统，如图11-20所示。

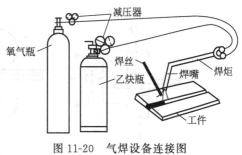

图11-20 气焊设备连接图

（3）气焊工艺 气焊焊缝按空间位置也分为平、横、立、仰四种，接头类型以对接为主。焊接低碳钢用的焊丝为普通的低碳钢丝，不用焊剂（药）。其焊接工艺要点如下。

① 确定乙炔的消耗量 焊接碳钢时，按下列公式计算

$$V = (100 \sim 150)\delta$$

V 为乙炔消耗量，L/h；δ 为钢板厚度，mm。

计算出乙炔消耗量后，可选择相应的焊炬及其焊嘴号。

② 施焊方法 按焊炬与焊丝沿焊缝移动方向的不同，分为左焊法和右焊法。

左焊法是焊丝与焊炬同时向左移动，火焰指向待焊部分的操作方法。这种方法操作者便于观察熔池与焊件表面的加热情况，但热量散失大，冷却较快，焊缝易氧化，适用于焊接5mm以下的薄钢板和低熔点的金属。

右焊法是焊丝与焊炬同时向右移动，火焰指向已焊部分的操作方法。此法对熔池保护好，焊缝冷却缓慢，热量利用率高。但是不易掌握，主要用于焊接厚度为5mm以上的钢结构焊件。

11.2.2 压力焊

压力焊（简称压焊）是对焊件加热（或不加热）并施压，使其接头处紧密接触并产生塑性变形，从而形成原子间结合的焊接方法。压力焊只适用于塑性较好的金属材料的焊接。压力焊包括电阻焊、摩擦焊、超声波焊等。

11.2.2.1 电阻焊

电阻焊是利用电流通过焊接接头的接触面时产生的电阻热将焊件局部加热到熔化或塑性状态，在压力下形成焊接接头的压焊方法。因为工件的总电阻很小，所以电阻焊一般是在低电压（<6V）、大电流（$10^3 \sim 10^4$ A）、交流电的条件下进行焊接，这样可以在极短的时间内（0.01s至几秒）将焊件加热到所需要的焊接温度。

与其他焊接方法相比较，电阻焊的特点是焊接速度快，效率高，变形小，操作简便，劳动条件好，并易实现自动化等；但电阻焊设备功率大，对焊接接头的形式和焊件的厚度有一定的限制。

电阻焊可分为点焊、缝焊和对焊，如图11-21所示。

（1）点焊 点焊是将搭接的焊件压在两个柱状电极之间，利用电阻热将焊件之间接触处局部熔化，冷却后形成一个焊点，如图11-22所示。

点焊时，先施加一定的压力使两个工件紧密接触，然后再接通电流。由于在整个焊接回路中，两工件接触处的电阻最大，因此电流流过接触处时所产生的电阻热将使该处温度迅速升高，局部金属被熔化形成液态熔核，其周围的金属则处于塑性状态。断电后，继续保持压力或加大压力，使熔核在压力下凝固结晶，即可获得组织致密的焊点。在电极与工件间的接触处，所产生的热量被导热性好的铜电极及冷却水带走，因此电极与工件之间不会出现焊合

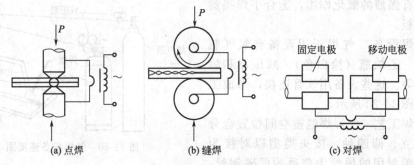

图 11-21　电阻焊种类

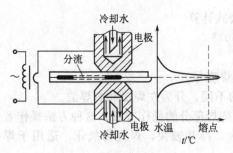

图 11-22　点焊示意图

现象。

点焊焊缝一般由若干个不连续的焊点所组成。每焊完一个点，在焊接下一个焊点时，有一部分电流就会流过已焊好的焊点，称为分流现象（图 11-22）。分流将使焊接处的电流减小，影响焊接质量，因此两个相邻焊点之间应有一定的距离。工件厚度越大，材料导电性越好，则分流现象越严重，这时两点之间的距离应加大。表 11-4 是不同金属材料和不同厚度时，焊点间的最小距离。

影响点焊质量的主要因素有电极压力、焊接电流、通电时间以及焊件表面状态等。

表 11-4　点焊时焊点间的最小距离

工件厚度/mm	焊点直径/mm	点距/mm		
		碳钢、低合金钢	不锈钢、耐热钢	铝合金、镁合金及铜合金
0.5	3.0~4.0	10	7	11
0.8	3.5~4.5	11	9	13
1.0	4.5~5.0	12	10	15
2.0	7.0~8.5	18	14	22
3.0	9.0~10.5	24	18	30

① 电极压力　电极压力应保证工件能紧密接触顺利通电。工件厚度越大，材料高温强度越高（如耐热钢），电极的压力也应越大。但压力过大将使焊件接触电阻下降，热量减少，造成焊点强度不足，也使焊点压坑过深；电极压力过小，则极间接触不良，并会出现飞溅、烧穿等缺陷。

② 焊接电流　电流偏低会造成熔深过小，甚至可能造成未焊透；若焊接电流过大，则容易引起烧穿，并有金属飞溅。

③ 通电时间　通电时间对点焊质量的影响与焊接电流的影响相似。另外，根据焊接电流大小和通电时间的长短，常把点焊焊接规范分为硬规范和软规范。硬规范是指在较短时间内通以较大的电流，这时焊件变形小，生产效率高，但要求设备功率大，焊接规范控制精确，适合焊接导热性能较好的金属；软规范是指在较长时间内通以较小的电流，适合用功率小的设备焊接较厚的焊件，更适合焊接有淬硬倾向的金属。

④ 焊件的表面状态　焊件的表面状态对焊接质量影响很大。若焊件表面有氧化膜、油污等杂质，将使焊件间的电阻显著增大，甚至存在局部不导电的现象。因此，点焊前必须对焊件进行酸洗、喷砂或打磨处理。

点焊是一种高速、经济的焊接方法，主要用于厚度在 4mm 以下薄板冲压壳体结构及线材的焊接，可焊接低碳钢、不锈钢、铝合金及铜合金等材料。目前，点焊已广泛用于制造汽车、飞机、火车车厢、仪器仪表、家电等行业。

(2) 缝焊　缝焊的焊接过程与点焊相似，只是用转动的圆盘状电极取代点焊时所用的柱状电极，如图 11-21 (b) 所示。焊接时，圆盘状电极压紧焊件并转动，依靠摩擦力带动焊件向前移动，配合断续通电，形成许多连续并彼此重叠的焊点，焊点相互重叠 50% 以上。

缝焊在焊接过程中分流现象严重，一般只适用于焊接 3mm 以下的薄板焊件。

缝焊件表面光滑美观，气密性好。目前主要用于制造要求密封性的薄壁结构，如油箱、小型容器和管道等。

(3) 对焊　对焊是利用电阻热使两个工件在整个接触面上焊接起来的一种方法，如图 11-23 所示。根据焊接操作方法的不同又可分为电阻对焊和闪光对焊。

① 电阻对焊　将两个工件装夹在对焊机的电极钳口中，施加预压力使两个工件端面接触，并被压紧，然后通电。当电流通过工件和接触端面时产生电阻热，将工件接触处迅速加热到塑性状态（碳钢为 1000~1200℃），再对工件施加较大的顶锻力并同时断电，使高温断面产生一定的塑性变形而焊接起来［图 11-23 (a)］。

电阻对焊操作简单，接头比较光滑，但焊前应认真加工和清理端面，否则易造成加热不匀、连接不牢的现象。此外，高温端面易发生氧化，质量不易保证。

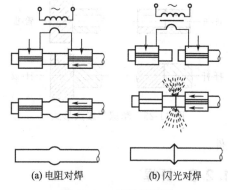

(a) 电阻对焊　　　　(b) 闪光对焊

图 11-23　对焊示意图

② 闪光对焊　将两个焊件装夹在对焊机电极的钳口内，但两焊件不接触。这时应先加上电压，再逐渐移动被焊工件，使之轻微接触。由于工件表面不平，接触点比较少，当电流通过这点时电流密度很大，致使接触点金属被迅速熔化、蒸发、爆破，以火花状射出，形成"闪光"现象。经多次闪光加热后，焊件端面达到均匀半熔化状态，同时多次闪光把端面上的氧化物也清理干净，这时断电并迅速对焊件加压顶锻，即可形成焊接接头［图 11-23 (b)］。

在闪光对焊的焊接过程中，工件端面的氧化物和杂质，一部分被闪光光花带出，另一部分在最后加压时随液态金属挤出，因此接头中夹渣少，质量好，强度高。闪光对焊的缺点是金属损耗较大，闪光火花易污染其他设备与环境，接头处焊后有毛刺需要加工清理。

闪光对焊常用于对重要工件的焊接，可焊相同金属件，也可焊接一些异种金属（铝-铜、铝-钢等）件。被焊工件直径可小到 0.01mm 的金属丝，也可以是断面大到 20000mm² 的金属棒和金属型材。它主要用于钢筋、锚链、导线、车圈、钢轨等的焊接生产。

11.2.2.2　摩擦焊

摩擦焊是利用工件间相互摩擦产生的热量，同时加压而进行焊接的方法。

图 11-24 是摩擦焊示意图。先将两焊件夹在焊机上，加一定压力使焊件紧密接触。然后焊件作旋转运动，使焊件接触面相对摩擦产生热量，待工件端面被加热到高温塑性状态时，

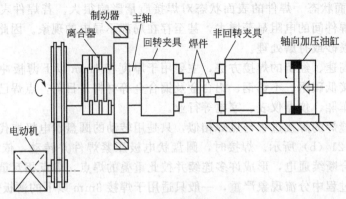

图 11-24　摩擦焊示意图

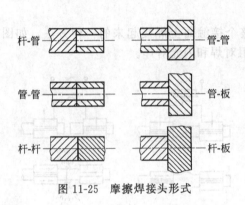

图 11-25　摩擦焊接头形式

利用刹车装置使左端焊件骤然停止旋转，并在焊件的端面加大压力使两焊件产生塑性变形而焊接起来。

摩擦焊接头一般是等断面的棒料或管类零件的对接，特殊情况下也可以是不等断面的，但至少有一个焊件为圆形或管状。图 11-25 为摩擦焊可用的接头形式。

摩擦焊适用于同种或异种金属的对接，如碳素钢-合金钢、铝-铜、铝-钢等，可焊直径为 2～100mm 以上的实心焊件和外径达几百毫米的管类件。

11.2.3　钎焊

钎焊是利用熔点比焊件低的钎料作填充金属，加热时钎料熔化而将焊件连接起来的焊接方法。

钎焊的过程：将表面清理好的工件以搭接形式装配在一起，把钎料放在接头间隙附近或接头间隙之间。当工件与钎料被加热到稍高于钎料的熔点温度后，钎料熔化（此时工件不熔化），借助毛细管作用钎料被吸入并充满固态工件间隙，液态钎料与工件金属相互扩散溶解，冷凝后即形成钎焊接头。

根据钎料熔点的不同，钎焊可分为硬钎焊和软钎焊两大类。

11.2.3.1　硬钎焊

硬钎焊是使用熔点高于 450℃ 的钎料进行的钎焊。常用的硬钎焊的钎料有铜基、银基、铝基合金。硬钎焊接头强度较高（＞200MPa），工作温度也较高，常用于焊接受力较大或工作温度较高的焊件，如车刀上硬质合金刀片与刀杆的焊接等。

11.2.3.2　软钎焊

软钎焊是使用熔点低于 450℃ 的钎料进行的钎焊。常用的软钎料有锡-铅合金和锌-铝合金。软钎焊接头强度低，一般不超过 70MPa。用于无强度要求的焊件，如各种仪表中线路的焊接等。

钎焊构件的接头形式都采用板料搭接和套件镶接，图 11-26 是钎焊几种常见的形式。这些接头都有较大的钎接面，以弥补钎料强度低的不足，保证接头有一定的承载能力。接头之间应有良好的配合和适当的间隙。间隙太小，会影响钎料的渗入与湿润，达不到全部焊合；间隙太大，不仅浪费钎料，而且会降低钎焊接头强度。因此，一般钎焊接头间隙值取 0.05～0.2mm。

在钎焊过程中，一般都需要使用熔剂，即钎剂。其作用是：清除被焊金属表面的氧化膜及其他杂质，改善钎料流入间隙的性能（即湿润性），保护钎料及焊件不被氧化。因此，对钎焊质量影响很大。软钎焊时，常用的钎剂为松香或氯化锌溶液。硬钎焊钎剂的种类较多，主要由硼砂、硼酸、氟化物、氯化物等组成，应根据钎料种类选择应用。

钎焊的加热方法有烙铁加热、火焰加热、电阻加热、感应加热、炉内加热、盐浴加热等，可根据钎料种类、工件形状及尺寸、接头数量、质量要求与生产批量等综合考虑选择。其中烙铁加热温度低，一般只适用于软钎焊。

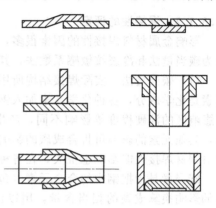

图 11-26 钎焊的接头形式

与一般焊接方法相比，钎焊只需填充金属熔化，因此焊件加热温度较低，焊件的应力和变形较小，对材料的组织和性能影响较小，易于保证焊件尺寸。钎焊还可以连接不同的金属，或金属与非金属的焊件，设备简单。钎焊的主要缺点是接头强度较低，钎焊接头工作温度不高，钎焊前对焊件的清洗和装配工作都要求较严。此外，钎料价格高，因此钎焊的成本较高。

钎焊适宜于小而薄且精度要求高的零件，广泛应用于机械、仪表、电机、航空、航天等部门。

11.3 金属材料的焊接

11.3.1 金属材料的焊接性

11.3.1.1 焊接性的概念

金属材料的焊接性，是指金属材料在一定的焊接工艺条件下，获得优质焊接接头的难易程度。

金属材料焊接性不是一成不变的。同一金属材料，采用不同的焊接方法、焊接材料和焊接工艺（包括预热和热处理等），其焊接性可能有很大差别。例如化学活泼性极强的钛的焊接是比较困难的，曾一度认为钛的焊接性很不好，但从氩弧焊应用比较成熟以后，钛及其合金的焊接结构已在航空等工业部门广泛应用。由于新能源的发展，等离子弧焊接、真空电子束焊接、激光焊接等新的焊接方法相继出现，使钨、钼、钽、铌、锆等高熔点金属及其合金的焊接都已成为可能。

焊接性包括两个方面：一是工艺焊接性，主要是指焊接接头产生工艺缺陷的倾向，尤其是出现各种裂缝的可能性；二是使用焊接性，主要是指焊接接头在使用过程中的可靠性，包括焊接接头的力学性能及其他特殊性能（如耐热、耐蚀性能等）。

金属材料的焊接性是生产设计、施工准备及正确拟定焊接过程技术参数的重要依据，因此，当采用金属材料尤其是新的金属材料制造焊接结构时，了解和评价金属材料的焊接性是非常重要的。

11.3.1.2　焊接性的评定

影响金属材料焊接性的因素很多，焊接性的评定一般通过估算或试验方法确定，常用方法为碳当量法和冷裂纹敏感系数法，其中，碳当量法是一种简单而实用的方法。

（1）碳当量法　实际焊接结构所用的金属材料绝大多数是钢材，影响钢材焊接性的主要因素是化学成分，各种化学元素加入钢中以后，对焊缝组织性能、夹杂物的分布以及对焊接热影响区的淬硬程度等影响不同，产生裂缝的倾向也不同。在各种元素中，碳的影响最明显，其他元素的影响可折合成碳的影响，因此可用碳当量法来评定被焊钢材的焊接性。硫和磷对钢材焊接性能影响也很大，在各种合格钢材中，硫、磷都受到严格控制。

碳当量是指把钢中的合金元素（包括碳）的含量，按其对焊接接头的淬硬、冷裂及脆化等的影响换算成碳的相当含量，用以作为评定该钢材焊接性的一种参考指标，用符号 C_{eq} 表示。

国际焊接学会推荐的适用于碳钢和低合金钢焊接的碳当量计算公式为

$$C_{eq} = w_C + \frac{w_{Mn}}{6} + \frac{w_{Cr} + w_{Mo} + w_V}{20} + \frac{w_{Ni} + w_{Cu}}{15}$$

式中，化学元素的含量均为其在钢中的质量分数，并取其成分范围的上限。

经验证明，C_{eq} 越大，则钢的焊接性越差。当 $C_{eq} < 0.4\%$ 时，钢的焊接性良好，焊接冷裂纹倾向小，焊接时一般不需要采取特别的措施；当 $C_{eq} = 0.4\% \sim 0.6\%$ 时，钢的焊接性较差，冷裂倾向明显，需要采取一些防止焊接冷裂纹的工艺措施，如焊前预热、焊后缓冷等；当 $C_{eq} > 0.6\%$ 时，钢的焊接性很差，冷裂倾向严重，焊接时需要较高的预热温度并要采取严格的工艺措施才能保证焊接质量。

（2）冷裂纹敏感系数法　由于碳当量法仅考虑了钢材的化学成分，忽略了焊件板厚、焊缝含氢量等影响焊接性的其他因素，因此，无法直接判断冷裂纹产生的可能性大小。由此提出了冷裂纹敏感系数的概念，其计算式为

$$P_C = (w_C + \frac{w_{Si}}{30} + \frac{w_{Mn}}{20} + \frac{w_{Cu}}{20} + \frac{w_{Cr}}{20} + \frac{w_{Ni}}{60} + \frac{w_{Mo}}{15} + \frac{h}{600} + \frac{H}{60} + 5w_B) \times 100\%$$

式中　h——板厚，mm；

H——焊缝金属扩散氢含量，mL/100g。

冷裂纹敏感系数越大，则产生冷裂纹的可能性越大，焊接性越差。

11.3.2　常用金属材料的焊接

11.3.2.1　碳钢的焊接

碳钢的碳当量就等于其含碳量，即 $C_{eq} = w_C$，故由碳钢的含碳量就可估计其焊接性。

（1）低碳钢的焊接　低碳钢的含碳量 $w_C \le 0.25\%$，其塑性好，一般没有淬硬倾向，对焊接过程不敏感，焊接性好。焊接这类钢时，不需要采取特殊的工艺措施，通常在焊后也不需进行热处理（电渣焊除外）。

厚度大于 50mm 的低碳钢结构，常用大电流多层焊，焊后应进行消除内应力退火。低温环境下焊接刚度较大的结构时，由于焊件各部分温差较大，变形又受到限制，焊接过程容易产生较大的应力，有可能导致结构件开裂，因此应进行焊前预热。

低碳钢可以用各种焊接方法进行焊接，应用最广泛的是焊条电弧焊、埋弧焊、电渣焊、气保护焊和电阻焊等。

采用熔焊法焊接结构钢时，焊接材料及工艺的选择主要应保证焊接接头与工件材料等强

度。焊条电弧焊焊接一般低碳钢结构，可选用 E4313（J421）、E4303（J422）、E4320（J424）焊条。焊接动载荷结构、复杂结构或厚板结构时，应选用 E4316（J426）、E4315（J427）或 E5015（J507）焊条。埋弧焊时，一般采用 H08A 或 H08MA 焊丝配焊剂 431 进行焊接。

(2) 中碳钢的焊接　中碳钢含碳量 w_C 在 $0.25\%\sim0.6\%$ 之间。随着含碳量的增加，淬硬倾向越加明显，焊接性逐渐变差。实际生产中，主要是焊接各种中碳钢的铸件与锻件。

① 热影响区易产生淬硬组织和冷裂纹　中碳钢属淬火钢，热影响区金属被加热超过淬火温度区段时，受工件低温部分的迅速冷却作用，势必出现马氏体等淬硬组织。当焊件刚性较大或工艺不当时，就会在淬火区产生冷裂纹，即焊接接头焊后冷却到相变温度以下或冷却到室温后产生裂纹。

② 焊缝金属产生热裂纹倾向较大　焊接中碳钢时，因工件基体材料的含碳量与硫、磷杂质含量远远高于焊芯，基体材料熔化后进入熔池，使焊缝金属含碳量增加，塑性下降，加上硫、磷低熔点杂质存在，焊缝及熔合区在相变前可能因内应力而产生裂纹。

因此，焊接中碳钢构件时，焊前必须预热，使焊接时工件各部分的温差小，以减小焊接应力。一般情况下，35 钢和 45 钢的预热温度可选为 $150\sim250℃$。结构刚度较大或钢材含碳量更高时，预热温度应再提高些。

由于中碳钢主要用于制造各类机器零件，焊缝一般有一定的厚度，但长度不大。因此，焊接中碳钢多采用焊条电弧焊，厚件可考虑采用电渣焊，但焊后要进行相应的热处理。

焊接中碳钢焊件应选用抗裂能力较强的低氢型焊条。要求焊缝与工件材料等强度时，可根据钢材强度选用 E5016（J506）、E5015（J507）、E6016-D1（J606）、E6015-D1（J601）焊条；不要求等强度时，可选用 E4315（J427）型强度低些的焊条，以提高焊缝塑性。不论用哪种焊条焊接中碳钢件，均应选用细焊条、小电流、开坡口进行多层焊，以防止工件材料过多地熔入焊缝，同时减小焊接热影响区的宽度。

(3) 高碳钢的焊接　高碳钢中碳的质量分数 $w_C > 0.6\%$，其焊接特点与中碳钢基本相似，但由于含碳量更高，使焊接性变得更差，焊接时应采用更高的预热温度，要采取减少焊接应力和防止开裂的技术措施，焊后还要进行适当的热处理。实际上，这类钢的焊接一般只限于利用焊条电弧焊进行修补工作。

11.3.2.2　合金结构钢的焊接

合金结构钢的焊接按机械制造用合金结构钢和低合金结构钢两大类执行。

用于机械制造的合金结构钢零件（包括调质钢、渗碳钢），一般都采用轧制或锻造的坯料，焊结构较少。如需焊接，因其焊接性与中碳钢相似，所以其焊接工艺措施与中碳钢基本相同。

焊接结构中，用得最多的是低合金结构钢（又称普通低合金钢或低合金高强钢）。其焊接特点如下。

(1) 热影响区的淬硬倾向　低合金结构钢焊接时，热影响区可能产生淬硬组织，淬硬程度与钢材的化学成分和强度级别有关。钢中含碳及合金元素越多，钢材强度级别越高，则焊后热影响区的淬硬倾向越大。如 300MPa 级的 09Mn2、09Mn2Si 等钢材的淬硬倾向很小，其焊接性与一般低碳钢基本一样；350MPa 级的 16Mn 钢淬硬倾向也不大，但当含碳量接近允许上限或焊接参数不当时，过热区也完全可能出现马氏体等淬硬组织。强度级别较大的低合金钢，淬硬倾向增加，热影响区容易产生马氏体组织，硬度明显增高，塑性和韧度则下降。

（2）焊接接头的裂纹倾向　随着钢材强度级别的提高，产生冷裂纹的倾向也加剧。影响冷裂纹的因素主要有三个方面：第一是焊缝及热影响区的含氢量，第二是热影响区的淬硬程度，第三是焊接接头的应力大小。对于热裂纹，由于我国低合金结构钢含碳量低，且大部分含有一定的锰，对脱硫有利，因此产生热裂纹的倾向不大。

根据低合金结构钢的焊接特点，生产中可分别采取以下措施进行焊接。对于强度级别较低的钢材，在常温下焊接时与对待低碳钢基本一样。在低温或在大刚度、大厚度构件上进行小焊脚、短焊缝焊接时，应防止出现淬硬组织，要适当增大焊接电流、减慢焊接速度、选用抗裂性强的低氢型焊条，必要时需采用预热措施。对锅炉、受压容器等重要构件，当厚度大于 20mm 时，焊后必须进行退火处理，以消除应力。对于强度级别高的低合金结构钢件，焊前一般均需预热，焊接时应调整焊接工艺参数，以控制热影响区的冷却速度，焊后还应进行热处理以消除内应力。不能立即热处理时，可先进行除氢处理，即焊后立即将工件加热到 200～350℃，保温 2～6h，以加速氢扩散逸出，防止产生因氢引起的冷裂纹。

11.3.2.3　奥氏体不锈钢的焊接

奥氏体不锈钢是应用最广泛的不锈钢，它的塑性和韧性都很好，具有良好的焊接性能。但由于奥氏体不锈钢本身热导率小，线膨胀系数大，焊接时焊接接头部位会形成较大的拉应力。如果焊接工艺规范不合理或焊接材料选择不当，会使焊接接头产生热裂纹和晶间腐蚀等缺陷。

（1）热裂纹　在焊接奥氏体不锈钢时，焊缝及近缝区都有可能产生热裂纹，母材含 Ni 量越高，S、P 杂质越多，晶界处越易形成低熔点共晶，产生热裂纹的倾向就越大。防止热裂纹的措施是严格限制 S、P 等杂质的含量，适当提高 Mn 和 Mo 的含量，减少 C 含量。采用小电流、窄焊道技术，可减少母材中的杂质向熔池内过渡。

（2）晶间腐蚀　晶间腐蚀发生于晶粒边界，主要原因是 C 和 Cr 化合成 $Cr_{23}C_6$，致使晶界出现贫铬区。当晶界附近金属含 Cr 量低于临界值 12%（质量分数）时，便会发生明显的晶间腐蚀，结果腐蚀介质沿晶界渗入到金属内部，造成不锈钢的力学性能下降。为了防止晶间腐蚀，应选用超低碳不锈钢焊条，减少和避免形成铬的碳化物，从而降低晶间腐蚀倾向。

不锈钢焊接时，应采取合理的焊接规范，如采用小的焊接线能量、多道焊、快速冷却等措施，尽量缩短焊缝和热影响区在 450～850℃ 的停留时间。

奥氏体不锈钢可采用焊条电弧焊、氩弧焊和埋弧自动焊进行焊接。焊条电弧焊时可选用化学成分相同的奥氏体不锈钢焊条，如焊 1Cr18Ni9Ti 时，应选用 E308-16（A102）或 E308-15（A107）焊条。由于不锈钢的电阻比较大，焊接时焊芯产生的电阻热较大，所以用同样直径的焊条，焊接电流应比低碳钢焊条低 20% 左右。氩弧焊和埋弧焊时所用的焊丝化学成分应与母材相同，如焊 1Cr18Ni9Ti 时，可选用 H1Cr19Ni9 焊丝，埋弧焊用 HJ260 焊剂。

11.3.2.4　铸铁的补焊

铸铁含碳量高，组织不均匀，塑性很低，属于焊接性很差的材料，因此不应该采用铸铁设计、制造焊接构件。但铸铁件生产中常出现铸造缺陷。铸铁零件在使用过程中有时会发生局部损坏或断裂，用焊接手段将其修复，经济效益是很大的，所以铸铁的焊接主要是焊补工作。

铸铁的焊接特点如下。

（1）熔合区易产生白口组织　由于焊接时为局部加热，焊后铸铁件上的焊补区冷却速度远比铸造成型时快得多，因此很容易形成白口组织，其硬度很高，焊后很难进行机械加工。

（2）易产生裂纹　铸铁强度低，塑性差，当焊接应力较大时就会在焊缝及热影响区内产生裂纹，甚至使焊缝整体断裂。此外，当采用非铸铁组织的焊条或焊丝冷焊铸铁件时，因铸铁中碳及硫、磷杂质含量高，基体材料过多熔入焊缝中，则易产生热裂纹。

(3) 易产生气孔 铸铁含碳量高，焊接时易生成 CO 和 CO_2 气体，铸铁凝固时由液态转变为固态所经过的时间很短，熔池中的气体来不及逸出而形成气孔。

此外，铸铁的流动性好，立焊时熔池金属容易流失，所以一般只应进行平焊。

根据铸铁的焊接特点，采用气焊、焊条电弧焊（个别大件可采用电渣焊）进行焊补较为适宜。按焊前是否预热，铸铁的补焊可分为热焊法和冷焊法两大类。

(1) 热焊法 焊前将工件整体或局部预热到 600～700℃，焊补后缓慢冷却。热焊法能防止工件产生白口组织和裂纹，焊补质量较好，焊后可进行机械加工。但热焊法成本较高、生产率低、焊工劳动条件差，一般用于焊补形状复杂、焊后需进行加工的重要铸件，如床头箱、汽缸体等。

用气焊进行铸铁热焊比较方便，气焊火焰还可以用于预热工件和焊后缓冷。填充金属应使用专制的铸铁棒，并配以 CJ201 气焊焊剂，以保证焊接质量。也可用铸铁焊条进行焊条电弧焊焊补，药皮成分主要是石墨、硅铁、碳酸钙等，以补充焊补处碳和硅的烧损，并可造渣除去氧、氮、硫、磷等有害杂质。

(2) 冷焊法 焊补前工件不预热或只进行 400℃ 以下的低温预热。焊补时主要依靠焊条来调整焊缝的化学成分以防止或减少白口组织和避免裂纹。冷焊法方便、灵活、生产率高、成本低、劳动条件好，但焊接处切削加工性能较差，生产中多用于焊补要求不高的铸件以及不允许高温预热引起变形的铸件。焊接时，应尽量采用小电流、短弧、窄焊缝、短焊道（每段不大于 50mm），并在焊后及时锤击焊缝以松弛应力，防止焊后开裂。

冷焊法一般采用焊条电弧焊进行焊补。根据铸铁性能、焊后对切削加工的要求及铸件的重要性等来选定焊条，常用的有：钢芯或铸铁焊条，适用于一般非加工面的焊补；镍基铸铁焊条，适用于重要铸件的加工面的焊补；铜基铸铁焊条，用于焊后需要加工的灰口铸铁件的焊补。

11.3.2.5 有色金属及其合金的焊接

(1) 铝及铝合金的焊接 工业中主要对纯铝、铝锰合金、铝镁合金和铸铝件进行焊接。铝及铝合金的焊接也比较困难，其焊接主要特点如下。

① 铝与氧的亲和力很大，容易氧化成熔点高达 2050℃ 的 Al_2O_3 覆盖在铝的表面。在焊接过程中，Al_2O_3 膜会阻碍金属之间的熔合，并容易形成夹渣。

② 铝在液态时能吸收大量的氢气，但在固态时几乎不溶解氢，因此在熔池凝固过程中，焊缝中易生成气孔。

③ 铝的热导率大，要求焊接热源功率大，能量集中。铝的线膨胀系数和凝固时的收缩率也比较大，容易产生焊接应力与变形，甚至可能出现裂纹。

④ 铝从固态转变为液态时，无塑性过程及颜色的变化，在焊接操作时，很容易造成温度过高、焊缝塌陷、烧穿等缺陷。

铝和铝合金的焊接常用氩弧焊、气焊、电阻焊和钎焊等方法，其中氩弧焊应用最广。

焊接铝及铝合金一般采用交流氩弧焊。氩弧焊电弧集中，操作容易，氩气保护效果好，且有阴极破碎作用，能自动除去氧化膜，所以焊接质量高，成型美观，焊件变形小。氩弧焊常用于焊接质量要求较高的构件，厚度在 8mm 以下的铝件一般采用钨极氩弧焊，厚度在 8mm 以上的铝件一般采用熔化极氩弧焊。

铝和铝合金焊接时，焊丝可选用与母材相同成分的铝焊丝，也可以从母材上裁下窄条作为焊丝。

铝及铝合金焊接前必须仔细清理焊缝及焊丝表面的氧化膜和油污，清理质量的好坏将直接影响焊缝质量。

(2) 铜及铜合金的焊接　铜及铜合金的焊接性较差，焊接接头的各种性能一般均低于母材。铜及铜合金焊接的主要特点如下。

① 难熔合。铜的热导率很大，焊前工件要预热，焊接中要选用较大的热输入量，否则容易造成焊不透等缺陷。

② 易开裂。液态铜易氧化，生成的 Cu_2O 与铜可组成低熔点共晶。铜的热膨胀系数大，冷却时收缩率也大，容易产生较大的焊接应力，因此在焊接过程中容易开裂。

③ 易形成气孔和氢脆现象。铜在液态时特别容易吸收氢气，但在固态几乎不溶解氢，因此在熔池凝固过程中，焊缝中易生成气孔。

④ 铜合金中的某些元素在焊接过程中容易烧损，使焊接困难增大。如黄铜中的锌沸点很低，极易烧蚀蒸发生成氧化锌（ZnO）。锌的烧损不但改变了焊接接头的化学成分，降低了性能，而且所形成的氧化锌烟雾容易引起焊工中毒。

目前铜及铜合金比较理想的焊接方法是氩弧焊。对质量要求不高时，也常采用气焊和钎焊等。

焊接铜及铜合金时，焊前要仔细清除焊丝、焊件坡口及附近表面的油污、氧化物等杂质。焊后应彻底清洗残留在焊件上的溶剂和熔渣，以免引起焊接接头的腐蚀破坏。

11.4 焊接结构工艺性

11.4.1 焊接应力和变形

焊件在焊接过程中局部受到不均匀的加热和冷却是产生焊接应力的主要原因，应力严重时，会使焊件发生变形或开裂。因此，在设计和制造焊接结构时，必须首先弄清产生焊接应力与变形的原因，掌握其变形规律，找出减少焊接应力和过量变形的有效措施。

11.4.1.1 焊接应力与变形的原因

以平板对接焊为例，在焊接加热时，焊缝和近缝区的金属被加热到很高的温度，离焊缝中心距离越近，温度越高。因焊件各部位加热的温度不同，受热胀冷缩的影响，焊件将产生大小不等的纵向膨胀。假如这种膨胀不受阻碍，这时钢板自由伸长的长度将按图 11-27 (a) 中的虚线变化。但平板是个整体，各部位不可能自由伸长，这时被加热到高温的焊缝金属的自由伸长量必然会受到两侧低温金属的限制，因而产生了压应力（—），两侧的低温金属则要承受拉应力（＋）。当这些应力超过金属的屈服点时，就会发生塑性变形。此时，整个平板存在着相互平衡的压应力和拉应力，平板最终只能伸长 Δl。

同样的道理，在平板焊后的冷却过程中，冷却到室温时焊缝区中心部分应该较其他区域缩得更短，如图 11-27 (b) 所示虚线位置。但由于平板各部位的收缩相互牵制，平板只能如实线所示那样整体缩短 $\Delta l'$。此时焊缝区中心部分受拉应力，两侧金属内部受到压应力，并且拉应力与压应力也互相平衡。在焊接过程全部结束，焊件完全冷却后残余在焊件中的内应力称为焊接残余应力，简称焊接应力。

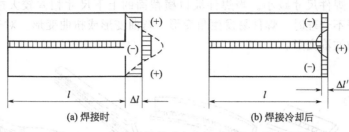

图 11-27　平板对接焊时产生的应力与变形示意图

焊接残余应力按照力的方向分为纵向残余应力和横向残余应力。纵向残余应力是指应力作用方向与焊缝平行的残余应力，一般用 σ_x 表示。横向残余应力是指垂直于焊缝的应力，用 σ_y 表示。对接焊缝的焊接残余应力分布，如图 11-28 所示。

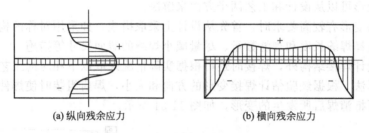

图 11-28　对接焊缝的焊接残余应力分布

焊接应力的存在将影响焊接构件的使用性能，其承载能力大为降低，甚至在外载荷有改变时出现脆断的危险后果。对于接触腐蚀性介质的焊件（如容器），由于应力腐蚀现象加剧，将减少焊件使用期限，甚至产生应力腐蚀裂纹而报废。

对于承载大的构件、压力容器等重要结构件，焊接应力必须予以防止和消除。首先，在结构设计时应选用塑性好的材料，要避免使焊缝密集交叉，避免使焊缝截面过大和焊缝过长。其次，在施焊中应确定正确的焊接次序（图 11-29），否则将导致开裂。焊前对焊件预热是较为有效的工艺措施，这样可减少焊件各部位间的温差，从而显著减小焊接应力。焊接中采用小能量焊接方法或锤击焊缝亦可减小焊接应力。另外，当需要较彻底地消除焊接应力时，可采用焊后去应力退火的方法来达到。此时需将焊件加热至 $500 \sim 650\,℃$，保温后缓慢冷却至室温。此外，亦可采用水压实验或振动法消除焊接应力。

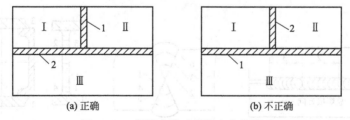

图 11-29　焊接次序对焊接应力的影响

11.4.1.2　焊接的变形与防止措施

焊接应力的存在，会引起焊件的变形，其基本类型有纵向和横向收缩变形、角变形、弯曲变形、扭曲变形和波浪变形等，如图 11-30 所示。具体焊件会出现哪种变形，与焊件结构、焊缝布置、焊接工艺及应力分布等因素有关。一般情况下，简单结构的小型焊件，焊后仅出现收缩变形，焊件尺寸减小。当焊件坡口横截面的上下尺寸相差较大或焊缝分布不对称，以及焊接次序不合理时，焊件易发生角变形、弯曲变形或扭曲变形。对于薄板焊件，最容易产生不规律的波浪变形。

(a) 纵向和横向收缩　　(b) 角变形　　(c) 弯曲变形　　(d) 扭曲变形　　(e) 波浪变形

图 11-30　焊接变形的基本形式

　　焊件出现变形将影响使用，过大的变形量将使焊件报废，因此必须加以防止和消除。预防和减小焊接变形可以从设计和工艺两个方面来解决。

　　当对焊件的变形有较高要求时，首先从设计上采取措施，如采用对称的构件截面和焊缝位置、合理地选择焊缝长度和焊缝数量、尽量减小焊缝的截面尺寸等措施。

　　除合理地设计焊接结构外，焊接时还可根据实际情况采取以下相应的工艺措施。

　　(1) 反变形法　根据经验估计焊接变形的方向和大小，焊前组装时使焊件处于反向变形位置，焊后即可抵消焊后所发生的变形，如图 11-31 所示。

图 11-31　平板焊接的反变形　　　　　　图 11-32　焊接法兰时采用的刚性固定

　　(2) 刚性固定法　焊前将焊件固定夹紧，限制其变形，焊后会大大减小变形量（图 11-32）。但刚性固定法会产生较大的焊接残留应力，故只适用于塑性较好的焊接构件。

　　(3) 合理的焊接顺序　合理的焊接顺序可使温度分布更加均衡，开始焊接时产生的微量变形可被后来焊接部位的变形所抵消。例如，长焊缝焊接可采用"逆向分段焊法"[图11-33 (a)]，即把长焊缝分成若干小段，每段施焊方向与总的焊接方向相反；厚板 X 形坡口对接焊，应采取双面交替施焊 [图 11-33 (b)]；对称截面的工字梁和矩形梁焊接，应采取对称交叉焊 [图 11-33 (c)]。

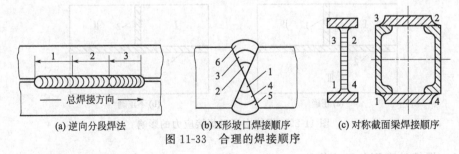

(a) 逆向分段焊法　　　　(b) X形坡口焊接顺序　　　(c) 对称截面梁焊接顺序

图 11-33　合理的焊接顺序

11.4.1.3　焊接变形的矫正

　　当焊接构件变形超过允许值时要对其进行矫正，矫正变形的原理是利用新变形抵消原来的焊接变形。常用的焊件矫正方法有机械法和局部火焰加热法。

（1）机械矫正法 在机械力的作用下矫正焊接变形，使焊件产生与焊接变形相反的塑性变形，如图 11-34 所示。机械矫正法适用于低碳钢和低合金钢等塑性比较好的金属材料。

（2）火焰矫正法 利用气焊火焰加热焊件上适当的部位，使焊件在冷却收缩时产生与焊接变形反方向的变形，以矫正焊接变形，如图 11-35 所示。火焰加热矫正焊件时，要注意加热部位，应加热焊件的压应力处，使之产生塑性变形，冷却中的进一步收缩把焊接时产生的变形消除。火焰矫正法适用于低碳钢和没有淬硬倾向的低合金钢，加热温度一般在 $600 \sim 800℃$ 之间。

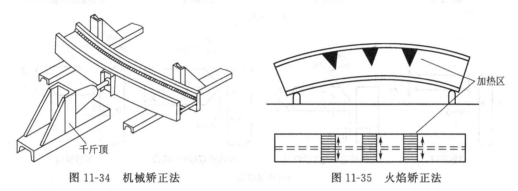

图 11-34 机械矫正法　　　　　图 11-35 火焰矫正法

11.4.2 焊接接头的设计

接头形式应根据结构形状、强度要求、工件厚度、焊后变形大小、焊条消耗量、坡口加工难易程度、焊接方法等因素综合考虑决定。

11.4.2.1 焊接接头形式和坡口选择

（1）接头形式 根据被焊件的相互位置，焊接接头有四种基本的形式：对接接头、角接接头、T 形接头和搭接接头。常用接头形式基本尺寸如图 11-36 所示。

对接接头受力比较均匀，是最常用的接头形式，重要的受力焊缝应尽量选用。搭接接头因两工件不在同一平面内，受力时将产生附加弯矩，而且金属消耗量也大，一般应避免采用。但搭接接头不需开坡口，装配时尺寸要求不高，对于某些受力不大的平面连接与空间构架，采用搭接接头可节省工时。

角接接头与 T 形接头受力情况都较对接接头复杂，但接头成直角或一定角度连接时，必须采用这种接头形式。

（2）坡口形式 焊条电弧焊对板厚在 6mm 以下的对接接头施焊时，一般可不开坡口（即 I 形坡口）直接焊成。但当板厚增大时，为了保证焊透，接头处应根据工件厚度预制出各种形式的坡口。坡口角度和装配尺寸应按标准选用。两个焊接件的厚度相同时，常用的坡口形式及角度如图 11-36 所示。Y 形坡口和 U 形坡口用于单面焊，其焊接性较好，但焊后角度变形较大，焊条消耗量也大些。双 Y 形坡口双面施焊，受热均匀，变形较小，焊条消耗量较少，但有时受结构形状限制。U 形坡口根部较宽，允许焊条深入，容易焊透，而且坡口角度小，焊条消耗量较小。但因坡口形状复杂，一般只在重要的受动载的厚板结构中采用。双单边 V 形坡口主要用于 T 形接头和角接接头的焊接结构中。

（3）接头过渡形式 设计焊接构件最好采用相等厚度的金属材料，以便获得优质的焊接接头。当两块厚度相差较大的金属材料进行焊接时，接头处会造成应力集中，而且接头两边受热不匀易产生焊不透等缺陷。不同厚度金属材料对接时，允许的厚度差如表 11-5 所示。如果 $\delta_1 - \delta$ 超过表中规定值，或者双面超过 2 $(\delta_1 - \delta)$，应在较厚板料上加工出单面或双面

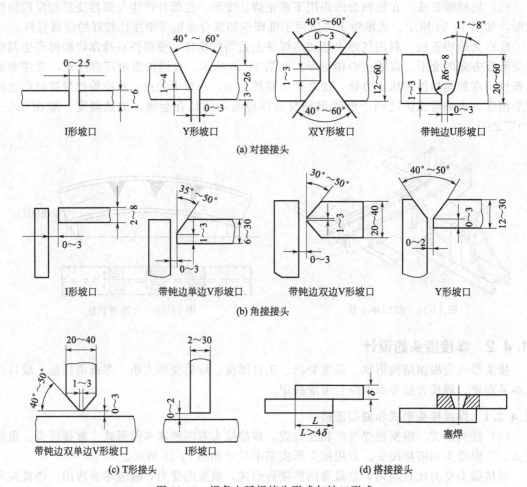

图 11-36　焊条电弧焊接头形式与坡口形式

斜边的过渡形式，如图 11-37 所示。

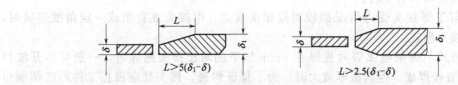

图 11-37　不同厚金属材料对接的过渡形式

表 11-5　不同厚度金属材料对接时允许的厚度差

较薄材料的厚度/mm	2～5	6～8	9～11	≥12
允许厚度差($\delta_1-\delta$)/mm	1	2	3	4

11.4.2.2　焊缝的布置

焊接构件的焊缝布置是否合理，对焊接质量和生产效率都有很大的影响。对具体焊接结构件进行焊缝布置时，应便于焊接操作，有利于减小焊接变形，提高结构强度。表 11-6 是几种常见焊接结构工艺设计的一般原则。

表 11-6　焊接结构工艺设计的一般原则

序号	设计原则	不合理设计	改进设计
1	焊缝布置应尽量分散	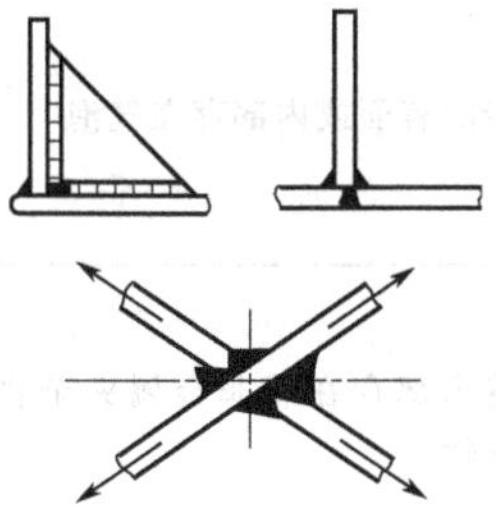	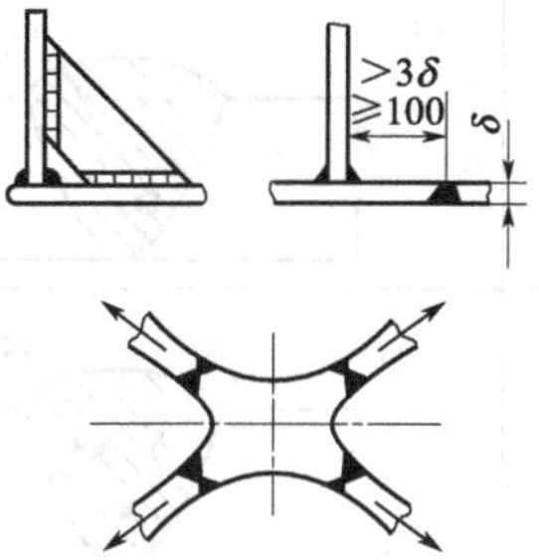
2	焊缝的位置应尽量对称布置	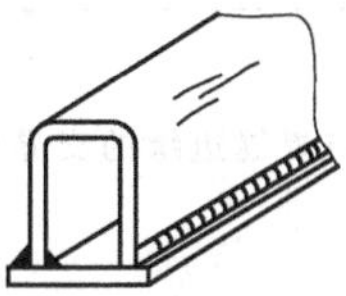	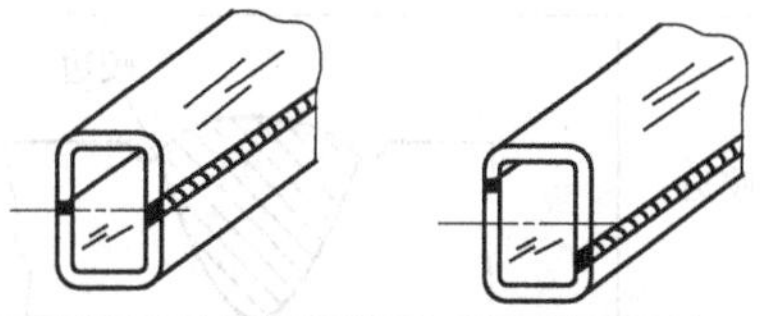
3	焊缝应尽量避开最大应力断面和应力集中位置	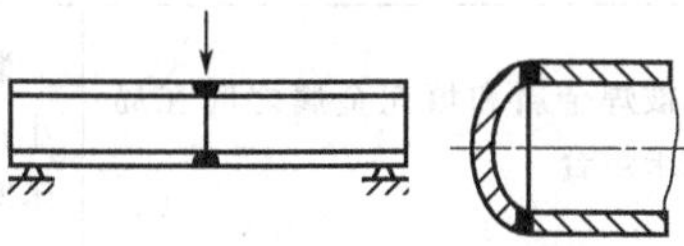	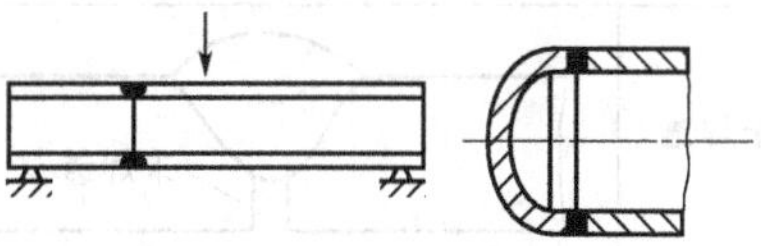
4	焊缝应尽量避开机械加工表面	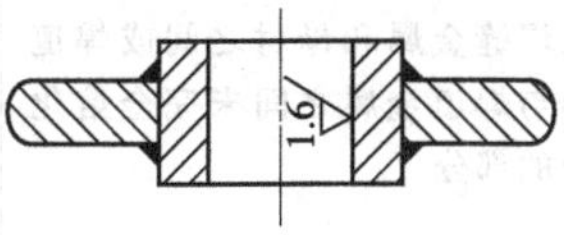	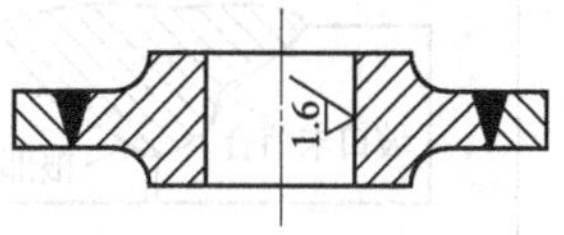
5	焊缝位置应便于焊接操作	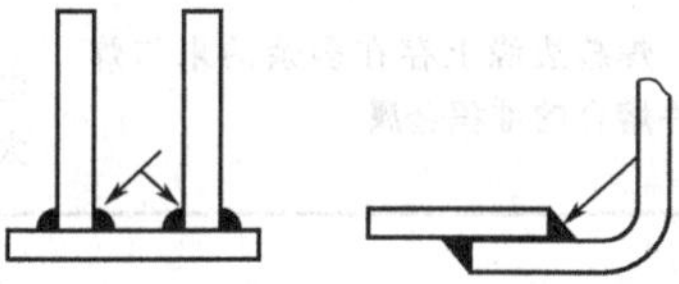	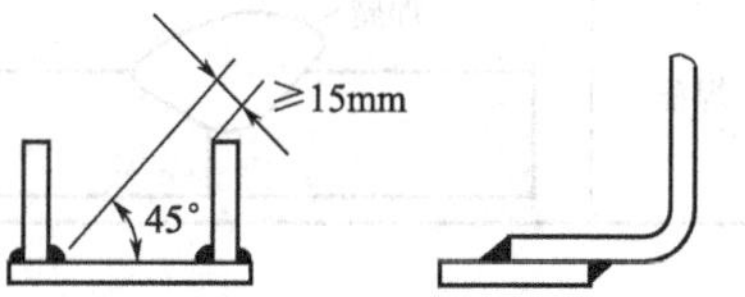

11.4.3　焊接缺陷

11.4.3.1　焊接缺陷

在焊接结构生产中，由于结构设计不当、原材料不符合要求、接头准备不仔细、焊接过程不合理或焊后操作不当等原因，常使焊接接头产生各种缺陷。常见的焊接缺陷有裂纹、气孔、夹渣、咬边、未焊透、未焊合和焊瘤等，其中以未焊透和裂缝的危害性最大。表 11-7 列出了各种常见的焊接接头缺陷及产生的原因。

表 11-7　各种常见的焊接接头缺陷及产生原因

焊接缺陷	图 示	特 征	主 要 原 因
裂纹	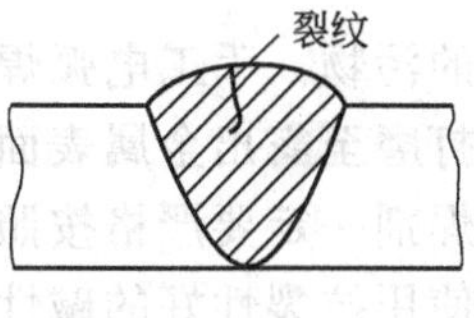 裂纹	在焊缝和焊件表面或内部存在裂纹	焊件中碳、硫、磷的含量高；焊接结构设计不合理；焊缝冷速太快；焊接顺序不正确；焊接应力过大；存在咬边、气泡、夹渣；未焊透

焊接缺陷	图 示	特 征	主要原因
气孔	气孔	焊缝的表面或内部存在气泡	焊件不洁;焊条潮湿;电弧过长;焊速过快;含碳量高
夹渣	夹渣	焊缝内部存在着非金属夹杂物或氧化物	施焊中焊条未搅拌熔池;焊件不洁;电流过小;焊缝冷却太快;多层焊时各层熔渣未清除干净
咬边	咬边	在焊件与焊缝边缘的交界处有小的沟槽	电流过大;焊条角度不对;运条方法不正确;电弧过长
未焊透	未焊透	被焊金属和填充金属之间在局部未熔合	装配间隙太小;坡口间隙太小;运条太快;电流过小;焊条未对准焊缝中心;电弧过长
未焊合	坡口未熔合 根部未熔合	在焊缝金属和母材之间或焊道金属与焊道金属之间未完全熔化结合的部分	焊接电流小或焊接速度太快;坡口或焊道有氧化皮、熔渣或氧化物等高熔点物质;操作不当
焊瘤	焊瘤	焊缝边缘上存在多余的未与焊件熔合的堆积金属	焊条熔化太快;电弧过长;电流过大;运条不正确;焊速太慢

11.4.3.2 焊接缺陷的防止

为了防止裂纹、气孔、夹渣、咬边、未焊透等焊接缺陷，必须正确选择焊接规范参数。手工电弧焊规范参数中，以电流和焊速的控制影响最大，其次是预热温度。

各类焊接裂纹都是由于冶金因素和应力因素造成的，因此防止焊接裂纹也必须从这两方面着手。在应力方面，前述的所有防止和减少应力的措施都能防止和减少焊接裂纹。在冶金方面，为了防止热裂纹应控制焊缝金属中有害杂质的含量，碳素结构钢用焊芯（丝）的含碳量应≤0.10%，硫、磷的含量应≤0.03%，焊接高合金钢时应控制更严格。此外，焊接时应选择合适的技术参数和坡口参数。采用碱性焊条和焊剂，由于碱性焊条具有较强的脱硫、脱磷能力，因此，具有较高的抗热裂能力。

对于防止冷裂纹，应降低焊缝扩散氢的含量，例如采用碱性低氢焊条，严格按规定烘干焊条和焊剂，并防止在使用过程中受潮。采用预热、后热等技术措施也可有效地防止冷裂纹的产生。

为了防止焊缝中气孔的产生，必须仔细清除焊件表面的污物。手工电弧焊时在坡口面两侧各10mm、埋弧焊时各20mm范围内去除锈、除油，应打磨至露出金属表面光泽。特别是在使用碱性焊条和埋弧焊时，更应做好清洁工作。焊条和焊剂一定要严格按照规定的温度进行烘烤。酸性焊条抗气孔性能优于碱性焊条，如结构要求使用抗裂性好的碱性焊条时，应选用低氢焊条。焊接规范参数必须选择合适，电流过大会使焊条发热，药皮提前熔化或分解，影响保护效果。电流过小和焊速过快又使熔池内气体不能及时排出，导致气孔产生。运条时要使用短弧，尤其是碱性低氢焊条。收弧和起弧时均需作一定停顿，注意接头操作和填满弧坑。此外，直流焊接时，电源极性应为反接。

预防夹渣，除了保证合适的坡口参数和装配品质外，焊前清理是非常重要的，包括坡口面清除锈蚀、污垢和层间清渣。操作时运条角度和方法要恰当，摆幅不宜过大，并应始终保持熔池的轮廓清晰，能分清液态金属和熔池。焊接电流选择对夹渣的产生也有很大影响，过小时使熔池停留时间缩短，熔渣未能及时上浮到熔池表面；过大时使药皮端部提前熔化，成块剥落进入熔池，都易造成夹渣。

加强焊接过程中的自检，可杜绝因操作不当所产生的大部分缺陷，尤其对多层多道焊来说更为重要。

11.4.4 焊接检验

焊接检验可具体地认为是采用调查、检查、度量、试验和检测等手段，把产品的焊接质量同其使用要求不断地相比较的过程。

焊接检验可分为破坏性检验、非破坏性检验和声发射检验三类，每类中又有若干具体检验方法，如图 11-38 所示。

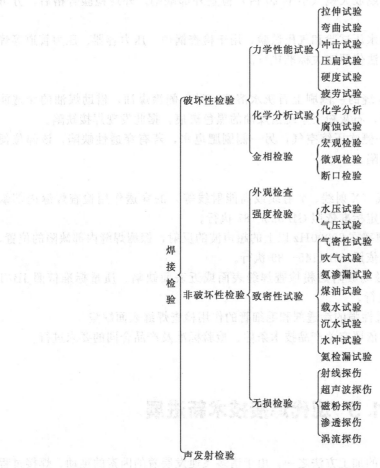

图 11-38 主要焊接检验方法

11.4.4.1 焊接检验过程

焊接检验过程贯穿于焊接生产的始终，包括焊前检验、焊接过程检验和焊后成品检验。焊前检验主要内容有原材料检验、技术文件、焊工资格考核等。焊接过程中的检验主要是检查各生产工序的焊接参数执行情况，以便发现问题及补救，通常以自检为主。焊后成品检验是检验的关键，是焊接质量最后的评定。通常包括四方面：外观检验；无损检验，如 X 射线检验、超声波检验等；成品强度检验，如水压试验和气压试验等；致密性检验，如吹气试验、煤油试验等。

11.4.4.2 焊接检验方法

焊接检验的主要目的是检查焊接缺陷。焊接缺陷包括外部缺陷（如外形尺寸不合格、弧坑、咬边、飞溅等）和内部缺陷（如气孔、夹渣、未焊透、裂纹等）。针对不同类型的缺陷通常采用破坏性检验和非破坏性检验（无损检验）。声发射是材料或结构中局部区域快速卸载使弹性波得以释放的结果，即是一种常见的物理现象。绝大多数金属塑性变形和断裂时都有声发射发生，声发射信号强度很弱，借助灵敏的电子仪器才能检测。在焊接领域中声发射技术已成功地应用于役前、在役压力容器结构完整性检测评定。

破坏性检验主要有力学性能试验、化学分析试验、金相组织检验和焊接工艺评定等；非破坏性检验是检验重点，主要方法有以下几种。

（1）外观检验 用肉眼或放大镜（小于 20 倍）检查外部缺陷。外观检验合格后，方可进行下一步检验。

（2）强度检验 主要是水压试验和气压试验，用于检查锅炉、压力容器、压力管道等焊接接头的强度，具体检验方法依照有关标准执行。

（3）致密性检验

① 煤油检验。在被检焊缝的一侧刷上石灰水溶液，另一侧涂煤油，借助煤油的穿透能力，若有裂缝等穿透性缺陷，石灰粉上呈现出煤油的黑色斑痕，据此发现焊接缺陷。

② 吹气检验。在焊缝一侧吹压缩空气，另一侧刷肥皂水，若有穿透性缺陷，该部位便出现气泡，即可发现焊接缺陷。

（4）无损检验

① 射线检验。借助射线（X 射线、γ 射线或高能射线等）的穿透作用检查焊缝内部缺陷，通常用照相法。质量评定标准依照 GB 323—87 执行。

② 超声波检验。利用频率在 20000 Hz 以上的超声波的反射，探测焊缝内部缺陷的位置、种类和大小。质量评定标准依照 GB 1145—89 执行。

③ 磁粉检验。利用漏磁场吸附磁粉检查焊缝表面或近表面缺陷。质量标准依照 JB/T 6061—92 或 JB 4730—94 执行。

④ 渗透检验。借助渗透性强的渗透剂和毛细管的作用检查焊缝表面缺陷。

上述各种检验方法均可依照有关产品技术条件、检验标准及产品合同的要求进行。

11.5 现代焊接技术新进展

焊接是机械制造中重要的加工方法之一，由于诸多飞速发展着的因素的推动，焊接过程自动化、机器人化以及智能化已经成为焊接行业的发展趋势，也给制造业带来了巨大的变革。

(1) 提高焊接生产率是推动焊接技术发展的驱动力 提高焊接生产率的途径主要有两种：一是提高焊接熔敷率。手工电弧焊中的铁粉焊条、重心焊条等工艺；埋弧焊中的多丝焊、热丝焊均属此类，其效果显著。例如三丝埋弧焊，其熔敷效率比手工电弧焊高100倍以上。第二个途径是减少坡口断面及熔敷金属量。近10年来，最突出的成就是窄间隙焊接，窄间隙焊接采用气体保护焊为基础，利用单丝、双丝或三丝进行焊接，无论接头厚度如何，均可采用对接形式，且所需熔敷金属量成数倍、数十倍地降低，从而大大提高了生产率。

电子束焊、等离子焊及激光焊等方法，可采用对接接头，且不用开坡口，因此也是较理想的窄间隙焊接法。

(2) 准备车间的机械化、自动化是焊接技术发展的一个重点内容 为了提高焊接结构生产的效率和质量，仅仅从焊接工艺着手有一定局限性，因而世界各国特别重视准备车间的技术改造。准备车间的主要工序包括：材料运输，材料表面去油、喷砂、涂保护漆，钢板画线、切割、开坡口，部件组装及点固。以上四道工序在现代化的工厂中均已全部机械化、自动化，其优点不仅在于提高生产率，更重要的是提高产品质量。例如，钢板画线（包括装配时定位中心及线条）、切割、开坡口全部采用计算机数字控制技术（CNC技术）以后，零部件的尺寸精度大大提高，而坡口表面粗糙度大幅度降低，整个结构在装配时已可接近机械零件装配方式，因而坡口几何尺寸都相当准确，在自动焊施焊以后整个结构工整、精确、美观，完全改变了过去铆焊车间人工操作的落后现象。

(3) 焊接过程自动化、智能化是焊接技术发展的主要方向 在现代工业生产中已经采用了相当数量的焊接机器人，焊接机器人不仅可以模仿人操作，而且比人更能适应各种复杂的焊接工作。其优点为：稳定和提高焊接质量，保证其均匀性；提高生产效率，24h连续生产；可在有害环境下长期工作，改善工人的劳动条件；可实现小批量产品焊接自动化。

点焊机器人约占我国焊接机器人总数的46%，主要应用在汽车、农机、摩托车等行业，尚属于第一代工业机器人。它的基本工作原理是示教再现，对环境变化没有应变能力。

弧焊机器人（图11-39）能自动进行弧焊操作。从智能上看，它具有记忆功能，人对它示教后，机器人可记忆每一步示教，然后重复再现示教的动作。这种焊接机器人的控制部分采用了许多计算机技术，如编程序控制技术、记忆存储装置等。现在正在研制具有视觉、听觉和触觉功能的机器人。

图11-39 弧焊机器人

焊接机器人具有手工操作所固有的灵活性，如果要焊接机器人去焊接另一种产品，只要对它重新示教就可以了。因此，焊接机器人不仅用于大批量生产的自动焊接生产线，而且为实现小批量生产自动化开辟了新的道路。

(4) 新兴工业的发展不断推动焊接技术前进 焊接技术自发明至今已有百余年历史，它几乎已可解决当前工业中一切重要产品生产制造的需要，如航空、航天及核能工业中的重要产品等。但是新兴工业的发展仍然迫使焊接技术不断前进，以满足其需要。例如，微电子工业的发展促进了微型连接工艺和设备的发展。又如陶瓷材料和复合材料的发展促进了真空钎焊、真空扩散焊、喷涂以及黏结工艺的发展，使它们获得更大的生命力，走上了一个新台阶。

（5）热源的研究与开发是推动焊接工艺发展的根本动力　焊接工艺几乎运用了世界上一切可以利用的热源，其中包括火焰、电弧、电阻、超声、摩擦、等离子、电子束、激光束、微波等。历史上，每一种热源的出现都伴随着新的焊接工艺出现，但至今焊接热源的研究与开发并未终止。新的发展可概括为两方面。一方面是对现有热源的改善，使之更为有效、方便、经济适用。在这方面，电子束特别是激光束焊接的发展比较显著。另一方面是开发更好、更有效的热源。近来有不少采用两种热源叠加的方法，以求获得更强的能量密度，如在等离子束中加激光、在电弧中加激光等。

思考与练习

1. 焊接钢为什么要对焊接区域进行保护？焊条电弧焊时都有哪些保护方式？

2. 焊条电弧焊的焊接冶金反应在哪几个区进行？它们的反应特点是什么？

3. 什么叫焊接热影响区？低碳钢焊接热影响区分哪几个区？各区的组织及性能特点是什么？

4. 试比较焊条电弧焊、埋弧自动焊、钨极氩弧焊、CO_2 气体保护焊的特点及应用范围。

5. 焊条的焊芯和药皮应各起什么作用？

6. 下列焊条型号或牌号的含义是什么？

E4303，E5015，J422，J507

7. 电阻焊有何特点？点焊、缝焊、对焊各适用于什么场合？

8. 焊接应力是怎样产生的？减小焊接应力有哪措施？怎样消除焊接残留应力？

9. 减小焊接变形的工艺措施有哪些？矫正焊接变形的方法是什么？

10. 常见的熔焊焊接缺陷有哪些？其特征什么？

11. 什么是材料的焊接性？焊接性的评定方法是什么？

12. 焊接接头分为哪几种形式？焊接结构工艺设计的一般原则是什么？

13. 焊接检验的方法主要分为哪三类？无损检验的方法有哪几个？

实 验

实验一 金相试样制备及金相显微镜的使用

一、实验目的

1. 掌握金相试样制备的基本方法。

2. 掌握金相显微镜的使用方法。

二、金相试样制备的基本方法

为了在金相显微镜下正确有效地观察到材料的显微组织，必须预先精心制备金相试样，金相试样制备的主要程序是：取样→镶嵌样（对于小样品）→磨光→抛光→浸蚀，具体如下。

1. 取样

(1) 试样尺寸 视具体情况而定，一般可取高为 10～15mm、直径为 10～15mm 的圆柱形；方形试样边长为 10～15mm 为宜。

(2) 取样部位及磨面（观察面）的选择 根据被检验金属材料或零件的特点、加工工艺及研究目的进行选择。如：研究零件破裂原因时，应在破裂部位取样，再在离破裂处较远的部位取样，以作比较；研究铸造合金时，由于组织不均匀，从铸件表层到中心必须分别截取几个样品；研究轧制材料时，如研究夹杂物的形状、类型、材料的变形程度、晶粒拉长的程度、带状组织等，应在平行于轧制方向上截取纵向试样；研究材料表层的缺陷、非金属夹杂物的分布，应在垂直轧制方向上截取横向试样；研究热处理后的零件时，因组织较均匀，可任选一断面试样。若研究氧化、脱碳、表面处理（如渗碳）等情况，则应取为观察面。

(3) 试样的切取方法 切取时应保证试样观察面的金相组织不发生变化。软材料可用锯、车、刨等方法切取；硬材料可用水冷砂轮切片机、电火花切割等方法切取；硬而脆的材料（如白口铸铁），也可用锤击法获取。

2. 镶嵌试样

一般试样不需要镶嵌。如果试样太小、形状特殊，如丝材、薄片、细管等，制备样品时非常困难，必须镶嵌。镶嵌的方法有低熔点合金热压法和机械法等。热压法有专门的镶嵌机，将试样放于电木粉或塑料粉中加热到180℃左右进行热压。由于热压法要升温和加压，这就会使马氏体组织回火和软金属产生塑性变形等，为避免出现此种情况，改用机械法，即用夹持试样。

3. 磨制

磨制可分为粗磨和细磨两种。

(1) 粗磨 对于软材料可用锉刃磨平，一般材料都用砂轮机磨平。使用砂轮时，应利用用砂轮侧面，以保证试样磨平，试样要不断用水冷却，以防温度升高造成内部的组织发生变化；最后倒角以防止细磨时划破砂纸。但对需要观察脱碳、渗碳等表面层情况的试样不能倒角，有时还要采用电镀覆盖来防止这些试样边缘倒角。

(2) 细磨 细磨的方法有手工磨光和机械磨光。手工磨光是用手拿持试样，直接在金相砂纸上不断地磨削；金相砂纸按粗细分为01、02、03、04、05号等，细磨中依次从01号磨到05，一般钢铁试样磨到04号砂纸，软材料如铝、镁等合金可磨到05号砂纸。每换下一号细砂纸时，应将试样和手冲洗干净；并将下面垫的玻璃板擦干净，谨防粗砂粒掉入细砂纸上，同时磨面方向应旋转90°，以便观察上次磨痕是否磨掉。初学者应该注意细磨的正确操作姿势及手推动样品的程序，试样在每一号砂纸上研磨时沿一个方向推进，不要来回磨制，在移动试样时应均匀用力，且用力不宜太大。

由于手工磨制速度慢、效率低、劳动强度比较大，故现在多采用机械磨光的方法。机械磨光是在预磨机上进行。预磨机由一个电动机带动一个或两个转盘，转盘分蜡盘和砂纸盘两种。蜡盘就是把混有金刚砂的熔化石蜡浇在转盘上，待凝固车平后装在预磨机上待用，可做成不同粗细的金刚砂的蜡盘，蜡盘磨制的速度快、效率高。砂纸盘是把水砂纸剪成圆形，然后用水玻璃粘在预磨机转盘上使用。水砂纸按粗细分为200，400，500，600，700，800，900号等。一般用200，400，600，800号依次磨制。用蜡盘和砂纸盘磨制时，要不断加水冷却，防止试样表面发热，组织发生变化。最先进的自动磨光机装有电子计算机，可对磨光过程进行程序控制。

4. 抛光

磨光后的表面仍留有细的磨痕，必须将砂纸留下的磨痕完全消除，使试样表面达到镜面一样光亮，才能满足显微观察要求。抛光后的表面在放大200倍的显微镜下观察应基本上无磨痕和磨坑。抛光方法有机械抛光、电解抛光及化学抛光等。

(1) 机械抛光 这种方法使用最广泛，是在专用的金相样品抛光机上进行，转速一般为200～600m/min。粗抛时转速要高些，精抛或抛软材料时转速要低些。在抛光盘上蒙一层织物，粗抛时常用帆布、粗尼等；精抛时常用绒布、细尼、金丝绒与丝绸等。抛光时应在织物上撒以适量的抛光磨料，又称抛光粉。常用的抛光粉有：氧化铝（Al_2O_3），白色细颗粒（0.3～1μm），用于粗抛和精抛；氧化铬（Cr_2O_3），绿色，颗粒极细，硬度很高，用于精抛淬火钢等试样；氧化镁（MgO），白色，颗粒极细，硬度较低，用于精抛有色金属；金刚砂（又称碳化硅），硬度较高，常用于粗抛或浇成蜡盘用；金刚钻粉，具有极高硬度和良好的磨削作用，抛光软、硬材料都有良好的效果，可用于抛光硬质合金等极硬的材料，价格昂贵，应用少。

抛光时注意事项如下。①除抛光膏外，抛光粉都应配成水的悬浮液使用。一般在1L水中加入5g Al_2O_3 粉或10～15g Cr_2O_3 粉。②抛光时将试样的磨面应均匀地、平整地压在旋转的抛光盘上。压力不宜过大，并从边缘到中心不断地作径向往复移动。③抛光过程中要不断喷洒适量的抛光液。若抛光布上抛光液太多，会使钢中夹杂物及铸铁中的石墨脱落，抛光面质量不佳；若抛光液太少，将使抛光面变得晦暗而有黑斑。④抛光后期，应使试样在抛光盘上各方向转动，以防止钢中夹杂物产生拖尾现象。⑤为尽量减少抛光面表层金属变形的可能性，整个抛光时间不宜过长，磨痕全部消除出现镜面后，抛光即可停止。试样用水冲洗或用酒精洗干净后就可转入浸蚀。

(2) 电解抛光　将试样放在有电解质的槽中作为阳极，用不锈钢或铅板作阴极。在接通直流电源后，阳极表面产生选择性溶解，逐渐使表面凸起部分被溶解，而获得平整的表面。此法目前应用渐广，因为它速度快且表面光洁，抛光过程中不会发生塑性变形（机械抛光不可避免地发生塑性变形层，影响显微分析结果，有时要反复抛光、腐蚀才能把变形层除去）。其缺点是工艺过程不易控制。

(3) 化学抛光和化学机械抛光　化学抛光是依靠化学试剂对样品的选择性溶解作用将磨痕去除的一种方法：例如用 1～2g 草酸、3mL 氢氟酸、40mL 过氧化氢、50mL 蒸馏水的化学抛光剂，对碳钢、一般低合金钢的退火、淬火组织进行化学抛光（擦拭法），效果较好。此法适用于没有机械抛光设备的单位。

化学抛光一般总不是太理想的，若与机械抛光结合，利用化学抛光剂边腐蚀边机械抛光，可以提高抛光效率。

5. 浸蚀

抛光完成后的试样，若直接放在显微镜下观察，只能看到一片亮光，仅能观察某些非金属夹杂物、灰口铸铁中的石墨、粉末冶金制品中的孔隙等，无法辨别出各种组成物及其形态特征。若要显示金属材料组织，必须经过适当的化学浸蚀。试样抛光表面存在一层很薄的抛光引起的硬化层，化学浸蚀时，硬化层溶解，而且晶粒间交界处优先被浸蚀出一些凹坑，这些凹坑在显微镜下就成了黑色曲线（因为凹坑处会发生光的漫散射，故呈黑色）。若浸蚀深一些，各个晶粒由于耐腐蚀程度不同而浸蚀成不同倾斜度的平面，所以在显微镜下各晶粒的亮度不相同。

对于钢铁材料，最常用的浸蚀剂为含 4% 硝酸酒精溶液或 4% 苦味酸酒精溶液，前者浸蚀热处理后的组织较适合，后者浸蚀缓冷后组织较好，浸蚀的方法可以是"浸入法"和"擦拭法"。浸蚀时间根据要求确定，不能太深，也不能太浅，一般使表面变为灰白色即可。浸蚀后应立即用水冲洗，然后用酒精擦洗，用吸水纸吸干或吹风机吹干，才能在显微镜下观察。要注意试样表面不能用纸或其他东西去擦拭，更不能用手去摸，否则表面就会受到损坏，无法观察。浸蚀后的样品应存放在干燥器中，以防止潮湿空气的氧化。若氧化了，只好重新抛光和浸蚀才能再进行观察。

三、金相显微镜的构造及使用方法

1. 金相显微镜的构造

金相显微镜的种类和形式很多，最常见的有台式、立式和卧式三大类。金相显微镜通常由照明系统、光学系统和机械系统三大部分组成，有的显微镜还附有摄影装置。现以台式金相显微镜为例加以说明，其结构如附图 1-1 所示。

(1) 照明系统

① 光源：由 6～8V 低压钨丝泡，用一小变压器使 220V 电压降到 6～8V，发出白色光。

② 聚光镜：使来自光源的散射光变成一平行光束。

③ 滤光片：是由不同颜色的光学玻璃制成，其作用是使白色光中某一波长的光通过，其他波长的光被吸收，主要作用是减少色差。一般来说考虑到人眼的舒适度，观察时常用黄、绿色滤光片。而在照相时用黄色片（弱光源照相）或蓝色片（强光源照相）。用蓝色滤

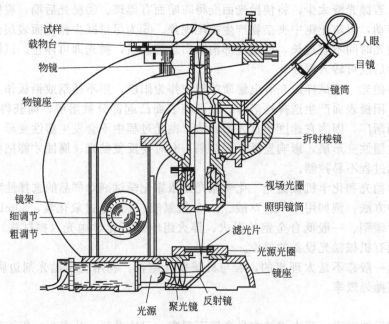

附图 1-1　标准金相显微镜剖面图

光片，可使分辨能力提高 25% 左右。

④ 孔径光阑：可以调节入射光束的粗细。当孔径光阑缩小时，进入物镜的光束变细，鉴别率降低。当孔径胀大时，入射光束变粗，甚至光线可以充满物镜的后透镜，鉴别率也随之提高，但球面像差增加以及镜筒内部反射和炫光的增加，将使成像质量降低。可见孔径光阑对成像质量影响很大，使用时必须适当调节；不能过大或过小，以观察成像最清晰为适度。更换物镜后，孔径光阑必须随之作适当调节。一般低倍观察时光阑孔小些，而高倍观察时则光阑孔大些。视场光阑用来调节观察视场的大小。适当调节视场光阑可以减少镜筒内光线反射的炫光，提高成像的衬度。

（2）光学系统

① 物镜：为了避免球面像差和色差，都用一组复合透镜。有多种不同放大倍数的物镜可更换使用。

② 目镜：由两个凸透镜组成，也有多种不同放大倍数的镜头，可更换使用。

③ 三棱镜和平面玻璃：主要作用是改变显微镜中光线的路径。

（3）机械系统

① 粗调节螺旋、细调节螺旋：调节物镜与试样表面的距离，以得到最清晰的图像。载物台放置样品，倒立式显微镜的载物台在物镜之上，载物台可以用手在水平面各方向上自由移动，以便观察样品的适当部位。

② 物镜转换器：转换器呈球面形，其上有三个螺孔，供安装不同放大倍数的物镜。旋动转换器可使物镜镜头进入光路并与不同的目镜组合使用，获得各种不同的放大倍数。

③ 底座：是整个显微镜的支撑部件。

2. 金相显微镜的使用与维护

金相显微镜是贵重而精密的光学仪器，在使用时一定要自觉遵守实验室的制度和相关的规定。

① 初次操作显微镜前，应首先要了解显微镜的基本原理、构造、各主要附件的作用、

位置等，并了解显微镜使用的注意事项。

② 金相样品要干净，不得残留有酒精和浸蚀剂，以免腐蚀物镜和透镜。不能用手触摸透镜，擦拭透镜要用专用纸。

③ 照明灯泡电压，一般为 6V，8V。必须通过降压器才能使用，千万不可将其直接插入 220V 电源，以免烧毁灯泡及发生触电事故。

④ 操作要细心，不得有粗暴和剧烈的动作；安装与更换镜头和附件时要小心；不得掉在地上和桌上。

⑤ 调节焦距时要避免物镜与样品接触。应先将载物台下降，使样品尽量靠近物镜（不得接触）；然后用眼睛从目镜中观察，并用双手旋转粗调节螺旋，使载物台慢慢上升，待看到组织后再调节细调焦螺旋，直到图像清晰为止。

⑥ 使用中出现故障应立即报告老师，不得私自处理。

⑦ 使用完毕，关闭电源；把镜头与附件放回附件盒，把显微镜恢复成使用前状态。

四、实验方法指导

1. 实验内容

采用机械抛光法和一般化学浸蚀法制备 45 钢或 20 钢金相试样，在金相显微镜下观察并绘出组织特征。

2. 实验材料及设备

20 钢或 45 钢若干、金相砂纸 1 套、金属试样预磨机、抛光机、棉花球、不锈钢镊子、电热吹风机、腐蚀剂、4% 硝酸酒精溶液；金相显微镜。

3. 实验步骤

① 按要求制备一块无磨痕的金相试样。

② 观察制备的试样，画出组织图（按要求标明材料名称、热处理工艺、组织、放大倍数以及腐蚀剂等）。

五、实验报告要求

1. 写出本次实验目的。

2. 简述金相试样制备方法及金相显微镜主要结构和使用方法。

3. 扼要记述实验过程中的有关注意事项。

4. 画出所看到的显微组织图。

实验二　铁碳合金平衡组织观察

一、实验目的

1. 观察和识别铁碳合金（碳钢和白口铸铁）在平衡状态下的显微组织。

2. 分析含碳量对铁碳合金显微组织的影响，理解成分、组织与性能之间的相互关系。

二、实验方法指导

1. 实验内容

观察分析附表 2-1 所列碳钢和白口铸铁的组织，然后画出组织示意图。

附表 2-1　各种铁碳合金平衡组织

序号	试样名称	腐蚀剂	显微组织
1	工业纯铁	4%硝酸酒精溶液	F
2	20 钢	4%硝酸酒精溶液	$F+P(+Fe_3C_{III})$
3	45 钢	4%硝酸酒精溶液	$F+P(+Fe_3C_{III})$
4	T8 钢	4%硝酸酒精溶液	P
5	T12 钢	4%硝酸酒精溶液	$P+Fe_3C_{II}$
6	T12 钢	碱性苦味酸钠溶液	$P+Fe_3C_{II}$
7	亚共晶白口铁	4%硝酸酒精溶液	$P+Fe_3C_{II}+Ld'$
8	共晶白口铁	4%硝酸酒精溶液	Ld'
9	过共晶白口铁	4%硝酸酒精溶液	Fe_3C_I+Ld'

2. 实验设备和材料

金相显微镜、各种铁碳合金的金相试样、金相图册。

3. 实验步骤

① 仔细观察所列试样，研究每个样品组织特征，注意含碳量与金相组织之间的关系。

② 描绘试样显微组织的示意图，描绘时应抓住组织形态的典型特征，并在图中表示出来。

三、实验报告要求

1. 写出本次实验目的。

2. 画出所观察的显微组织示意图，并注明材料名称、含碳量、浸蚀剂和放大倍数。

3. 分析和讨论：含碳量对铁碳合金的组织和性能的影响。

4. 写出实验后的感想和体会。

实验三　碳钢的热处理工艺、组织观察及硬度测定

一、实验目的

1. 初步掌握碳钢的退火、正火、淬火与回火等热处理基本操作。

2. 观察碳钢经不同热处理工艺后的基本组织特征。

3. 了解硬度计的原理，初步掌握洛氏硬度计的使用方法。

4. 研究加热温度、冷却速度、回火温度对碳钢力学性能的影响。

二、实验原理

1. 普通热处理工艺

碳钢的普通热处理包括退火、正火、淬火和回火，不同的热处理方法可使试样获得不同的组织和性能。

2. 热处理加热炉

热处理加热炉有箱式电阻炉、井式电阻炉和盐浴炉等,其中实验室最常用的是箱式电阻炉,是一种周期作业式的加热设备。箱式电阻炉按其使用温度的不同,有低温、中温和高温之分。中温箱式电阻炉最高使用温度为 950℃。

3. 热处理的温度测量与控制

温度是热处理生产中一个非常重要的工艺参数。只有对炉温进行准确的测量和控制,才能正确执行热处理工艺,保证产品质量。

利用热电偶将热处理炉内的温度信号转换为电信号,并由显示仪表显示出实际炉温。与此同时,在调节器内将测得的实际炉温值与给定的温度值进行比较,得出偏差值。再由调节机构根据偏差值的不同发出相应的调节信号,驱动执行机构动作,从而改变送入热处理炉的电流的大小,使偏差消除,将炉温控制在某一给定值附近。

三、实验方法指导

1. 实验内容

① 碳钢常规热处理工艺的基本操作见附表 3-1。

② 碳钢热处理工艺后典型组织的观察见附表 3-1。

③ 碳钢热处理后硬度的测定。

附表 3-1　实验要求观察的样品

序号	材料	热处理工艺	浸蚀剂	显微组织特征
1	45 钢	860℃炉冷(退火)	3%硝酸酒精液	P+F(白色块状)
2	45 钢	860℃空冷(正火)	3%硝酸酒精液	S+F(白色块状)
3	45 钢	860℃油淬(正火)	3%硝酸酒精液	$M_{细小}$+T(沿晶网状黑色物质)
4	45 钢	860℃淬火 200℃回火	3%硝酸酒精液	$M_{回火}$
5	45 钢	860℃淬火 400℃回火	3%硝酸酒精液	$T_{回火}$
6	45 钢	860℃淬火 600℃回火	3%硝酸酒精液	$S_{回火}$
7	T12	760℃球化退火	3%硝酸酒精液	球状 P(F+细粒状 Fe_3C)
8	T12	760℃水淬	3%硝酸酒精液	$M_{细针}$+Fe_3C(白色粒状)
9	T12	1000℃水淬	3%硝酸酒精液	$M_{细针}$+残余奥氏体(白块状)

2. 实验设备及材料

① 箱式电阻炉及温度控制仪表。

② 淬火水槽和油槽。

③ 淬火介质(水、油)。

④ 钳子。

⑤ 试样:45 钢试样 12 个,T12 钢试样 6 个,规格以 ϕ10mm×15mm 为宜。

⑥ 金相显微镜。

⑦ 洛氏硬度计。

3. 实验步骤

① 将学生按附表 3-1 所示热处理工艺分组进行实验。

② 根据分组安排，领取试样后各组根据实验内容，准备好冷却介质和钳子等工具。

③ 切断炉子电源，检查炉内是否有试样以及仪表是否正常，并根据需要调整炉温给定值。

④ 先空炉升温，到达预定温度后装炉。装炉时要注意自己试样的特征和位置，试样应放在距热电偶较近处，这样可使测定的温度较准确。

⑤ 关闭炉门，通电升温加热，并注意，达到预定温度后开始记录保温时间。

⑥ 准备出炉时，钳子应擦干或预热、烘干。

⑦ 到达规定的保温时间后，取出试样按要求冷却。出炉操作要迅速准确，淬火试样取出后应迅速置于冷却介质中冷却，以免温度下降。试样出炉后炉门要及时关闭。

⑧ 试样充分冷透后，用砂纸擦去表面氧化皮，再在洛氏硬度计上测定硬度值。为保证测量精度，每个试样应测 3 个点，取其平均值。

⑨ 将热处理后的碳钢制备成金相试样，在金相显微镜下观察其典型的组织特征。

四、实验报告要求

1. 写出本次实验目的。

2. 根据实验结果，分析含碳量、淬火加热温度和淬火冷却速度对碳钢淬火硬度的影响，以及回火温度对淬火钢回火后硬度的影响，绘出相应的硬度-含碳量关系曲线、硬度-淬火温度关系曲线、硬度-回火温度关系曲线、硬度-冷却速度关系曲线。

3. 画出所观察的显微组织示意图，并注明材料名称、含碳量、浸蚀剂和热处理工艺。

4. 根据实验结果，从组织的观点出发分析冷却速度对碳钢热处理后硬度的影响。

实验四　常用金属材料组织观察

一、实验目的

1. 观察和分析常用材料的显微组织。

2. 了解常用材料的成分、组织和性能特点以及它们的主要应用。

二、实验方法指导

1. 实验内容

观察分析下列常用材料的显微组织，如附表 4-1 所示。

附表 4-1　各类材料的显微组织

编号	名称	状态	显微组织特征	腐蚀剂
1	高速钢	铸态	Ld′(鱼骨状)＋T(暗黑色)＋M	3％硝酸酒精
2	高速钢	淬火态	M(隐晶)＋碳化物(颗粒状)＋残余奥氏体	3％硝酸酒精
3	高速钢	回火态	M回火(暗黑色基体)＋碳化物(白色颗粒)	3％硝酸酒精
4	灰口铸铁	铸态	F(白亮色基体)＋条状石墨	3％硝酸酒精

编号	名称	状态	显微组织特征	腐蚀剂
5	可锻铸铁	铸造＋石墨化退火	F(白亮色基体)＋团絮状石墨	3％硝酸酒精
6	球墨铸铁	铸态	F(白亮色)＋球状石墨	3％硝酸酒精
7	铝硅明	变质处理	α(枝晶状)＋共晶体(细密基体)	3％硝酸酒精
8	双相黄铜	铸态	α(白亮色)＋β(暗黑色)	3％FeCl₃＋10％HCl 溶液
9	锡基巴氏合金	铸态	α(暗黑色)＋β(白色块状)＋Cu₃Sn	3％FeCl₃＋10％HCl 溶液

2. 实验材料及设备

① 金相显微镜。

② 各种材料金相样品一套。

③ 各种材料的金相图册。

3. 实验步骤

① 轮流对每个试样进行观察。

② 将所观察到的金相组织用示意图画出。

三、实验报告要求

1. 写出本次实验目的。

2. 画出所观察的组织示意图，注明组成物名称、特征，分析形成过程。

[1] 于钧，王宏启主编. 机械工程材料. 北京：冶金工业出版社，2008.

[2] 赵品，谢辅洲，孙文山主编. 材料科学基础. 哈尔滨：哈尔滨工业大学出版社，1999.

[3] 彭宝成主编. 新编机械工程材料. 北京：冶金工业出版社，2008.

[4] 胡德林主编. 金属学原理. 西安：西北工业大学出版社，1995.

[5] 李庆春主编. 铸件形成理论基础. 北京：机械工业出版社，1982.

[6] 赵程，杨建民主编. 机械工程材料及其成形技术. 北京：机械工业出版社，2009.

[7] 李远才主编. 金属液态成形工艺. 北京：化学工业出版社，2007.

[8] 魏华胜主编. 铸造工程基础. 北京：机械工业出版社，2002.

[9] 申荣华，丁旭主编. 工程材料及成型技术基础. 北京：北京大学出版社，2008.

[10] 吕广庶，张远明主编. 工程材料及成形技术基础. 北京：高等教育出版社，2001.

[11] 杜丽娟主编. 工程材料成形技术基础. 北京：电子工业出版社，2003.

[12] 贾安东主编. 焊接结构与生产. 北京：机械工业出版社，2007.

[13] 赵锡华主编. 焊接检验. 北京：机械工业出版社，2006.

[14] 孙康宁主编. 现代工程材料成形与机械制造基础. 北京：高等教育出版社，2004.

[15] 苏德胜，张丽敏主编. 工程材料与成形工艺基础. 北京：化学工业出版社，2008.

[16] 李亚江，王娟主编. 焊接原理及应用. 北京：化学工业出版社，2009.

[17] 刘天模，王金星，张力主编. 工程材料系列课程实验指导. 重庆：重庆大学出版社，2008.

[18] 林昭淑主编. 金属学及热处理实验与课堂讨论. 长沙：湖南科学技术出版社，1992.

[19] 陈扬，曹丽云主编. 机械工程材料. 沈阳：东北大学出版社，2008.

[20] 曹茂盛，李大勇，荆天辅主编. 工程材料教程. 哈尔滨：哈尔滨工程大学出版社，2005.

[21] 徐自立主编. 工程材料. 武汉：华中科技大学出版社，2003.

[22] 崔忠圻主编. 金属学与热处理. 北京：机械工业出版社，2007.

[23] 张廷楷，高家诚，冯大碧主编. 金属学及热处理实验指导书. 重庆：重庆大学出版社，1998.

[24] 冀秀焕，唐建生主编. 工程材料与成型工艺. 武汉：武汉理工大学出版社，2007.

[25] 逯允海，邱平善，崔占全主编. 工程材料教程. 哈尔滨：哈尔滨工程大学出版社，2005.